【実践Data Scienceシリーズ】

RとStanではじめる
ベイズ統計モデリングによるデータ分析入門

馬場真哉 著

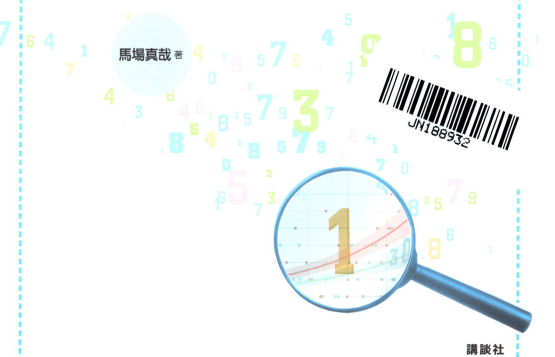

講談社

・本書の執筆にあたって，以下の計算機環境を利用しています．
　Windows 10 64ibt
　R ver.3.5.3，RStudio ver.1.1.463 および ver.1.2.1335
　rstan ver.2.18.2，Rtools3.5
　brms ver.2.8.0 および ver.2.9.0

　本書に掲載されているサンプルプログラムやスクリプト，およびそれらの実行結果や出力などは，上記の環境で再現された一例です．本書の内容に関して適用した結果生じたこと，また，適用できなかった結果について，著者および出版社は一切の責任を負えませんので，あらかじめご了承ください．
・本書に記載されている情報は，2019 年 2 月時点のものです．
・本書に記載されているウェブサイトなどは，予告なく変更されていることがあります．
・本書に記載されている会社名，製品名，サービス名などは，一般に各社の商標または登録商標です．なお，本書では，™, ®, © マークを省略しています．

はじめに

本書はどのような本か

　本書は，ベイズ統計モデリングをこれから学ぼうとされる方のための入門書です．ベイズ統計モデリングによるデータ分析を体験してもらうことを目的として執筆しました．

　本書では，ベイズ推論とMCMCの組合せを活用して，モデルを推定します．RとStanというともに無料で使えるソフトウェアの組合せを活用して，さまざまな分析を，実際に手を動かして実行します．ベイズ統計モデリングの良書はすでにいくつか出版されています．その中で，本書の特徴は以下のようになるでしょう．

　1　数学的な議論が少ない，チュートリアル形式の入門書である

　2　ベイズの定理などの基本事項をしっかり復習できるようになっている

　3　Stanの基本だけでなく，推定結果の図示など「分析を実行する」技術も解説している

　4　brmsやbayesplotなど，優れたパッケージを積極的に活用している

　5　GLMからGLMM，DLM，そしてDGLMへと順にモデルを発展させていく

　本書では，扱うモデルをほぼ線形モデルに限定しましたが，時系列データも含めたさまざまなデータに対して分析を試みます．本書は，入門者が初級から中級者を目指すというレベル感です．**統計学の基本やベイズの定理といった基本事項を少し学んだが，それでは物足りない．次のステップとして統計モデリングの世界に足を踏み入れたい．このような読者の助けとなること**を願って執筆しました．

　本書は，さまざまなモデルの実装を通して，ベイズ統計モデリングを体験してもらうことを目的とした書籍です．そのため，ベイズ統計学のすべてのトピックを網羅することは目指していません．ベイズ統計学の哲学的な側面には立ち入らず，MCMCを併用した「モデルを推定するための枠組み」としてのみ，ベイズを扱います．数理的な側面や，RやStanの詳細な文法など，込み入った内容は参考文献に譲るところもあります．ベイズ統計学と頻度主義の統計学の比較といった内容も大きく削りました．頻度主義や仮説検定への非難・バッシングの類は一切載っていません．

　ゼロからすべてをプログラミングすることにはこだわらず，優れたパッケージを多用しました．これにより，分析のためのプログラムは短くて済み，一部のテクニカルな議論を省略できます．代わりにグラフ描画に多くのページ数を割きました．実際のデータ分析において，データや分析結果の可視化をすることなく結果を他者に伝えることは困難です．ベイズ統計モデリングの理論と多少離れたとしても，可視化の技術は実用上とても重要であるため，この点は端折らずに解説しました．

はじめに

一般化線形モデル (GLM)，一般化線形混合モデル (GLMM)，そして状態空間モデルの一種である動的線形モデル (DLM) や動的一般化線形モデル (DGLM) まで，さまざまなモデルを体系的に整理して紹介します．適切な分析手法を選ぶためには，さまざまなモデルに対する理解が必要です．本書では単なるモデルの推定方法を述べるだけではなく，これら標準的なモデルを"部品"として使ってオリジナルなモデルを構築する考え方も説明します．この目的を達成するため，説明変数が無数に含まれる複雑なモデルを紹介する代わりに，単純な線形モデルを対象として，そのモデルの特徴を丁寧に解説しました．

本書は，モデリングの理論書というよりかはむしろ，統計モデルを実データに適用して結果を提示するという一連の流れを体験してもらうことを目的とした書籍です．ベイズと MCMC の組合せは，さまざまなモデルの推定を，統一的な手順で行うことを可能としました．このメリットを生かし，いろいろなモデルに触れて，その特徴と活用方法を知ってもらうことに注力しました．

本書の対象読者

統計学の基礎やベイズの定理などの基本事項を学んでみたものの，その有効性がピンとこない，という読者のために，本書を執筆しました．

例えば，ベイズの定理の導出では終わらない，より実用的なベイズ統計学について学んでみたいと思った方，あるいは統計モデリングに興味が出てきた方は，本書の対象読者であるといえます．理系文系は問わず，データを分析する必要性がある人はもちろん，データサイエンスが専門でないエンジニアの方でも読めるような内容を目指して執筆しました．逆に，R や Stan を使ったベイズ統計モデリングにすでに明るいという方は，読者として想定していません．基本的な事項を，実装を何度も繰り返すことを通じて学ぶ構成になっています．

統計学の基礎やベイズの定理のイメージがある程度つかめている方が読むと，より深く内容を理解できるでしょう．また，高校の理系卒業レベルの数学がわかっていることが好ましいです．行列表記が一部出てきますが，これは行列の掛け算だけ理解していれば十分です．

上記の内容に関して不安がある方のために，行列については，それを使うタイミング（第3部第1章）で，掛け算の仕方を含めた最低限の事柄を解説します．ベイズ統計モデリング以前のテーマ，すなわち確率論や統計学の基本，そしてベイズの定理に関しても，第1部の第2章以降で用語や基本的な理論を復習できるように配慮しました．

本書では，R と Stan という2つのソフトウェアを使用します．R に関しては，少し使ってみた経験があるのが望ましいです．ただし，R について不安のある方のために，第2部第1章でR言語の復習をします．ggplot2 によるグラフ描画など，中・上級者向けの内容を知っている必要はありません．グラフ描画の方法などは，本書で丁寧に解説をします．Stan についてはまったく知識がなくても構いません．

統計学もベイズの定理も少しかじったという方は，多くいらっしゃるのではないでしょうか．デー

4

タ分析やベイズに関する良書が増えてきましたので，スタート地点に立つことは難しくなくなってきました．これは素晴らしいことだと思います．しかし，スタート地点に立つことができた方でも，ご自身のデータに対してベイズ統計分析を有効に活用しようと思ったとき，越えなくてはならないハードルがまだ残っています．

ベイズ統計学を活用したデータ分析は，定型的でない，自由な分析を可能としました．しかし「さまざまなことができる」というのは「何をすればいいのか自分で決めなくてはならない」ということを意味しています．ベイズ統計モデリングという強力な道具を渡されたとき，あなたは何を作りますか？　**何を作ればいいのか，何を作ることができるのか，そのイメージがつかめないというのが分析におけるハードルとなっている方は，本書がベストソリューションになると信じています**．

R言語を使うことで，統計分析は簡単になりました．データを読み込んでから，R言語に用意されている分析用の関数を実行すると，いともたやすく分析結果が得られます．しかしこのことは「Rの関数でできることが，私のできることのすべて」という状況を生み出します．多くの場合，R言語は優れた分析用の関数を用意してくれていますが，それでは不足することもあります．そのときにお手上げとなってしまうのはもったいないことです．

ベイズ統計モデリングという自由な分析の方法を学ぶことで「用意された関数でできることが，私のできることのすべて」という状況から脱することができます．自分自身で，データの特徴を取り込んだ分析モデルを考えて，それを構築できるようになります．その助けになりたいと願い，本書を執筆しました．

本書の構成

本書は，初学者向けの入門書であるため，厳密な証明などは大きく省略しています．しかし，なるべく質を落とさずに，それでいて初学者向けの書籍を目指すために，説明の方法を工夫しました．まずは説明のルールとして，説明の目的や概要を伝えてから，個別のテーマに移るという説明の仕方で統一してあります．また，部あるいは章といった単位で，テーマを明確に分離しました．また，具体例を多く載せるようにも配慮しました．

本書は，理論編，基礎編，実践編，2つの応用編とテーマを分けた5つの部からなります．

第1部の理論編では，ベイズ統計モデリングの理論を解説します．確率論や統計学の基本から，統計モデル，ベイズの定理，そしてMCMCまで，ベイズ統計モデリングに必要となる要素を，一つひとつステップアップしながら解説していきます．MCMCに関しては，テクニカルな議論を多く含むアルゴリズムの解説はある程度省略しています．その代わり，MCMCの必要性や，ベイズ統計モデリングとのかかわりを，ページ数を割いて解説しました．

確率論や統計学の理論を，本書でゼロから理解するのは難しいかもしれません．しかし，重要事項は端折らないように書いており，具体例も多く載せるようにしました．確率論や統計学の理論などの基本事項に不安があるという方は，こちらで復習してから応用的な内容に進んでください．無理にすべてを覚えようとしなくても，用語集として使っていただいて大丈夫です．逆に言えば，すでにこう

いったテーマに明るいという方は，飛ばし読みされても良いでしょう．ただし，最低でも第5章以降は順番に目を通すようにしてください．二項分布などの用語に不安がある方は，第4章4.9節から具体例を付けて確率分布の紹介をしているので，これも参考にしてください．

第2部の基礎編では，RとStanの基本を解説します．単純な分析事例を通して，ベイズ統計モデリングを実践するために必要なプログラミングの技術を学びます．グラフ描画の方法などは，難しいと感じる方もいらっしゃるので，章を分けて詳しく解説しています．RとStanを活用したモデルの推定の方法はもちろん，事後予測チェックによりモデルを評価する方法など，実用的な内容も紹介します．

第3部の実践編では，一般化線形モデル (Generalized Linear Models: GLM) を解説します．ここから，いよいよ本格的なベイズ統計モデリングに移っていくことになります．一般化線形モデルはすべての統計モデルの基本ともいえるモデルです．また，より高度なモデルにおける部品としての役割を持ちます．brmsというパッケージを使用して，ほんの数行のコードで分析を実行させる方法も解説します．もちろん「brmsでできることが，私のできることのすべて」とならないようにするため，Stanを使ったモデリングの方法も並行して解説します．

第4部の1つ目の応用編では，一般化線形モデルの拡張としての一般化線形混合モデル (Generalized Linear Mixed Models: GLMM) を解説します．過分散への対処から始めて，ランダム切片モデル・ランダム係数モデルへと進みます．現実のデータ分析においてもしばしば登場する実用的なモデルのアイデアとその構築方法を解説します．

第5部の2つ目の応用編では，時系列データに対する分析の方法を解説します．大きなテーマは状態空間モデルです．その中でも動的線形モデル (Dynamic Linear Models: DLM) と動的一般化線形モデル (Dynamic Generalized Linear Models: DGLM) を中心に解説します．本書では「状態空間モデルという特別なモデル」を導入するのではなく，一般化線形モデル・一般化線形混合モデルの延長線上にあるものとして状態空間モデルを導入します．状態空間モデルを理解することで，分析できるデータのレパートリーがさらに増えることでしょう．

統計学は便利な道具です．統計学を教える書籍も便利な道具であるべきです．
本書が皆さんにとって，有用なツールとなることを願います．

本書のサポートページ
https://logics-of-blue.com/r-stan-bayesian-model-intro-book-support

Contents

目次

第1部 理論編 | ベイズ統計モデリングの基本 　13

第1章 はじめよう！ ベイズ統計モデリング 　15

1.1	本章の目的と概要	15
1.2	解釈と予測というデータ分析の2つの目的	15
1.3	統計モデルという現象を表現するための道具	16
1.4	ベイズ統計データ分析という手続き	16
1.5	MCMCという乱数生成アルゴリズム	17
1.6	本書で説明しないこと	18

第2章 統計学の基本 　19

2.1	本章の目的と概要	19
2.2	記述統計・推測統計	19
2.3	データの種類	19
2.4	母集団・標本・標本抽出	20
2.5	確率変数と確率分布	21
2.6	単純ランダムサンプリングのイメージ	22

第3章 確率の基本 　24

3.1	本章の目的と概要	24
3.2	標本空間と事象	24
3.3	確率	26
3.4	確率の加法定理	26
3.5	条件付き確率	27
3.6	確率の乗法定理	29
3.7	独立	29

第4章 確率分布の基本 　31

4.1	本章の目的と概要	31
4.2	確率分布	31
4.3	離散型の確率分布と確率質量関数	32
4.4	連続型の確率分布と確率密度関数	33
4.5	確率変数の期待値	34
4.6	確率変数の分散と標準偏差	35
4.7	確率変数のパーセント点・中央値・四分位点	35
4.8	同時分布・周辺分布・条件付き分布	36
4.9	離散型の確率分布：離散一様分布	39
4.10	離散型の確率分布：ベルヌーイ分布	39
4.11	補足：母数	39
4.12	離散型の確率分布：二項分布	39
4.13	離散型の確率分布：ポアソン分布	41
4.14	連続型の確率分布：連続一様分布	42
4.15	連続型の確率分布：正規分布とその周辺	42

第5章 統計モデルの基本 　45

5.1	本章の目的と概要	45
5.2	モデルとは何か	45
5.3	コイン投げモデルと白玉黒玉抽出モデルの比較	46
5.4	補足：確率分布と確率密度関数/確率質量関数	48
5.5	正規分布を用いた単純なモデル	48
5.6	説明変数を導入したやや複雑なモデル	49
5.7	確率モデルと手持ちのデータとの対応付け	50
5.8	尤度	51
5.9	確率モデルと尤度の関係	51

第6章 ベイズ推論の基本 　52

6.1	本章の目的と概要	52
6.2	不確実性を確率で表現する	52
6.3	事前確率と事後確率	53
6.4	理由不十分の原則	53
6.5	尤度と周辺尤度	54
6.6	ベイズの定理	55
6.7	ベイズの定理の導出	56
6.8	ベイズの定理と統計モデルの関係	57
6.9	補足：無情報事前分布	57
6.10	事後分布の計算例と事後分布のカーネル	58
6.11	モデルに基づく現象の解釈	60
6.12	ベイズ推論の難点とMCMCという解決策	61

第 7 章　MCMC の基本　62

7.1	本章の目的と概要 62	7.13	乱数の取り扱いの注意点 73
7.2	MCMC とは何か 63	7.14	繰り返し数 (iter) の設定 73
7.3	MCMC と統計モデリングのかかわり 63	7.15	バーンイン期間 (warmup) の設定 74
7.4	モンテカルロ法 64	7.16	間引き (thin) の設定 74
7.5	モンテカルロ積分 64	7.17	チェーン (chains) の設定 74
7.6	マルコフ連鎖 65	7.18	収束の判定 74
7.7	定常分布 66	7.19	点推定と区間推定 75
7.8	MCMC が目指すこと 67	7.20	ベイズ信用区間 75
7.9	メトロポリス・ヘイスティングス法（MH 法） 67	7.21	事後中央値 (MED) 76
7.10	MH 法の計算例 69	7.22	事後期待値 (EAP) 76
7.11	MH 法の課題 70	7.23	事後確率最大値 (MAP) 76
7.12	ハミルトニアン・モンテカルロ法（HMC 法） 71		

第 2 部　基礎編｜RとStanによるデータ分析　77

第 1 章　R の基本　79

1.1	本章の目的と概要 79	1.10	データフレーム (data.frame) 84
1.2	R のインストール 80	1.11	リスト (list) 85
1.3	RStudio のインストール 80	1.12	データの抽出 85
1.4	RStudio の使い方 80	1.13	時系列データ (ts) 87
1.5	変数 81	1.14	ファイルからのデータの読み込み 88
1.6	関数 82	1.15	乱数の生成 89
1.7	ベクトル (vector) 82	1.16	繰り返し構文と for ループ 90
1.8	行列 (matrix) 83	1.17	外部パッケージの活用 91
1.9	配列 (array) 83		

第 2 章　データの要約　93

2.1	本章の目的と概要 93	2.5	中央値・四分位点・パーセント点 98
2.2	度数・度数分布・ヒストグラム 93	2.6	共分散とピアソンの積率相関係数 99
2.3	カーネル密度推定 94	2.7	自己共分散・自己相関係数・コレログラム 100
2.4	算術平均 97		

第 3 章　ggplot2 によるデータの可視化　102

3.1	本章の目的と概要 102	3.6	箱ひげ図とバイオリンプロット 106
3.2	ggplot2 の基本 102	3.7	散布図 107
3.3	データの読み込み 103	3.8	折れ線グラフ 108
3.4	ヒストグラムとカーネル密度推定 103	3.9	まとめ 109
3.5	グラフの重ね合わせと一覧表示 104		

第 4 章　Stan の基本　111

4.1	本章の目的と概要 111	4.9	R：パッケージの読み込みなどの，分析の準備を行う 117
4.2	Stan のインストール 112		
4.3	補足：サンプルと MCMC サンプルの違い 112	4.10	R：CSV ファイルから分析対象となるデータを読み込む 117
4.4	本章で推定するモデルの構造 113		
4.5	R と Stan の関係 113	4.11	R：list 形式でデータをまとめる 118
4.6	Stan：Stan ファイルの書き方 114	4.12	R：Stan と連携して MCMC を実行する 118
4.7	Stan：Stan ファイルの実装例 115	4.13	R：推定結果を確認する 119
4.8	R：本章での R ファイルの実装の流れ 116	4.14	R：収束の確認 120

| | 4.15 | 補足：Stan コードのベクトル化........121 | | 4.16 | モデルの図式化........122 |

第5章 MCMC の結果の評価 125

5.1	本章の目的と概要 125
5.2	MCMC の実行 126
5.3	MCMC サンプルの抽出 126
5.4	MCMC サンプルの代表値の計算 128
5.5	トレースプロットの描画 129
5.6	ggplot2 による事後分布の可視化 130
5.7	bayesplot による事後分布の可視化 131
5.8	bayesplot による事後分布の範囲の比較 132

5.9	bayesplot による MCMC サンプルの自己相関の評価 133
5.10	事後予測チェックの概要 134
5.11	事後予測チェックの対象となるデータとモデル 135
5.12	予測分布の考え方 136
5.13	事後予測チェックのための MCMC の実行 137
5.14	bayesplot による事後予測チェック 138

第6章 Stan コーディングの詳細 141

6.1	本章の目的と概要 141
6.2	Stan ファイルの構造 141
6.3	変数の宣言 142
6.4	代入文 143
6.5	サンプリング文 143

6.6	弱情報事前分布の設定 144
6.7	対数密度加算文 145
6.8	平均値の差の評価と generated quantities ブロック 147

第3部 実践編 一般化線形モデル 151

第1章 一般化線形モデルの基本 153

1.1	本章の目的と概要 153
1.2	複雑なモデルを構築する手続きの標準化 154
1.3	確率分布・線形予測子・リンク関数 154
1.4	一般化線形モデルの例：説明変数が無く，正規分布を仮定するモデル 155
1.5	単回帰モデル：説明変数が1つだけあり，正規分布を仮定するモデル 155
1.6	分散分析モデル：ダミー変数を利用するモデル 156
1.7	正規線形モデル：正規分布を仮定するモデル 157

1.8	ポアソン回帰モデル：ポアソン分布を仮定するモデル 158
1.9	ロジスティック回帰モデル：二項分布を仮定するモデル 159
1.10	一般化線形モデルの行列表現 160
1.11	補足：データの表記とベクトル・行列 163
1.12	補足：行列の基本的な演算 164
1.13	補足：行列の掛け算 165
1.14	一般化線形モデルのさまざまなトピック 166

第2章 単回帰モデル 167

2.1	本章の目的と概要 167
2.2	分析の準備 167
2.3	データの読み込みと可視化 168
2.4	モデルの構造 169

2.5	単回帰モデルのための Stan ファイルの実装 169
2.6	MCMC の実行 170
2.7	事後分布の可視化 171
2.8	まとめ 172

第3章 モデルを用いた予測 173

3.1	本章の目的と概要 173
3.2	分析の準備 173
3.3	単回帰モデルにおける予測の考え方 174
3.4	予測のためのデータの整理 174

3.5	予測のための Stan ファイルの修正 175
3.6	MCMC の実行 176
3.7	予測分布の可視化 177

第4章 デザイン行列を用いた一般化線形モデルの推定 180

4.1	本章の目的と概要 180
4.2	分析の準備 180
4.3	デザイン行列を使ったモデルの数学的な表現 181

4.4	formula 構文を用いたデザイン行列の作成 182
4.5	デザイン行列を使うための Stan ファイルの修正 183
4.6	MCMC の実行 183

目次

第 5 章　brms の使い方　　185

5.1	本章の目的と概要	185
5.2	brms とは	186
5.3	本書での実装の方針	186
5.4	分析の準備	186
5.5	brms による単回帰モデルの推定	186
5.6	brms の基本的な使い方	188
5.7	事前分布の変更	189
5.8	補足：brms の基本的な仕組み	191
5.9	補足：make_stancode 関数による，Stan コードの作成	191
5.10	補足：make_standata 関数による，Stan に渡すデータの作成	193
5.11	補足：rstan で brms の結果を再現する	194
5.12	brms による事後分布の可視化	195
5.13	brms による予測	196
5.14	補足：predict 関数を使わない予測の実装	197
5.15	回帰直線の図示	199

第 6 章　ダミー変数と分散分析モデル　　201

6.1	本章の目的と概要	201
6.2	モデルの構造	201
6.3	分析の準備	202
6.4	データの読み込みと可視化	202
6.5	brms による分散分析モデルの推定	203
6.6	補足：分散分析モデルのデザイン行列	204
6.7	補足：brms を使わない分散分析モデルの推定	205

第 7 章　正規線形モデル　　207

7.1	本章の目的と概要	207
7.2	モデルの構造	207
7.3	分析の準備	208
7.4	データの読み込みと可視化	208
7.5	brms による正規線形モデルの推定	209
7.6	補足：正規線形モデルのデザイン行列	210

第 8 章　ポアソン回帰モデル　　212

8.1	本章の目的と概要	212
8.2	モデルの構造	212
8.3	分析の準備	213
8.4	データの読み込みと可視化	213
8.5	brms によるポアソン回帰モデルの推定	214
8.6	推定されたモデルの解釈	215
8.7	回帰曲線の図示	215
8.8	補足：ポアソン回帰モデルのための Stan ファイルの実装	217
8.9	補足：ポアソン回帰モデルのための Stan ファイルの実装（デザイン行列使用）	218

第 9 章　ロジスティック回帰モデル　　220

9.1	本章の目的と概要	220
9.2	モデルの構造	220
9.3	分析の準備	221
9.4	データの読み込みと可視化	221
9.5	brms によるロジスティック回帰モデルの推定	222
9.6	推定されたモデルの解釈	223
9.7	回帰曲線の図示	225
9.8	補足：ロジスティック回帰モデルのための Stan ファイルの実装	226
9.9	補足：試行回数が常に 1 の場合	227

第 10 章　交互作用　　228

10.1	本章の目的と概要	228
10.2	交互作用と主効果	228
10.3	一般化線形モデルにおける交互作用の取り扱い	229
10.4	分析の準備	229
10.5	カテゴリ×カテゴリ：モデル化	229
10.6	カテゴリ×カテゴリ：係数の解釈	231
10.7	カテゴリ×カテゴリ：モデルの図示	232
10.8	カテゴリ×数量：モデル化	233
10.9	カテゴリ×数量：係数の解釈	234
10.10	カテゴリ×数量：モデルの図示	235
10.11	数量×数量：モデル化	236
10.12	数量×数量：係数の解釈	238
10.13	数量×数量：モデルの図示	239

第4部 応用編 | 一般化線形混合モデル 243

第1章 階層ベイズモデルと一般化線形混合モデルの基本 245

1.1	本章の目的と概要 245	1.7	モデルの構造の図式化 249
1.2	階層ベイズモデル 245	1.8	GLMM のための Stan ファイルの実装 249
1.3	分析の準備 246	1.9	MCMC の実行 250
1.4	通常のポアソン回帰モデルを適用した結果 247	1.10	brms による GLMM の推定 252
1.5	過分散対処のための GLMM の構造 248	1.11	補足：正規線形モデルを拡張する場合の注意 ...253
1.6	固定効果・ランダム効果・混合モデル 248		

第2章 ランダム切片モデル 254

2.1	本章の目的と概要 254	2.4	ランダム効果の使いどころ 256
2.2	分析の準備 254	2.5	brms によるランダム切片モデルの推定 256
2.3	ランダム切片モデルの構造 255	2.6	回帰曲線の図示 258

第3章 ランダム係数モデル 260

3.1	本章の目的と概要 260	3.5	ランダム係数モデルの構造 263
3.2	分析の準備 260	3.6	brms によるランダム係数モデルの推定 263
3.3	交互作用を用いたモデル化 261	3.7	回帰曲線の図示 265
3.4	ランダム効果と縮約 263	3.8	ランダム効果を用いるさまざまなモデル 266

第5部 応用編 | 状態空間モデル 267

第1章 時系列分析と状態空間モデルの基本 269

1.1	本章の目的と概要 269	1.6	動的線形モデル（線形ガウス状態空間モデル）......272
1.2	時系列データ 269	1.7	動的一般化線形モデル（線形非ガウス状態空間
1.3	データ生成過程（DGP）....................270		モデル）....................272
1.4	状態空間モデル 270	1.8	本書で用いられる記号 273
1.5	状態空間モデルにおける予測と補間 271	1.9	状態空間モデルのさまざまなトピック 273

第2章 ローカルレベルモデル 275

2.1	本章の目的と概要 275	2.7	ローカルレベルモデルの構造 281
2.2	分析の準備 275	2.8	ローカルレベルモデルのための Stan ファイル
2.3	ホワイトノイズと i.i.d 系列 276		の実装 282
2.4	正規ホワイトノイズを用いた，とても単純な	2.9	データの読み込みと POSIXct への変換 283
	時系列モデルの例 277	2.10	MCMC の実行 283
2.5	ランダムウォーク 277	2.11	推定された状態の図示 284
2.6	R で確認するホワイトノイズとランダムウォーク ..278	2.12	図示のための関数の作成 286

第3章 状態空間モデルによる予測と補間 289

3.1	本章の目的と概要 289	3.7	補間のための Stan ファイルの実装 294
3.2	分析の準備 289	3.8	ローカルレベルモデルによる補間の実行 296
3.3	予測のための Stan ファイルの実装 290		
3.4	ローカルレベルモデルによる予測の実行 291		
3.5	欠損があるデータ 293		
3.6	欠損データの取り扱い 293		

目次

第4章　時変係数モデル　298

4.1	本章の目的と概要	298
4.2	分析の準備	298
4.3	データの読み込み	299
4.4	通常の単回帰モデルの適用	300
4.5	時点を分けた，2つの単回帰モデルの適用	301
4.6	時変係数モデルの構造	302
4.7	時変係数モデルのための Stan ファイルの実装	302
4.8	MCMC の実行	303
4.9	推定された状態の図示	304

第5章　トレンドの構造　307

5.1	本章の目的と概要	307
5.2	確定的トレンド	307
5.3	確率的トレンドとランダムウォーク	308
5.4	平滑化トレンドモデルの構造	309
5.5	平滑化トレンドモデルの別の表現	309
5.6	ローカル線形トレンドモデルの構造	310
5.7	分析の準備	310
5.8	MCMC の実行（ローカルレベルモデル）	312
5.9	平滑化トレンドモデルのための Stan ファイルの実装	312
5.10	MCMC の実行（平滑化トレンドモデル）	313
5.11	ローカル線形トレンドモデルのための Stan ファイルの実装	314
5.12	MCMC の実行（ローカル線形トレンドモデル）	314
5.13	推定された状態の図示	315

第6章　周期性のモデル化　318

6.1	本章の目的と概要	318
6.2	季節性と周期性	318
6.3	確定的周期成分の構造	319
6.4	確率的周期成分の構造	320
6.5	基本構造時系列モデルの構造	321
6.6	分析の準備	321
6.7	基本構造時系列モデルのための Stan ファイルの実装	323
6.8	MCMC の実行	323
6.9	推定された状態の図示	324

第7章　自己回帰モデルとその周辺　327

7.1	本章の目的と概要	327
7.2	自己回帰モデル（AR モデル）の構造	327
7.3	ホワイトノイズ・ランダムウォークと自己回帰モデルの関係	328
7.4	自己回帰モデルと弱定常過程	328
7.5	分析の準備	329
7.6	自己回帰モデルのための Stan ファイルの実装	330
7.7	MCMC の実行	330
7.8	補足：状態空間モデルと自己回帰モデル	331

第8章　動的一般化線形モデル：二項分布を仮定した例　333

8.1	本章の目的と概要	333
8.2	GLM の復習	333
8.3	DGLM の構造	334
8.4	二項分布を仮定した DGLM の構造	335
8.5	分析の準備	335
8.6	二項分布を仮定した DGLM のための Stan ファイルの実装	336
8.7	MCMC の実行	337
8.8	推定された状態の図示	338

第9章　動的一般化線形モデル：ポアソン分布を仮定した例　340

9.1	本章の目的と概要	340
9.2	ポアソン分布を仮定した DGLM の構造	340
9.3	分析の準備	341
9.4	Stan ファイルの実装	342
9.5	MCMC の実行	344
9.6	推定された状態の図示	345

参考文献	347
索　引	348
プログラム関連用語索引	351

理論編

ベイズ統計モデリングの基本

ベイズ統計モデリングの導入
- 第1章：はじめよう！　ベイズ統計モデリング

確率・統計の基本
- 第2章：統計学の基本
- 第3章：確率の基本
- 第4章：確率分布の基本

ベイズ統計モデリングの基本
- 第5章：統計モデルの基本
- 第6章：ベイズ推論の基本
- 第7章：MCMCの基本

第1章 はじめよう！ベイズ統計モデリング

1.1 本章の目的と概要

テーマ

本章では，本書で想定するデータ分析の目的やベイズ統計モデリングの立ち位置を説明します．

目的

書籍全体が目指す目的を読者の方と共有するために，本章を執筆しました．

本章で出てくる用語で難しいものがあったとしても，飛ばして先を読み進めていってください．本章は書籍の全体像を説明するために書いたので，どうしても書籍の後半の内容についても言及する必要があります．そのため難しい用語が出てくることもありますが，後ほどその詳細を解説するので焦る必要はありません．

概要

データ分析の目的を共有 → 統計モデルの紹介 → ベイズ統計データ分析の紹介
→ MCMC の紹介 → 本書の流れの説明

1.2 解釈と予測というデータ分析の2つの目的

研究活動やマーケティング分析などのさまざまな業務において，データ分析が必要になることがあります．このとき，データに基づく**現象の解釈**と，**将来の予測**という2つの目的の片方，あるいは両方が設定されることが多いといえます．

解釈を目的とする分析の事例をいくつか挙げます．

- 商品の売り上げデータを分析することにより，売り上げが増えた / 減った理由を探る
- 病歴と喫煙の有無というデータを分析することにより，喫煙がもたらす影響を探る
- 飼育環境ごとの魚の体長というデータを分析することにより，飼育環境がもたらす影響を探る

予測を目的とする分析の事例をいくつか挙げます．

- 商品の売り上げデータを分析することにより，需要を予測する
- ビニールハウスの気温と周囲の環境データを分析することにより，ハウス内の気温を予測する
- 生物の個体数を予測することで，資源保護に役立てる

1.3　統計モデルという現象を表現するための道具

解釈と予測という2つの目的を達成するために，本書では**統計モデル**を用いたアプローチをとります．確率的な表現が用いられたモデルを**確率モデル**と呼びます．確率モデルをデータに適合させたものを，本書では統計モデルと呼んでいます．統計モデルは，単にモデルと呼称することもあります．データからモデルを推定し，推定されたモデルを考察することで，現象の解釈や予測を行います．モデルを構築することを**モデリング**と呼びます．

モデルという言葉は後ほど(第1部第5章)定義しますが，プラモデルのモデル，模型という意味だと考えてください．例えば艦船の特性(水の抵抗など)を知りたいと思ったときに，艦船そのものを対象にするのではなく，いったんモデルを作成します．そのモデルに基づき，解釈(水の抵抗の大きさを調べる)や予測(艦船がどのように揺れるのかを計算する)を行います．

本書では，一般化線形モデル (Generalized Linear Models: GLM) や一般化線形混合モデル (Generalized Linear Mixed Models: GLMM)，そして状態空間モデルの一種である動的線形モデル (Dynamic Linear Models: DLM) と動的一般化線形モデル (Dynamic Generalized Linear Models: DGLM) を紹介します．

これ以外にも，一つひとつの名前が付けられないほどに，たくさんのモデルがありえます．しかし，上記のモデルたちは，構造が比較的単純である割には適用範囲が広いモデルだといえます．まずは本書で基本的なモデルを学び，これらを使いこなせるようになってください．

1.4　ベイズ統計データ分析という手続き

モデルを使うことで，データや，データの背後にある現象を理解できるようになるかもしれません．これを達成するためには，モデルをデータから推定する方法を学ぶ必要があります．ピンセットや接着剤を使ったプラモデルの作成とは，方法が大きく異なります．

本書では，**ベイズ統計学**に基礎付けされたモデリングの方法を採用します．この枠組みの特徴を，Gelman 他 (2013) や，Stan のリファレンス (stan-reference-2.16.0-ja[URL: https://github.com/stan-ja/stan-ja/releases/tag/build-449]) を参考にして簡単に紹介します．この議論は難解なため，今の段階で理解できなくても大丈夫です．

第1章　はじめよう！　ベイズ統計モデリング

ベイズ統計学に基づくデータ分析は，以下の3つのステップからなります．

1　データやその収集過程に関する知識に基づき，確率モデルを作る※
2　観測されたデータを条件として，モデルのパラメータや予測値などの事後確率分布を計算する
3　データに対するモデルの当てはまりや，計算された事後確率分布の評価を行う

評価の結果に応じて，モデルを変えたり拡張したりして，上記の3ステップを何度も繰り返します．Stan というソフトウェアは，ステップ2と3の計算を自動化するのに用いられます．

ステップ1から3まで，すべて確率という言葉がキーワードとなります．ベイズ統計モデリング，あるいは広くベイズ統計学に基づくデータ分析の大きな特徴は「統計的データ分析に基づく推論における不確実性を定量化するために，確率を明示的に使うこと」(Gelman 他 (2013)) であるといえます．本書で確率論の復習にページ数を割いているのはこれが理由です．

ステップ1を達成するために，本書では GLM，GLMM，DLM そして DGLM までさまざまなモデルの構造を解説します．これにより，自由に確率モデルの設計ができるようになるはずです．

ステップ2では，ステップ1で設計された確率モデルを実際のデータに適用します．**ベイズ推論**は，確率モデルをデータに当てはめる手続きだといえます．その結果は，モデルに使われるパラメータの確率分布や，将来の予測値などの確率分布として得られます．この手続きで得られた確率分布を事後確率分布あるいは事後分布と呼びます．確率をめぐるさまざまな計算には**ベイズの定理**がしばしば用いられます．

ステップ3では，得られたモデルの評価を行います．上記の3ステップを要約すると，確率モデルを設計し，それをデータに当てはめ，その結果を評価する，という流れになるでしょう．

1.5　MCMC という乱数生成アルゴリズム

ステップ2の事後確率分布の解釈，そしてステップ3のモデルや事後確率分布の評価において，欠かすことのできない技術が**マルコフ連鎖モンテカルロ法**，通称 **MCMC** (Markov Chain Monte Carlo) です．MCMC そのものは単なる乱数生成アルゴリズムに過ぎませんが，このアルゴリズムは，ベイズ統計モデリングの普及において，大きな役割を果たしました．

現在のベイズ統計モデリングによるデータ分析において，MCMC は重要な技術だといえます．しかし「MCMC がなぜ必要なのか」を理解するためには，統計モデルやベイズ推論に関する理解が必要です．そもそも事後確率分布とはいったい何者なのでしょうか．第1部では「確率・統計の基本→統計モデルの基本→ベイズ推論の基本→MCMC の基本」へと順を追って解説していきます．

※　Gelman 他 (2013) では，"full probability model" と表現されていますが，本書では単に「確率モデル」と呼ぶことにします．

第1部 【理論編】ベイズ統計モデリングの基本

1.6 本書で説明しないこと

本書では常にモデリングという作業を通してデータを扱います．これ以外のアプローチは用いません．モデルの推定には常に「ベイズ推論＋MCMC法」の組合せを使います．頻度主義の統計学でしばしば用いられる最尤法は説明しません．また，自然な共役事前分布を用いて解析的に解を得る方法なども，本書では用いません．さまざまな手法を併記すると，どうしても内容が煩雑になってしまうからです．

WAIC などの情報量規準を用いた変数選択については言及しません．機械的にモデルを選択するのではなく，データから想定されるモデルを人間が判断してモデルを構築するという手順で進めていきます．著者は，情報量規準の使用は，分析の目的によっては有用でありうると考えています．しかし，情報量規準はその乱用も含めてさまざまな議論があり，応用・発展的なテーマであるといえます．本書ではモデルを構築する基本を理解していただくために，情報量規準を用いた議論は割愛しました．その代わりに，事後予測チェックなど，グラフを用いたモデルの評価の方法にページ数を割きました．

統計学にあまり詳しくない読者を想定して，本書を執筆しました．「学んだこともない頻度主義の統計学や仮説検定のバッシングが延々と記述されている」という状況は，読者の混乱を招き，重要なテーマの理解を損なう可能性があります．本書では初学者の方でも読みやすい内容とするために，あえて頻度主義統計学について，ほとんど言及していません．この分野に関しては，例えば松原他 (1991)『統計学入門』などが標準的な教科書です．また，頻度主義的な確率や主観確率といった確率の解釈にも踏み込みません．

既存の頻度主義的な分析手法を批判することなく，ベイズ統計モデリングを用いるべき理由を説明することは簡単です．**ベイズ統計モデリングは，定型的でない，自由な分析を可能にしてくれたの**ですから．この素晴らしいメリットは，本書を読み進めるうち，次第に明らかとなっていくはずです．

第 2 章

統計学の基本

2.1 本章の目的と概要

テーマ

　本章では，統計学におけるごく基本的な用語を説明します．ベイズ統計モデリングへのつながりも意識して内容をまとめました．本章を含めた確率・統計の初等的な内容は，松原他 (1991) や古賀 (2018)，馬場 (2018b) を参考としています．

目的

　統計学の基本に不安がある読者が基礎を復習するために，本章を執筆しました．統計学の基本にある程度明るい読者は，本章を飛ばしても支障ありません．

概要

　記述統計・推測統計の分類 → データの種類 → 母集団・標本・標本抽出のかかわり
→ 確率変数と確率分布の導入 → 単純ランダムサンプリングの具体例の紹介

2.2 記述統計・推測統計

　統計学には大きく 2 つの目的があります．1 つが手持ちのデータの要約を行うことです．100 個のデータを取得したならば，100 個の数値が手元にあるはずです．この数字をそのまま扱うのは困難ですので，データを要約します．この目的で用いられる際には**記述統計**と呼ばれます．

　もう一つが**推測統計**です．こちらは，一部のデータのみを使って，全体に対する推測を行うことが目的となります．

2.3 データの種類

　単にデータといってもさまざまな種類があります．例えば，猫の雌雄を調査したデータと猫の体長を記録したデータは，ともに猫から得られた特徴ではありますが，その取り扱い方は大きく変わります．対象とするデータの性質によってモデリングの方法を変える必要があります．

第 1 部 【理論編】ベイズ統計モデリングの基本

　データを分類する最初の基準は，定量的か定量的でないかということです．これは言い換えると「数値の差が意味する間隔が等しいか否か」ということになります．定量的なものを**量的データ**あるいは**数量データ**と呼びます．定量的でないものを**質的データ**あるいは**カテゴリデータ**と呼びます．

　猫の雌雄というデータは定量的でないため質的データとなります．書籍の満足度を「満足・普通・不満」に分けたとき，これには順序がありますが，「満足と普通の間隔」と「普通と不満の間隔」が等しいという保証がないので，やはり質的データとなります．「満足・普通・不満」や「大・中・小」のように順序を持つものは特別に**順序尺度**を持つと呼びます．これと対比して，猫の雌雄といった順序がないものは**名義尺度**または**分類尺度**を持つと呼びます．

　猫の体長や猫の個体数といったデータは量的データとなります．猫の体長は，計測機器を精密なものにすればするほど細かい値が得られます．こういったものを**連続型データ**と呼びます．一方で猫の個体数は 1 匹 2 匹といった，小数点以下をとらない飛び飛びの値をとるため**離散型データ**と呼びます．

　モデリングを行う際には，まずは興味のある対象が連続型・離散型・名義尺度・順序尺度のどれに当てはまるかを検討します．名義尺度の場合は，雌雄のように 2 つだけに分かれるのか，A,B,C といったように 3 つ以上に分類されるのかを確認します．両者でモデリングの方法が変わるからです．量的データならば，0 未満の値をとるかどうかが重要なポイントとなります．$-\infty \sim +\infty$ の範囲をとるデータと 0 以上しかとらないデータでは，同じ量的データであってもモデルの構造が変わることがあります．離散型，連続型によっても，モデルの構造は変わります．逆に言えば「モデルの構造を変えることで，さまざまなデータを分析することが可能である」ということでもあります．一口に「船のプラモデルを作る」といっても，戦艦とフェリーでは大きく異なりますね．どの部分が同じで，どこを変えていくのか，といったことは，これから学んでいきます．

　データがどのようにして得られたかという情報も重要です．例えば毎日の気温のデータであるとか，毎月の売り上げデータといったように，時間に従って得られるデータを**時系列データ**と呼びます．時系列データには，例えば周期性（毎年 8 月に売り上げが増えるなど）やトレンド（毎月 2 万円ずつ売り上げが増えるなど）といった特徴を持つことがあるので，モデリングの方法が変わります．時系列データと対比させる意味で，時間の情報を含まないデータを**クロスセクションデータ**と呼びます．

2.4　母集団・標本・標本抽出

　推測統計においては，特徴的な用語がしばしば用いられるので，それを整理しておきます．

　母集団とは関心のある対象全体の集合のことであり，**標本**とは母集団の部分集合を指します．例えば日本の有権者における与党の支持率が知りたかったとしましょう．このときの母集団は「日本で選挙権を持つすべての人」となります．しかし，1 億人ほどはいるであろう有権者すべてに対してアンケート調査を行うことは現実的ではありませんね．そこで例えば 100 人ほど全体の一部のみを抽出して標本とします．そして，標本から計算された支持率をもとにして，母集団全体での支持率について議論することが推測統計の目的です．

第2章 統計学の基本

なお，母集団全体について調査ができる場合を**全数調査**と呼び，一部の標本だけを調査の対象とする場合を**標本調査**と呼びます．本書では標本調査によって得られたデータを分析する場合のみを考えます．

標本についてもう少し補足しておきます．母集団から標本を得る作業を**サンプリング**あるいは**標本抽出**と呼びます．1回のサンプリングで得られるデータの個数のことを**サンプルサイズ**と呼びます．100人からアンケートをとった場合はサンプルサイズ100となります．

サンプリングにはさまざまな方法がありますが，しばしば仮定されるものが**単純ランダムサンプリング**あるいは**無作為抽出**と呼ばれるものです．これは母集団からすべて等しい確率で一つひとつの要素が抽出されることを仮定しています．例えば与党を応援している支持者の中から選んで支持政党のアンケートをとると，与党の支持率を過大に評価してしまうことになります．あるいはアンケートの方法を特定のSNSに限定すると，そのSNSを利用しているユーザーだけが対象となってしまいます．そのため，調査はよく検討して設計される必要があります．

かつては単純ランダムサンプリングによって得られたデータだとみなして分析を行うことが多かったのですが，この仮定が満たされているとは言い難いこともしばしばあります．例えば時系列データなどは，単純ランダムサンプリングとみなすのが難しい場合があります．統計モデリングを用いたアプローチでは，モデルの構造を工夫することで，単純ランダムサンプリングとはみなせないデータに対しても分析を行えることがあります．このテーマは特に，本書第4部，第5部で検討します．

2.5 確率変数と確率分布

厳密な表現ではありませんが，**確率変数**は，確率的な法則に従って，値がランダムに変化する量のことだと思うと良いでしょう．確率変数と確率との対応を表したものを**確率分布**と呼びます．確率変数の具体的な値のことを**実現値**と呼びます．確率分布については，第1部第4章でも説明します．

確率変数はXやYなどのイタリックの大文字で表記されます．実現値は小文字のxやyで表記されます．ある確率変数Xがある実現値xをとる確率は$P(X = x)$と表記されます．単に$P(x)$と表記することもあります．ただし，本書では煩雑になるため，確率変数と実現値の明確な使い分けをしないこともしばしばあります．特に第3部以降では行列表記と見分けがつきにくいので，大文字小文字の使い分けをしません．

イカサマでないコインがあったとします．イカサマでないので，表が出る確率も裏が出る確率も0.5となります．表を1，裏を0とすると，これを以下のように表記します．

$$\{P(X = 1), P(X = 0)\} = \{0.5, 0.5\} \tag{1.1}$$

「$X =$」を省略して「$\{P(1), P(0)\} = \{0.5, 0.5\}$」と書くこともあります．

第 1 部 【理論編】ベイズ統計モデリングの基本

他の例を挙げます．箱の中に白玉が 30 個，黒玉が 70 個入っていたとします．ここから単純ランダムサンプリングによって 1 つ標本を得ることを考えます．すると，100 個の玉から無差別に 100 分の 1 ずつの確率で玉が選ばれることになります．選ばれる玉の色は確率的に変化することに注意してください．玉の色だけに注目する場合は，白玉が得られる確率は 0.3，黒玉が得られる確率は 0.7 となります．

2.6 　単純ランダムサンプリングのイメージ

廣瀬他 (2018)『サンプリングって何だろう』によると，統計数理研究所では，統計学に触れてもらうために，興味深い実験を実施しているようです．これは先の書籍で「BB 弾サンプリング実験」と呼ばれているので，本書でもそれに従います．BB 弾とはプラスチック製の小さな丸い球のことです．

BB 弾サンプリング実験は，白い BB 弾と黒い BB 弾が混ざった水槽から，コップなどですくって一部の BB 弾をサンプリングするというシンプルなものです．この場合の母集団は「水槽の中に入ったすべての BB 弾」であり，標本は「一部だけ抽出された，コップの中の少量の BB 弾」となります．標本に含まれている黒玉の割合をもとにして，母集団における黒玉が占める割合を推定するというのがこの実験の趣旨となります．

詳細は廣瀬他 (2018) を読んでいただくとして，この実験におけるとても重要な点は「サンプリングを行うたびに，標本に含まれる黒玉の割合が変化する」ということです．コップ一杯に含まれる黒玉の割合を 1 回目のサンプリングで計測します．その後，コップの中の BB 弾をまたすべて水槽に戻して，BB 弾を混ぜ合わせてから再度コップで BB 弾をすくうと，2 回目のサンプリングが実施できます．BB 弾を水槽に戻してから再度サンプリングを行う場合は，1 回目と 2 回目で条件は完全に同じとなっています．それでもなお，結果が変化する．これこそが「標本が確率的に変化する」ということの実例です．「一部の標本から全体（母集団）を推定する」という目的を達成するためには，確率論の知識が必須なのです．

色によらず BB 弾の重さや大きさは変わらないとしましょう．すると，水槽（母集団）の中に黒玉の方が多く入っていれば，標本にも黒玉が多く含まれることが予想されます．標本は確かに母集団の特性を理解するのに役に立つ情報を提供してくれます．しかし，それを完全に信用できるわけではありません．標本に含まれる黒玉率が 73% だったとしても，母集団の黒玉率が 73% ちょうどだと考えることには無理があります．

今後ベイズ統計モデリングを進めるにあたって，その名の通り「モデル」を分析の中心におくことになります．複雑なプログラミング技術やベイズの定理といった数学を駆使して，現象の背後に存在するメカニズムを解明するこのアプローチを，美しく感じる人もいるでしょう．しかし，数式やプログラムのコードだけと向き合うのではなく，データそのものとも向き合うようにしてください．

野外で調査をして，鹿の雌雄を調べたとしましょう．このとき「私たちの目の前に“たまたま”現れたその鹿」における性比が測定されたのだということに注意を向けるべきです．森の奥にはまだたくさんの鹿がいるはずです．イルカの個体数を調べたのだとしたら，それは「“たまたま”目の前に

現れた個体が 10 頭だった」という 1 つの実現値を取得しているにすぎません．もしかしたら別の群れと鉢合わせして，まったく異なる個体数が計測されたかもしれないのです．売り上げデータの分析もやはり同じで「そのとき "たまたま" 売れた個数」に対する分析となります．

　そんな "たまたま" 起こった結果を相手にするだけでは，母集団全体に対する議論をすることはできないのでしょうか．そんなことはありません．例えば先ほどの BB 弾サンプリング実験において，標本の 73% が黒玉だったとしましょう．すると「黒玉の方が白玉よりも多いのではないか」という推測くらいはできるかもしれません．サンプルサイズが大きければ大きいほど，この確信はより強くなることでしょう．その確信の度合いを，確率という言葉で表現する技術を，これから学んでいきます．

第 **3** 章

確率の基本

3.1　本章の目的と概要

📖 テーマ

本章では確率の性質を整理します．基本的には用語の整理に終始する内容です．

📖 目的

実際のデータを扱う前に，確率についての基本を学んでおいていただきたいと思い，本章を執筆しました．

確率論はベイズ統計学におけるアルファベットのようなものです．流し読みでも構わないので，目次だけでも頭の片隅に入れておいたうえで，続きを読み進めていってください．具体例を多く挙げましたので，そちらも活用してください．だいたいのイメージをつかむだけでも，後がかなり楽になります．この内容にすでに明るいという読者は，本章を飛ばしてもらっても支障ありません．

📖 概要

標本空間・事象 → 確率の定義 → 確率の加法定理 → 条件付き確率 → 確率の乗法定理 → 独立

3.2　標本空間と事象

不確実性が伴う観測や実験などを**試行**と呼びます．**標本空間**とは，試行によって起こりうるすべての結果の集合です．Ω と表記されます．**事象**は標本空間の部分集合です．

具体例

コインを 1 回だけ投げる，という試行を考えます．表が出ることもあれば裏が出ることもあるでしょう．そのため標本空間は {表，裏} という集合になります．6 面のサイコロを 1 回投げた場合の標本空間は {1, 2, 3, 4, 5, 6} となります．

一方の事象は，コイン投げの場合は {表} と {裏} がありえます．

サイコロの場合の事象はさまざま考えられます．例えば 1 の目が出るという事象 {1} や，偶数の目が出る事象 {2, 4, 6}，3 よりも大きな目が出る事象 {4, 5, 6} などが考えられます．

事象 A と事象 B の**和事象**は $A \cup B$ と表記され「A または B である事象」と解釈されます．
事象 A と事象 B の**積事象**は $A \cap B$ と表記され「A かつ B である事象」と解釈されます．

> **具体例**
> サイコロを投げることを考えます．
> 事象 A を偶数の目が出る事象とします（$A = \{2, 4, 6\}$）．
> 事象 B を 3 よりも大きな目が出る事象とします（$B = \{4, 5, 6\}$）．
> 和事象（「偶数である」または「3 よりも大きい目である」事象）は $A \cup B = \{2, 4, 5, 6\}$ となります．
> 積事象（「偶数である」かつ「3 よりも大きい目である」事象）は $A \cap B = \{4, 6\}$ となります．

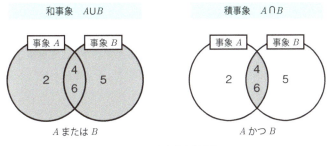

図 1.3.1 　和事象と積事象

先ほど見てきた「偶数の目が出る事象」と「3 よりも大きな目が出る事象」には，要素の重複がありました．ここで要素の重複を持たない事象を**排反事象**と呼びます．要素のない事象を**空事象**と呼び，$\emptyset$ と表記します．排反な事象を A_1, A_2 とすると，両者に重なりがないので，$A_1 \cap A_2 = \emptyset$ となります．

> **具体例**
> サイコロを投げることを考えます．
> 「偶数の目が出る事象 A」と「奇数の目が出る事象 B」は排反事象であるといえます．

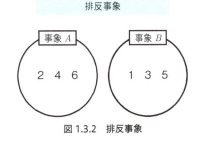

図 1.3.2 　排反事象

第1部　【理論編】ベイズ統計モデリングの基本

3.3　確率

ある事象 A があったとき，それが生起する確率を $P(A)$ と表記することにします．ベイズ統計学では，**主観確率**という確率の解釈が用いられます．詳細は省きますが，確率をより柔軟に解釈できるようになったものだと思うと良いでしょう．

確率の公理主義的定義では，確率は以下の3つの公理を満たしている必要があります．

(a) すべての事象 A に対して $0 \leq P(A) \leq 1$

(b) $P(\Omega) = 1$

(c) 排反事象 $A_1, A_2, A_3, ...$ に対して $P(A_1 \cup A_2 \cup A_3 \cup ...) = P(A_1) + P(A_2) + P(A_3) + ...$

日本語で書くと以下のようになります．

(a) 事象が起こる確率は「0以上1以下」である

(b) 標本空間（起こりうるすべての結果）を対象としたら，それが起こる確率は1となる

(c) 排反事象（重なりがない事象）のどれかが起こる確率は，その事象が起こる確率の和となる

公理というのは平たく言うと「決めごと」です．この決めごとに従うものを確率と呼ぶことにします．この公理を丸暗記する必要はありません．後ほど登場する確率の加法定理と確率の乗法定理を理解することが最重要です．

これから，確率の加法定理と確率の乗法定理を学びます．確率の加法定理は和事象の確率を求める際に用いられます．確率の乗法定理は積事象の確率を求めるのに使われます．名前を対応付けておくと良いですね（「加法」と「和」はともに足し算の意味・「乗法」と「積」はともに掛け算の意味）．

3.4　確率の加法定理

排反事象 A_1, A_2 に対して以下が成り立つことを**確率の加法定理**と呼びます．

$$P(A_1 \cup A_2) = P(A_1) + P(A_2) \tag{1.2}$$

2つの排反な事象のうちの「どちらかが起こる確率」は「確率の和」で計算されるということです．これは確率の公理 (c) より明らかです．

確率の公理 (a) より，確率は負の値になりません．そのため和事象の確率は必ず元の事象の確率と同じ，またはそれよりも大きくなります．

第 3 章　確率の基本

具体例

サイコロにおいて，1 の目が出る事象と 2 の目が出る事象は排反事象であるといえます．このとき「1 の目<u>または</u> 2 の目が出る確率」は「1 の目が出る確率 + 2 の目が出る確率」で計算されます．

1 から 6 の目がすべて等確率（6 分の 1）で出る場合は，「1 の目<u>または</u> 2 の目が出る確率」は以下のように計算されます．ただし A_1 は 1 の目が出る事象であり，A_2 は 2 の目が出る事象です．

$$P(A_1 \cup A_2) = P(A_1) + P(A_2) = \frac{1}{6} + \frac{1}{6} = \frac{2}{6} \tag{1.3}$$

ところで，排反でない事象においては，「A または B である確率」はどのように計算すればよいでしょうか．これはダブルカウントされた重複分を後で引くことで計算されます．

排反でない事象 A, B に対しては以下が成り立ちます．

$$P(A \cup B) = P(A) + P(B) - P(A \cap B) \tag{1.4}$$

具体例

サイコロを投げることを考えます．

事象 A を偶数の目が出る事象とします（$A = \{2, 4, 6\}$）．

事象 B を 3 よりも大きな目が出る事象とします（$B = \{4, 5, 6\}$）．

「偶数の目<u>または</u> 3 よりも大きな目が出る事象」すなわち $A \cup B$ は $\{2, 4, 5, 6\}$ です．

「偶数の目<u>かつ</u> 3 よりも大きな目が出る事象」すなわち $A \cap B$ は $\{4, 6\}$ です．

1 から 6 の目がすべて等確率（6 分の 1）で出る場合は，「偶数の目<u>または</u> 3 よりも大きな目が出る確率」すなわち $P(A \cup B)$ は以下のように計算されます．

$$P(A \cup B) = P(A) + P(B) - P(A \cap B) = \frac{3}{6} + \frac{3}{6} - \frac{2}{6} = \frac{4}{6} \tag{1.5}$$

3.5　条件付き確率

事象 A と B があったとき，以下のように計算される $P(A|B)$ を「事象 B が起きた下での事象 A の**条件付き確率**」と呼びます．条件のことを指すときに「事象 B を<u>所与とした</u>事象 A の条件付き確率」と呼ぶこともあります．

$$P(A|B) = \frac{P(A \cap B)}{P(B)} \tag{1.6}$$

第1部 【理論編】ベイズ統計モデリングの基本

　条件付き確率$P(A|B)$は，事象Aが起こる確率$P(A)$よりも大きくなることもあれば小さくなることもあります．

　積事象$A \cap B$に注目します．これは「AかつBである事象」とみなされます．AとBの両方が満たされている必要があります．AとBが同時に起こる確率が小さければ，条件付き確率も小さくなるでしょう．一方，式(1.6)の分母を見ると$P(B)$となっています．確率の公理(a)より，$P(B) \leq 1$です．1以下の値で割っているということは，確率が（少なくとも等しいか）大きくなるということです．

具体例

　最初は数値を使うのではなく，条件付き確率のイメージのみを紹介します．

　元の確率よりも，条件付き確率の方が大きくなる例を挙げます．

　事象Aを，ある町で雷が落ちる事象とします．

　事象Bを，ある町で雨が降る事象とします．

　雨が降ったという条件における，雷が落ちる確率$P(A|B)$は，単に雷が落ちる確率$P(A)$よりも大きくなるでしょう．あまり雷が落ちない町であっても「雨が降った日（事象B）だけを対象として，雷が落ちた確率」を見ているためです．

具体例

　元の確率よりも，条件付き確率の方が小さくなる例を挙げます．

　事象Aを，ある町で雷が落ちる事象とします．

　事象Bを，ある町で天気が晴れである事象とします．

　晴れている日に雷が落ちた確率$P(A|B)$は，単に雷が落ちる確率$P(A)$よりも小さくなるでしょう．「晴れていて<u>かつ</u>雷が落ちる」日はあまりないからです．

具体例

　最後に，数値を使った条件付き確率の計算例を挙げます．

　サイコロを投げることを考えます．

　事象Aを偶数の目が出る事象とします（$A = \{2, 4, 6\}$）．

　事象Bを3よりも大きな目が出る事象とします（$B = \{4, 5, 6\}$）．

　「偶数の目<u>かつ</u>3よりも大きな目が出る事象」すなわち$A \cap B$は$\{4, 6\}$です．

　すなわち「3よりも大きな目が出た（事象B），という条件における，偶数の目が出る（事象A）」確率である$P(A|B)$は以下のように計算されます．

$$P(A|B) = \frac{P(A \cap B)}{P(B)} = \frac{2/6}{3/6} = \frac{2}{3} \tag{1.7}$$

28

3.6　確率の乗法定理

事象 A と B に対して以下が成り立つことを**確率の乗法定理**と呼びます．

$$P(A \cap B) = P(A|B)P(B) \tag{1.8}$$

乗法定理という名前ですので，積集合がかかわってきます．条件付き確率を式変形したものだとみなすこともできます．なお，$P(A \cap B)$ は $P(A, B)$ と書かれることもあります．
「A <u>かつ</u> B となる確率」は「B という条件の下で，A が起こる確率」に「本当に B になる確率」をかけ合わせて得られるということです．

最初は数値を使うのではなく，確率の乗法定理のイメージのみを紹介します．
事象 A を，ある町で雷が落ちる事象とします．
事象 B を，ある町で雨が降る事象とします．
$P(A \cap B)$ すなわち「ある町で雷が落ちて<u>かつ</u>雨が降る確率」は「雨が降ったという条件の下で雷が落ちる確率」に「本当に雨が降る確率」を掛け合わせて計算されるわけです．

サイコロを投げることを考えます．
事象 A を偶数の目が出る事象とします（$A = \{2, 4, 6\}$）．
事象 B を 3 よりも大きな目が出る事象とします（$B = \{4, 5, 6\}$）．
「3 よりも大きな目が出たという条件の下で，偶数の目が出る確率」すなわち $P(A|B)$ は 3 分の 2 であるとすでに計算されているとします．
$P(A \cap B)$ は「3 よりも大きな目が出たという条件の下で，偶数の目が出る確率」×「本当に 3 よりも大きな目が出る確率」として計算されます．

$$P(A \cap B) = P(A|B)P(B) = \frac{2}{3} \times \frac{1}{2} = \frac{1}{3} \tag{1.9}$$

3.7　独立

事象 A と B が**独立**であるならば，積事象の確率 $P(A \cap B)$ は以下のように計算ができます．

$$P(A \cap B) = P(A)P(B) \tag{1.10}$$

これは $P(A|B) = P(A)$ とみなしていることと同じです．

第1部 【理論編】ベイズ統計モデリングの基本

2つの事象が独立であることを仮定すると，条件付き確率を求める手間が省けるので，2つの事象が同時に起こる確率$P(A \cap B)$を簡単に計算できます．計算の簡単のため，独立であるということはしばしば仮定されます．

具体例

独立である2つの事象の例を挙げます．

事象Aを，ある町で雷が落ちる事象とします．

事象Bを，日曜日である事象とします．

日曜日だろうが月曜日だろうが，雷が落ちる確率は変わらないと考えられるため，事象AとBは独立であると考えられます．

独立である例としては，他にも「サイコロで偶数の目が出る事象と，3の倍数が出る事象」などさまざま考えられます．

第4章

確率分布の基本

4.1 本章の目的と概要

テーマ

本章では確率変数と確率分布の基本的な用語や性質を整理した後，代表的な確率分布をいくつか紹介します．本章も，基本的に用語の整理に徹する内容です．本書では必要最小限の内容しか紹介しません．詳細は例えば山田・北田 (2004) や久保川 (2017) などの数理統計学の教科書を参照してください．

目的

統計モデルを学ぶ前に，専門用語をあらかじめ紹介しておく目的で，本章を執筆しました．

確率分布は統計モデルにおいて中心的な役割を果たします．すべてを完全に理解・暗記してから次に移る必要はありませんが，名前くらいは参照しておくと良いでしょう．難しいと感じたら飛ばし読みをして，必要に応じて本章に戻ってくるような読み方でも構いません．この内容にすでに明るいという読者は，本章を飛ばしてもらっても支障ありません．

概要

● **確率分布の基本**
 確率分布 → 確率質量関数 → 確率密度関数 → 期待値 → 分散・標準偏差
 → パーセント点・中央値・四分位点 → 同時分布・周辺分布・条件付き分布
● **確率分布の例**
 離散一様分布 → ベルヌーイ分布 → (用語の補足) 母数 → 二項分布 → ポアソン分布
 → 連続一様分布 → 正規分布・t 分布

4.2 確率分布

第 2 章で既出ですが，**確率分布**は確率変数とそれに対応する確率のことです．確率分布は単に**分布**とも呼ばれます．

ある確率変数 X がある確率分布 $P(x)$ に従うとき，以下のようにチルダ記号「〜」を使って表記します．確率も確率分布もともに P を使うことに注意してください．

第 1 部　【理論編】ベイズ統計モデリングの基本

$$X \sim P(x) \tag{1.11}$$

ただし，表記が煩雑になるのを防ぐために，確率変数はしばしば以下のように大文字小文字を分けないこともあります．

$$x \sim P(x) \tag{1.12}$$

4.3　離散型の確率分布と確率質量関数

確率分布は大きく，離散型と連続型に分かれます．

離散型の確率変数，すなわちデータの種類が質的データであったり量的データの離散型データであったりする場合は，**離散型の確率分布**を用います．

確率変数 X がある実現値 x_i をとる確率 $P(X = x_i)$ が $f(x_i)$ という関数で計算される際，$f(x_i)$ を**確率質量関数**と呼びます．英語で書くと Probability Mass Function となり pmf と略されます．

$$P(X = x_i) = f(x_i) \tag{1.13}$$

本書では「関数だよ」というのを明示的に示したいときには $f(\ )$ という表記を使うことにします．第 1 部第 3 章で紹介した確率の公理を満たしている必要があるため，すべての x に対して $f(x) \geq 0$ であり，$\sum f(x) = 1$ となります．

離散型の確率変数 X が 1 以上の整数をとるとします．$x_1 = 1, x_2 = 2, x_3 = 3, \ldots$ です．このとき，確率変数 X が a 以上 b 以下の値をとる確率 $P(a \leq X \leq b)$ は以下のように計算されます (ただし，a も b も 1 以上の整数で $a < b$).

$$P(a \leq X \leq b) = \sum_{i=a}^{b} f(x_i) \tag{1.14}$$

具体例

イカサマでないサイコロを投げて出る目を調べるとき，出目は離散型の確率分布に従うと考えられます．

サイコロの出目という確率変数を X とします．

取りうる値は $x_1 = 1, x_2 = 2, x_3 = 3, x_4 = 4, x_5 = 5, x_6 = 6$ です．

このときの確率質量関数は以下のようになります．

$$f(x_i) = \frac{1}{6}, \qquad i = 1, 2, 3, 4, 5, 6 \tag{1.15}$$

サイコロの出目が 2 以上 4 以下となる確率は以下のように計算されます.

$$P(2 \leq X \leq 4) = \sum_{i=2}^{4} f(x_i) = \frac{1}{6} + \frac{1}{6} + \frac{1}{6} = \frac{3}{6} \tag{1.16}$$

平たく言えば 1 から 6 の目が出る確率はすべて 6 分の 1 という確率質量関数を扱っているのですね. そして 2, 3, 4 のどれかの目が出る確率は,「2 の目が出る確率＋3 の目が出る確率＋4 の目が出る確率」で計算されます.

4.4　連続型の確率分布と確率密度関数

量的データの連続型データを対象とする場合は, **連続型の確率分布**を用います.

連続型データを扱う場合には少し注意が必要です. 例えば身長を測って 172.3cm という結果が得られたとします. 普通の測定だと小数点以下第 1 位くらいまでしかわからないかもしれませんが, もっと高精度なデジタル身長測定器を使うと, 172.326cm ということがわかるかもしれません. 極端な例ですが電子顕微鏡を使って精密測定をしたら 172.325764……とより細かい値が得られるでしょう. 厳密に考えると「172.3cm ちょうどである」という状況は存在しえないことになります.「172.3cm ちょうどである確率」は 0 になりますし, もちろん 170cm ちょうどである確率も 0 です.「ある特定の身長になる確率」がすべて 0 になってしまいます.

そこで登場するのが**確率密度**です. $\Delta x \to 0$ のとき, とても狭い範囲である $x \leq X \leq x + \Delta x$ を考えます. このとても狭い範囲に確率変数が収まる確率 $P(x \leq X \leq x + \Delta x)$ が以下のように計算されるとき, $f(x)$ を確率密度と呼びます.

$$P(x \leq X \leq x + \Delta x) = f(x) \cdot \Delta x \tag{1.17}$$

確率密度を使うことで, 確率が常に 0 になってしまうという問題を回避できます.

確率変数 X が, a 以上 b 以下の値をとる確率 $P(a \leq X \leq b)$ が $f(x)$ という関数で以下のように計算される際, $f(x)$ を**確率密度関数**と呼びます (ただし $a < b$). 英語で書くと Probability Density Function となり pdf と略されます.

$$P(a \leq X \leq b) = \int_a^b f(x)\,dx \tag{1.18}$$

第 1 部第 3 章で紹介した確率の公理を満たしている必要があるため, すべての x に対して $f(x) \geq 0$ であり, $\int f(x)dx = 1$ となります.

離散型の確率変数が a 以上 b 以下の値となる確率を計算する式 (1.14) と比較すると, 足し算の記

第1部 【理論編】ベイズ統計モデリングの基本

号 Σ が，積分の記号 $\int$ に変わっただけであることがわかります．

確率密度を対象とする場合は，とても狭い範囲に収まる確率を無数に足し合わせる必要があるので，積分が使われているわけです．本書では，積分記号がしばしば出てきますが，足し算との対応だけ理解しておけば，読み進めることは可能かと思います．積分についてより詳細な議論を知りたい方は，例えば中井 (2018) などを参照してください．

4.5 確率変数の期待値

期待値は平均値と同様に解釈できる指標です．

$x_1, x_2, \ldots, x_N$ をとる，離散型の確率分布に従う確率変数 X の期待値 $E(X)$ は以下のように計算されます．

$$E(X) = \sum_{i=1}^{N} f(x_i) \cdot x_i \tag{1.19}$$

連続型の確率分布に従う確率変数 X の期待値 $E(X)$ は以下のように計算されます．Σ が，積分の記号 $\int$ に変わっただけです．

$$E(X) = \int_{-\infty}^{\infty} f(x) \cdot x \ dx \tag{1.20}$$

具体例

手元にイカサマでないサイコロがあります．まだサイコロを投げてはいません．次に投げたときに得られるであろう確率変数（サイコロの出目）の代表値を計算したい，となった場合は，サイコロの確率分布から直接に期待値を計算します．

$x_1 = 1, x_2 = 2, x_3 = 3, x_4 = 4, x_5 = 5, x_6 = 6$ としたとき，イカサマでないサイコロの確率質量関数は以下の通りです．

$$f(x_i) = \frac{1}{6}, \qquad i = 1, 2, 3, 4, 5, 6 \tag{1.21}$$

期待値は，「確率 × そのときの値」の合計値として計算されます．

$$\left(\frac{1}{6} \times 1\right) + \left(\frac{1}{6} \times 2\right) + \left(\frac{1}{6} \times 3\right) + \left(\frac{1}{6} \times 4\right) + \left(\frac{1}{6} \times 5\right) + \left(\frac{1}{6} \times 6\right) = \frac{7}{2} \tag{1.22}$$

4.6　確率変数の分散と標準偏差

分散の直感的なイメージを述べると「期待値とデータがどれくらい離れているのかを判断する指標」となります．個別のデータと平均値との距離を測った指標です．ばらつきの指標とも呼ばれます．**標準偏差**は分散の平方根をとることで計算される指標です．

$x_1, x_2, \ldots, x_N$ をとる，離散型の確率分布に従う確率変数 X の分散 $V(X)$ は以下のように計算されます．$x_i - E(X)$ で，データと期待値との差を計算していることに注意してください．

$$V(X) = \sum_{i=1}^{N} f(x_i) \cdot (x_i - E(X))^2 \tag{1.23}$$

連続型の確率分布に従う確率変数 X の分散 $V(X)$ は以下のように計算されます．

$$V(X) = \int_{-\infty}^{\infty} f(x) \cdot (x - E(X))^2 \, dx \tag{1.24}$$

確率変数 X の標準偏差 $SD(X)$ は以下のように計算されます．

$$SD(X) = \sqrt{V(X)} \tag{1.25}$$

> **具体例**
>
> イカサマでないサイコロの分散は以下のように計算されます．サイコロの期待値が 3.5 であることに注意してください．
>
> $$\frac{(1-3.5)^2}{6} + \frac{(2-3.5)^2}{6} + \frac{(3-3.5)^2}{6} + \frac{(4-3.5)^2}{6} + \frac{(5-3.5)^2}{6} + \frac{(6-3.5)^2}{6} = \frac{35}{12} \tag{1.26}$$

4.7　確率変数のパーセント点・中央値・四分位点

確率分布の**パーセント点**（**％点**）は，確率変数 X において，0 から 100 をとる α を指定したとき $P(X < x_1) = \alpha/100$ となる x_1 のことです．$\alpha = 50$ のとき（すなわち 50％点）は**中央値**とも呼びます．$\alpha = 25$ のとき（すなわち 25％点）は第 1 四分位点と，$\alpha = 75$ のとき（すなわち 75％点）は第 3 四分位点とも呼びます．

第 1 部 【理論編】ベイズ統計モデリングの基本

ここで紹介した指標は**下側パーセント点**とも呼びますが，本書では常に下側パーセント点を使うので区別しません．本書では登場しませんが，$P(X > x_2) = \alpha/100$ となる x_2 を**上側パーセント点**と呼びます．

> **具体例**
>
> 0 以上 4 以下の値しかとらない連続型の確率分布に従う確率変数 X の確率密度関数が以下のようになっているとします．
>
> $$f(x) = 0.25 \tag{1.27}$$
>
> 確率密度がずっと変わらないので，$X = 2$ のときの確率密度も，$X = 3.56$ のときの確率密度も，まったく同じ 0.25 となります．単純ではありますが，$f(x) \geq 0$ かつ $\int_0^4 f(x)dx = 1$ なので，ちゃんと確率密度関数の条件を満たしています．
>
> 確率変数の 25% 点は 1 となります．なぜならば $P(X < 1) = \int_0^1 f(x)dx = 0.25$ だからです．
>
> 確率変数の 75% 点は 3 となります．なぜならば $P(X < 3) = \int_0^3 f(x)dx = 0.75$ だからです．

4.8　同時分布・周辺分布・条件付き分布

2 つ以上の確率変数の関係を見る際にしばしば用いられる用語を紹介していきます．最初は定義を説明して，その後で具体例を挙げます．定義が難しいと感じたら，先に具体例から読み進めても良いでしょう．

最初は**同時確率分布**です．**同時分布**または**結合分布**とも呼ばれます．話を単純にするため，離散型の確率変数を考えます．2 つの確率変数 X と Y があるときの同時分布は以下のように表記されます．

$$P(X = x_i, Y = y_j) = p_{ij}, \qquad i = 1, 2, \ldots, m; \quad j = 1, 2, \ldots, n \tag{1.28}$$

「X が x_i であり，かつ，Y が y_j である」という 2 つの確率変数を同時に見たときの確率分布です．単に $P(X, Y)$ と記すこともあります．確率の合計は 1 となるので，以下の関係が成り立ちます．

$$\sum_{i=1}^{m} \sum_{j=1}^{n} P(X = x_i, Y = y_j) = \sum_{i=1}^{m} \sum_{j=1}^{n} p_{ij} = 1, \qquad i = 1, 2, \ldots, m; \quad j = 1, 2, \ldots, n \tag{1.29}$$

複数の確率変数の同時分布から，ある変数を消去する計算を**周辺化**と呼びます．同時分布 $P(X, Y)$ から，確率変数 Y を消去して確率分布 $P(X)$ を得る場合は，以下のように計算されます．

$$P(X=x_i) = \sum_{j=1}^{n} P(X=x_i, Y=y_j) = \sum_{j=1}^{n} p_{ij} \tag{1.30}$$

周辺化された結果は単なる確率変数 X の確率分布なのですが「周辺化によって得られたのだ」ということを強調するために**周辺分布**とも呼ばれます．添え字 j は消されてしまったよ，ということを示すためにドット記号を使って $p_{i\cdot}$ と表記します．今回は確率変数 X の分布を周辺化によって求めましたが，Y に関しても同様に計算できます．

片方の確率変数，例えば Y が y_j に固定されているという条件での，X の確率分布を**条件付き確率分布**あるいは**条件付き分布**と呼びます．これは以下のように計算されます．

$$P(X=x_i|Y=y_j) = \frac{P(X=x_i, Y=y_j)}{P(Y=y_j)} = \frac{p_{ij}}{p_{\cdot j}} \tag{1.31}$$

$P(X=x_i|Y=y_j)$ は単に $P(X|Y)$ と記されることもあります．

条件付き確率分布を式変形すると，以下が成り立ちます．

$$P(X=x_i, Y=y_j) = P(X=x_i|Y=y_j)P(Y=y_j) \tag{1.32}$$

同時分布を「条件付き確率 × 条件となる確率変数の確率分布」に書き換える式変形は，しばしば出てきます．これを応用すると，周辺化は以下のように変形できますね．

$$P(X=x_i) = \sum_{j=1}^{n} P(X=x_i|Y=y_j)P(Y=y_j) \tag{1.33}$$

> **具体例**
>
> 確率変数 X は，雨が降るか降らないかを表します．
> 確率分布は以下の通りです　　$\{P(X=降る), P(X=降らない)\} = \{0.4, 0.6\}$
> 確率変数 Y は，雷が落ちるか落ちないかを表します．
> 確率分布は以下の通りです　　$\{P(Y=落ちる), P(Y=落ちない)\} = \{0.3, 0.7\}$
> 表にしてまとめます．

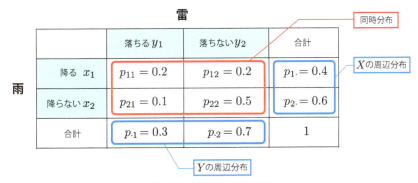

図 1.4.1　同時分布と周辺分布

第 1 部 【理論編】ベイズ統計モデリングの基本

同時分布は，確率変数 X（降雨）と確率変数 Y（雷）を同時に考えた分布です．p_{ij} の合計は 1 となります．周辺分布は名前の通り表の周辺にくっついている分布ですね.

周辺分布を定義通り計算してみましょう.
「$x_1 =$ 雨が降る, $x_2 =$ 雨が降らない」とします.
「$y_1 =$ 雷が落ちる, $y_2 =$ 雷が落ちない」とします.
確率変数 X（降雨）の周辺分布は以下のように計算されます.

$$
\begin{aligned}
P(X = x_1) &= \sum_{j=1}^{2} P(X = x_1, Y = y_j) = p_{11} + p_{12} = 0.2 + 0.2 = 0.4 = p_{1.} \\
P(X = x_2) &= \sum_{j=1}^{2} P(X = x_2, Y = y_j) = p_{21} + p_{22} = 0.1 + 0.5 = 0.6 = p_{2.}
\end{aligned}
\tag{1.34}
$$

同様に，確率変数 Y（雷）の周辺分布は以下のように計算されます.

$$
\begin{aligned}
P(Y = y_1) &= \sum_{i=1}^{2} P(X = x_i, Y = y_1) = p_{11} + p_{21} = 0.2 + 0.1 = 0.3 = p_{.1} \\
P(Y = y_2) &= \sum_{i=1}^{2} P(X = x_i, Y = y_2) = p_{12} + p_{22} = 0.2 + 0.5 = 0.7 = p_{.2}
\end{aligned}
\tag{1.35}
$$

今後，周辺化の計算はしばしば出てくるので，表との対応がつくようにしてください.

最後に，この表には現れなかった条件付き分布を計算します.
例えば「雨が降らない $(X = x_2)$，という条件における，Y（雷）の分布」は以下のように計算されます.

$$
\begin{aligned}
P(Y = y_1 | X = x_2) &= \frac{P(X = x_2, Y = y_1)}{P(X = x_2)} = \frac{p_{21}}{p_{2.}} = \frac{0.1}{0.6} \approx 0.17 \\
P(Y = y_2 | X = x_2) &= \frac{P(X = x_2, Y = y_2)}{P(X = x_2)} = \frac{p_{22}}{p_{2.}} = \frac{0.5}{0.6} \approx 0.83
\end{aligned}
\tag{1.36}
$$

「$\approx$」はほぼ等しいという記号です．条件を付けないときの，雷が落ちる確率 $P(Y = y_1) = 0.3$ なので，雨が降らないという条件下だと雷が落ちにくいことがわかります.

4.9　離散型の確率分布：離散一様分布

今までは，さまざまな確率分布で成り立つ，一般的な性質を見てきました．本節からは，個別の確率分布を紹介していきます．

まずは一様分布から説明します．一様分布には離散型と連続型がありますが，ここでは離散型を扱います．**離散一様分布**は名前の通り，みんな一様に同じ確率を持つ分布です．例えばイカサマでないサイコロの場合は，1 から 6 の出目に対してすべて等しく 1/6 という確率が割り振られていました．これは典型的な一様分布であるといえます．$x_1, x_2, \ldots, x_n$ まで有限である n 種類の異なる結果が生じる一様分布ですと，各々が $1/n$ の確率で生じることになります．

4.10　離散型の確率分布：ベルヌーイ分布

ベルヌーイ分布は，例えばコインの表・裏や，生き物の雌雄など，2 つの結果しか生じないものを分析する際にしばしば利用されます．便宜上，片方の結果が得られる確率を**成功確率**と呼びます．例えば表が出る確率や，雌になる確率などが成功確率となります．成功と名前がついていますが，ポジティブな意味はありません．

ベルヌーイ分布は，一様分布と異なって，片方の結果が起こりやすいとか，起こりにくい，ということを認めます．例えば，表がとても出やすいイカサマコインなどは，ベルヌーイ分布で表現できます．商品の購入率やイベントの発生率も，これらがちょうど 50% だとは考えにくいので，ベルヌーイ分布が利用されます．

成功確率を p，成功の結果を 1，失敗の結果を 0 とおくと，ベルヌーイ分布の確率質量関数は以下のように表記されます．

$$\mathrm{Bernoulli}(X = 1) = p$$
$$\mathrm{Bernoulli}(X = 0) = 1 - p$$

(1.37)

4.11　補足：母数

母数というのは確率分布を特徴づけるパラメータのことです．例えばベルヌーイ分布ですと，成功確率 p が母数となります．

母数のことを分母の数だと勘違いされる方がしばしばいて，混乱の原因となります．本書では母数のことをなるべく「確率分布のパラメータ」と表現するようにします．

4.12　離散型の確率分布：二項分布

二項分布はベルヌーイ分布に従う独立な試行を複数回行ったときの成功回数が従う確率分布です．

例えば，表が出る確率が p であるコインを N 回投げることを考えます．このとき x 回の表が出る

第 1 部　【理論編】ベイズ統計モデリングの基本

確率は二項分布に従い，以下のように計算されます．これが二項分布の確率質量関数となります．

$$\mathrm{Binom}(X|N,p) = {}_N\mathrm{C}_x \cdot p^x \cdot (1-p)^{N-x} \tag{1.38}$$

　二項分布の母数 (確率分布のパラメータ) は，成功確率 p と試行回数 N です．この 2 つが定まると，二項分布が定まります．母数を明示的に示すため $\mathrm{Binom}(X|N,p)$ と縦棒の右側においています．縦棒ではなく，セミコロンを使って $\mathrm{Binom}(X;N,p)$ と表記する教科書もあります．試行回数 $N = 10$ として，成功確率 p を 0.2, 0.5, 0.8 の 3 パターンに変化させたときの二項分布を図 1.4.2 に示します．

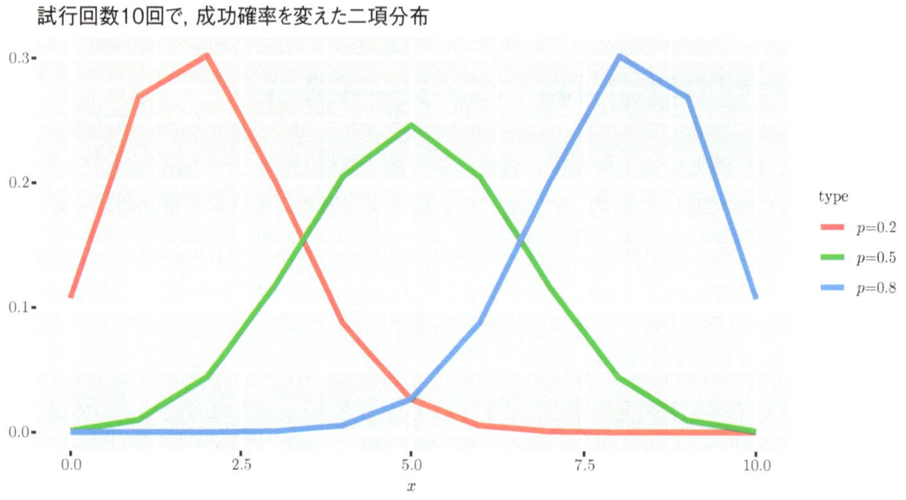

試行回数10回で，成功確率を変えた二項分布

図 1.4.2　二項分布

　二項分布の確率質量関数の解釈を試みます．

　例えば「20% の確率で起こる結果」が 10 回連続で起こる確率はいくらになるでしょうか．これは 0.2^{10} なので，ほぼ 0 となりますね．これが確率質量関数における p^x の意味です．この結果は，$\mathrm{Binom}(X=10|N=10, p=0.2)$ で計算されます．図 1.4.2 でいうと，p=0.2 の赤い線の右端の値がこれに当たります．

　逆に「20% の確率で起こる結果」が一度も起こらない確率は $(1 - 0.2)^{10} = 0.8^{10}$ なので，およそ 0.1 と計算されます．図 1.4.2 でいうと，$p = 0.2$ の赤い線の左端がこれに当たります．

　さて，全部表とか，全部裏，というのだと簡単なのですが，「5 枚が表で，5 枚が裏」など，表と裏が混ざっていると，確率の計算が複雑になります．例えば「1 枚だけ表で，9 枚が裏」となるパターンは「1 回目だけが表だった」や「2 回目だけが表だった」……「10 回目だけが表だった」まで 10 通りあります．そのため $10 \times 0.2^1 \times (1 - 0.2)^9$ となり，およそ 0.27 と計算されます．この計算が $\mathrm{Binom}(X=1|N=10, p=0.2)$ に該当します．この場合の数を数え上げるときに，順列組合せの公式 ${}_N\mathrm{C}_x$ が登場するわけです．

成功確率 p で試行回数 N の二項分布に従う確率変数の期待値と分散は以下のように計算されます．期待値や分散の公式である式 (1.19) や式 (1.23) から導出できます．証明は略します．

$$E(X) = Np \tag{1.39}$$
$$V(X) = Np(1-p) \tag{1.40}$$

4.13　離散型の確率分布：ポアソン分布

ポアソン分布は，交通事故の死傷者数や，動物の発見個体数，商品の販売個数など，0 または正の整数をとるデータに対してしばしば適用されます．例えば動物の発見個体数 X が，期待値 λ のポアソン分布に従うとき，以下のように表記されます．

$$\text{Poisson}(X|\lambda) = \frac{e^{-\lambda} \cdot \lambda^x}{x!} \tag{1.41}$$

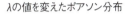

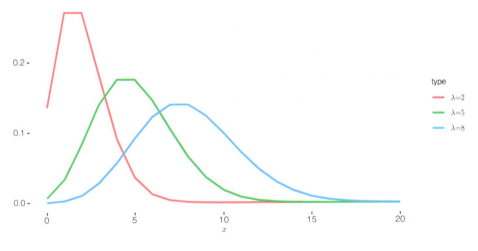

図 1.4.3　ポアソン分布

ポアソン分布は，$N \to \infty, p \to 0$ で $Np = \lambda$ となる二項分布とみなされます．平たく言うと，試行回数が限りなく大きく，成功確率が限りなく小さな二項分布における発生回数が，ポアソン分布に従う確率変数だとみなせる，ということです．

例えば，動物の発見個体数はポアソン分布に従うとみなされることがしばしばあります．しかし，天からポアソン分布が降って湧いて出てきたわけではありません．例えば草原でカマキリの数を数えていたとします．カマキリはいるかな，と覗いてみたときの視野はあまり広くないはずです．空間(草原)はそれなりに広いので，何度でも虫がいるかどうかチェックできます(N がとても大きい)．一方で，

第1部 【理論編】ベイズ統計モデリングの基本

その狭い視野の中に特定の虫がいる確率は大きくないでしょう（pが小さい）．このときに，カマキリの発見個体数はポアソン分布に従うとみなせるわけです．

さて「0または正の整数をとる」という基準だけを考えると，0から100をとるテストの点数もポアソン分布に従うように見えますが，これは「試行回数が大で，成功確率が小な二項分布」とはみなせないので，ポアソン分布に従うとはみなせません．むしろ後述する正規分布が当てはまることがしばしばあります．

ポアソン分布は，その期待値も分散もλと等しくなります．そのため，データによっては，想定された分散よりも大きな分散を持つことがあります．これを**過分散**といいます．過分散は二項分布でも起こりえます．このような状況ではモデリングを注意深く行う必要があります．具体例は第4部で紹介します．

本書では登場しませんが，**負の二項分布**はポアソン分布とよく似たシチュエーションでしばしば用いられます．二項分布が独立なベルヌーイ試行を複数回行った結果であることから想像がつくように，ポアソン分布は，局所的にたくさん動物がいるという「群れる」状況を想定していません．「群れる」状況を想定する場合は負の二項分布がしばしば用いられます．

4.14　連続型の確率分布：連続一様分布

ここからは連続型の確率分布の説明に移ります．

一様分布は連続型の確率分布としても定義できます．このときはある範囲内で，常に等しい確率密度を持つ分布となります．例えば下限値がaで上限値がbの一様分布の確率密度関数は以下のように表記されます．

$$\mathrm{Uniform}(X|a,b) = \frac{1}{b-a} \tag{1.42}$$

4.15　連続型の確率分布：正規分布とその周辺

正規分布は**ガウス分布**とも呼ばれ，平均値に対して左右対称である，連続型の確率分布です．期待値と分散は各々μとσ^2というパラメータで表現されます．$\mu=0, \sigma^2=1$の正規分布を特別に**標準正規分布**と呼びます．正規分布の確率密度関数は以下の通りです．ただしexpはネイピア数eの指数であることを意味しています．$\exp(a)$はe^aと同じ意味です．

$$\mathrm{Normal}(X|\mu,\sigma^2) = \frac{1}{\sqrt{2\pi\sigma^2}} \exp\left(-\frac{(x-\mu)^2}{2\sigma^2}\right) \tag{1.43}$$

例えば身長や全国テストの点数など，正規分布はさまざまな場面で現れます．本書では，商品の売り上げ（単位：万円）などをモデル化する際に正規分布を用いることがあります．

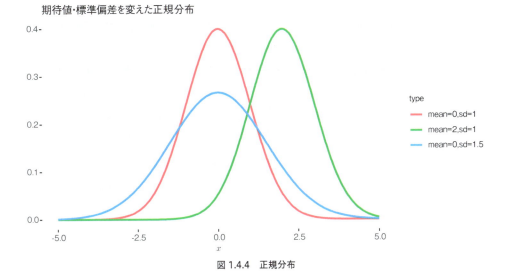

図 1.4.4　正規分布

　正規分布が重要な確率分布とみなされる大きな理由が**中心極限定理**です．これは，「平均がμで分散がσ^2である，独立で同一な確率分布」から得られたN個の確率変数の合計値X_{sum}の分布が，Nが大きいときに，正規分布$\text{Normal}(X_{\text{sum}}|N\mu, N\sigma^2)$に従うというものです．

　例えば成功確率pのベルヌーイ試行をN回繰り返したとします．裏が0で表が1としましょう．N回投げたときに表が出る回数は，二項分布$\text{Binom}(X|N,p)$に従うとみなせることは以前に説明しました．このとき，実は，Nが大きければ，表が出た回数の合計値Xは正規分布に従うとみなせるというのが中心極限定理で示されていることです．具体的には$\text{Normal}(X|Np, Np(1-p))$で近似できます．

　だったら二項分布は不要なのかというと，そういうわけではありません．図1.4.2のグラフを見ればわかるように，$N=10$で$p=0.2$のとき，二項分布は左右非対称な確率分布になっていますので，これを正規分布とみなすのは問題です．正規分布で近似ができるのは，Nやpがある程度大きいことが条件となります．

　ある確率変数が正規分布に従うとみなせるかどうかを考えるとき，誤差の存在が重要となります．独立で同一な確率分布から得られた無数の誤差が足しあわさって，ある値が決まるのだ，とみなせるときには，そのデータは正規分布に従っているとみなせるかもしれません．

　例えば売り上げを決める要因としては，風が吹けば桶屋が儲かるではないですが，無数の要因が積み重なっていると想像できるかもしれません．こういったときに正規分布が登場します．

　確率変数Xが正の値しかとらないとき，自然対数をとることによってXが正規分布に従うことがあります．このときXは**対数正規分布**に従っているとみなされます．正の値だけをとる連続型の変数に対してしばしば用いられます．

正の値だけをとる連続型の変数が従う確率分布は，対数正規分布だけとは限りません．本書では登場しませんが，**ガンマ分布**などもその候補となります．

正規分布から派生した分布としては**スチューデントの t 分布**もよく知られています．t 分布は正規分布と形状はよく似ていますが，分散が大きいことが特徴です．確率密度関数を図示すると平べったい形になるので t 分布の方が「裾が広い」確率分布だと表現されることもあります．

t 分布には自由度 (df) というパラメータがあります．自由度が小さければ小さいほど，t 分布の分散は大きくなります．

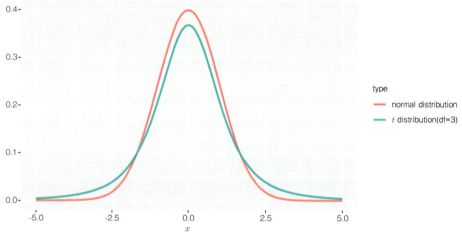

図 1.4.5　標準正規分布と t 分布

統計モデルの基本

5.1 本章の目的と概要

テーマ

本章では統計モデルという言葉の定義をしてから，統計モデルの構築における準備を行います．

目的

第3部以降で行う，統計モデルの推定という作業が持つ意味を理解する助けとするために，本章を執筆しました．

モデルという言葉の意味を理解してから応用に移るのが，長い目で見れば最短だと思います．少し時間をかけて本章を読み込み，モデルという言葉の意味を理解してください．たとえ第4章までを飛ばし読みされた方でも，本章からは読むようにしてください．逆に，本章で登場する用語が難しいと感じた方は，適宜第1章から第4章を確認してください．

概要

● モデルとは何か，モデリングとはどのような手続きか

モデルとは何か → コイン投げモデルと白玉黒玉抽出モデルの比較
→ 正規分布を用いた単純なモデルの紹介 → 説明変数を導入したやや複雑なモデルの紹介

● モデルを推定するために必要な用語

統計モデル推定の流れのイメージ → 尤度 → 確率モデルと尤度の関係

5.2 モデルとは何か

Upton and Cook(2010) によると，**モデル**とは「観測したデータを生み出す確率的な過程を簡潔に記述したもの」と定義されています．モデルを作る行為は**モデリング**とも呼ばれます．観測データのモデリングを通して，現象を理解したり，将来を予測したりします．

プラモデルと本物は異なります．飛行機のプラモデルは，どんなに精巧に似せたとしても，本物の飛行機とは異なるでしょう．現実世界のモデリングも同じで，例えば「ある動物から得られた観測データ」をモデル化するときに，その動物の情報(体長・体重・年齢・体温・足の長さ・体毛の本数

第1部 【理論編】ベイズ統計モデリングの基本

……）すべてを使って疑似的な生命体を作り出すわけではありません．**データを生み出す確率的な過程**を簡潔に記述するのです．平たく言えば「どのようにして，観測データが私たちの手元にやってきたのか」を考えることがモデリングです．動物の個体数データならば「この場所は餌が多いから，動物が多くいたのだろう」などと考えるわけです．

モデルにはいくつかの異なる名前がついています．文献によって微妙に意味合いが異なることもありますが，本書では以下のように使い分けることとします．

数式を用いて表現されたモデルを**数理モデル**と呼びます．確率的な表現が用いられた数理モデルを**確率モデル**と呼びます．データに適合するように構築された確率モデルを**統計モデル**と呼びます．

本章では，確率モデルを設計する際の基本的な考え方を学びます．

5.3　コイン投げモデルと白玉黒玉抽出モデルの比較

モデリングという行為を，いくつかの具体例を通して確認していきます．

> **具体例**
>
> コインを 10 回投げて表が出た回数を記録するという行為を，（確率モデルではなく）言葉で表現してみます．
>
> コインを親指に乗せ，力を込めて上へと跳ね上げます．コインがくるくると回りながら宙を舞い，そして重力に従って落下してきます．コインが表になるか裏になるかを見守り，その結果をメモ用紙に記録します．1 回目の記録が終わったら，2 回目，3 回目も同様にコインを投げて結果をメモして……という作業を 10 回繰り返します．

上記のような正確な表現は，モデリングという作業ではむしろ不要になります．

モデリングでは「データを生み出す確率的な過程」に注目します．

今回の例では，表や裏が何回出たか，という結果がデータです．「データを生み出す確率的な過程」は，コインを投げるという行為です．10 回投げたら「たまたま 4 回表が出た」とか「たまたま 7 回表が出た」といったデータが得られるでしょう．

抽象化することで，コインを投げるという行為を「確率 p で表というデータを，確率 $(1-p)$ で裏というデータを生み出す過程」だと考えます．そうすれば，次の具体例のようにモデル化ができます．

46

第 5 章　統計モデルの基本

> **具体例**
> コインを 10 回投げて表が出た回数を記録するという行為を確率モデルで表現します.
>
> コインが表になる確率を p というパラメータで表現します. パラメータ p は 0 以上 1 以下の値をとります. 10 回中 Y 回が表になるというデータが得られる確率は, 二項分布を使うことで計算できます. この二項分布が「Y 回が表になるというデータを生み出す確率的な過程」となります.
>
> 表が出る回数 Y が「試行回数 10 で成功確率 p の二項分布」に従うことを明示的に示すと以下のようになります.
>
> $$Y \sim \mathrm{Binom}(10, p) \tag{1.44}$$

たった 1 行の数式で表現できるようになりましたね. 別の例を挙げます.

> **具体例**
> 無数の白玉と黒玉が入った箱から 10 個の玉をランダムに抽出して, 黒色の玉が得られた個数を記録するという行為を, 確率モデルで表現します.
>
> 箱の中に含まれる黒玉の割合を p というパラメータで表現します. パラメータ p は 0 以上 1 以下の値をとります. 10 個中 Y 個が黒玉になるというデータが得られる確率は, 二項分布を使うことで計算できます. この二項分布が「Y 個が黒玉になるというデータを生み出す確率的な過程」となります.
>
> 黒玉の個数 Y が「試行回数 10 で成功確率 p の二項分布」に従うことを明示的に示すと以下のようになります.
>
> $$Y \sim \mathrm{Binom}(10, p) \tag{1.45}$$

あまりにも単純すぎる例を挙げたので, モデルというよりかは, 二項分布の紹介になってしまいました. とはいえ, この具体例から, モデルに対するいくつかの知見が得られます.

2 つの例を見ていただきましたが, 確率モデルで表現された結果は同じとなりました. コインを 10 回投げるという行為と, 10 個の玉をランダムに選ぶという行為は, 現実世界においてまったく別物です. コインは平たいのに, 玉は丸いですしね. しかし, そういった細かい所, あるいは「私たちの分析の目的と, 直接はかかわりがない所」を省いて,「データを生み出す確率的な過程」に着目してモデリングすると, 両者は同じ二項分布で表現できるのです. この抽象化は, モデリングにおいて欠かすことのできない技術です.

統計モデルにおいて, 確率分布が中心的な役割を果たすところにも注目してください. 質的データで 2 つの名義尺度を持つデータに対しては, 二項分布がしばしば適用されます.

個人的には「確率分布という摩訶不思議なものがあって, それを使ってモデリングする」と考える

第1部 【理論編】ベイズ統計モデリングの基本

と，理解がしにくいかなと感じます．それよりは，以下のステップを踏んで考えていくと，直感的に受け入れやすいかもしれません．

1 データが得られている
2 データを生み出す確率的な過程を考える
　（ア）例：同じコインを同じ条件で10回投げた
　（イ）例：無数の白玉と黒玉が入った箱から，10個の玉を無作為に抽出した
3 データを生み出す確率的な過程を，単純な数式で表現する←ここで二項分布が登場

第1部第4章で学んだ，二項分布やポアソン分布，正規分布といった確率分布を使うことで「データを生み出す確率的な過程」の記述が，とても簡単になります．良く知られた確率分布であれば，期待値や分散の計算も容易なので，扱いやすいです．

では，二項分布やポアソン分布などの単純な確率分布では「データを生み出す確率的な過程」の記述ができないほど，複雑なデータが相手だったらどうしましょうか．これは応用的な問題ですが，いくつかの確率分布を組み合わせることで解決できる可能性があります．最初のうち (第3部まで) は，良く知られた確率分布で対応ができるような，単純な問題だけを扱うことにします．

5.4　補足：確率分布と確率密度関数 / 確率質量関数

第1部第4章を読まれた方ならばおわかりだとは思いますが，「確率分布に従う」という言葉と確率質量関数（連続型の変数の場合は確率密度関数）の関係をもう一度復習しておきます．

$X \sim \mathrm{Binom}(N, p)$ という表現は「確率変数 X は，試行回数 N，成功確率 p の二項分布に従う」という日本語と同じ意味です．二項分布の確率質量関数は第1部第4章4.12節の式 (1.38) で表記されている通り，$\mathrm{Binom}(X|N, p) = {}_N\mathrm{C}_x \cdot p^x \cdot (1-p)^{N-x}$ です．

というわけで，$X \sim \mathrm{Binom}(N, p)$ という表記をさらに突っ込んで書くと，「${}_N\mathrm{C}_3 \cdot p^3 \cdot (1-p)^{N-3}$ という確率で $X = 3$ となる．これは二項分布の確率質量関数から計算できる」ということを意味しています．もちろん3以外の数値を入れてもらっても大丈夫です．

一般的には「△△という確率で，$X = \bigcirc\bigcirc$ になる．この確率は××分布の確率質量（密度）関数から計算できる」というのが「X が××分布に従う」という言葉を平たくしたものといえます．

確率分布を「空から降ってきた摩訶不思議なナニモノか」ではなく，「データを生み出す確率的な過程」や「確率質量関数 / 確率密度関数」といった側面から理解できると，理解度が増すはずです．

5.5　正規分布を用いた単純なモデル

表と裏であるとか，病気にかかるか否かといったような2通りの結果だけを持つデータに対して，二項分布を用いたモデリングは，しばしば有効となります．一方，例えば身長や体重あるいは売り上

げといった量的データに対して二項分布を使うのには無理があります．データに合わせて，モデルで用いられる確率分布を変える必要があります．

> **具体例**
>
> ビールの売り上げ（単位：万円）を記録したデータが 100 個あったとします．ビールの売り上げデータを 100 件記録したという行為を，確率モデルで表現します．
>
> 売り上げデータは量的データです．0 未満の値は取らないのですが，それなりに多くの売り上げを毎日あげているため，0 未満か否かといった境目が重要ではないと仮定します．売り上げは，平均値に対して左右対称な分布をしています．これを正規分布でモデル化します．
>
> ビールの売り上げの平均値を μ というパラメータで表現します．また，売り上げのばらつきを σ^2 というパラメータで表現します．売り上げ Y は以下のような確率モデルで表現されます．
>
> $$Y \sim \mathrm{Normal}(\mu, \sigma^2) \tag{1.46}$$

質的データと量的データでは，「データを生み出す確率的な過程」が異なることが想定されます．このときは，確率分布を変えることによって対応します．

5.6　説明変数を導入したやや複雑なモデル

コインは平たくて玉は丸いといった「私たちの分析の目的と直接はかかわりがない所」を省き，「データを生み出す確率的な過程」に注目することが統計モデリングの第一歩でした．しかし，あまりにも単純すぎるモデルを想定すると，現実世界との乖離が激しくなることがあります．

例えば，5.5 節のビールの売り上げモデルを再度検討します．ビールの売り上げは，例えば気温が高くなると増えることが想定されます．そこで，気温の影響を加味したモデルを構築することにします．興味の対象となる変数を**応答変数**と呼びます．応答変数に影響を与える変数を**説明変数**と呼びます．今回の例では，ビールの売り上げが応答変数で，気温が説明変数となります．

> **具体例**
>
> 5.5 節と同様の例を用います．
>
> ビールの売り上げ Y の平均値を μ というパラメータで表現します．ただし，この μ は気温 x によって変化します．気温が 0 度のときは β_0 万円売れて，気温が 1 度上がるごとに β_1 万円ずつ売り上げが増えるという関係性があることを想定します．売り上げのばらつきを σ^2 というパラメータで表現します．
>
> 売り上げと気温の対応を明確にするために，添え字を付けることにします．売り上げ Y_1 万円と，その日の気温 x_1 度が対応します．1 とか 2 といった数値を使うのではなく，Index の略で i という添え字を使うことにします．

第1部　【理論編】ベイズ統計モデリングの基本

気温が x_i 度であるときの売り上げ Y_i は以下のような確率モデルで表現されます．

$$\mu_i = \beta_0 + \beta_1 \cdot x_i$$
$$Y_i \sim \text{Normal}(\mu_i, \sigma^2)$$

(1.47)

このモデルでは，例えば気温が10度のときの売り上げは，「平均 $\beta_0 + \beta_1 \cdot 10$，分散 σ^2 の正規分布」に従うと考えています．気温が20度ならば，売り上げは「平均 $\beta_0 + \beta_1 \cdot 20$，分散 σ^2 の正規分布」に従うとみなすわけです．

ここで想定している確率モデルは，いわゆる因果，すなわち「原因と結果の対応」を示しているわけではないことに注意してください．気温が1度上がると，売り上げが平均して β_1 万円増えるという「関係性」を表現しています．

モデルを複雑化することにより，「説明変数によって，応答変数の平均値 μ が変化する」ことを想定できるようになりました．ただし，モデルに用いられるパラメータが増えたことにも注意が必要です．一般的には，パラメータが増えると，モデルの推定は困難となります（先のモデル程度のパラメータの個数であれば，普通は問題になりませんが）．

5.7　確率モデルと手持ちのデータとの対応付け

第1部第1章1.4節でも紹介したように，ベイズ統計モデリングの第一歩は，今までの知識や経験に基づいて確率モデルを設計することです．コインを投げて表が出た回数やビールの売り上げといったデータに対して「コインを投げて表が出た回数なら，二項分布という確率分布で表現できるかもしれないな」と考えるところから始まります．この想像こそが，確率モデルを設計するという作業にほかなりません．この辺りを，今まで説明してきました．

続いて，設計された確率モデルを，手持ちのデータに適用することを考えます．このとき，モデルに含まれるパラメータ（成功確率 p や気温の係数 β_1 など）を推定する必要があります．また，モデルを使って未知のデータを予測する技術を学ぶ必要もあります．ここでは，第1部第6章で学ぶベイズの定理や，第7章で学ぶ MCMC を活用します．予測に関してはやや難易度が高いので，第2部以降で紹介します．

ベイズの定理に進む前に，どうしても理解をしておかなければならない用語があるので，それを次節から説明します．

第 5 章　統計モデルの基本

5.8　尤度

尤度とはパラメータが所与であるという条件における，標本が得られる確率（あるいは確率密度）のことです．尤度は条件付き確率として表現されます．標本を y，モデルのパラメータを θ とすると，尤度は $P(y|\theta)$ と表記されます．標本 y を固定して，パラメータ θ の関数と見たとき，これは**尤度関数**と呼ばれます．

なお，5.6 節のような説明変数が含まれるモデルであっても，説明変数 x は，式の上で表記しません．

5.9　確率モデルと尤度の関係

例えば，$Y \sim \mathrm{Binom}(10, p)$ という確率モデルは「確率変数 Y は，試行回数 10，成功確率 p の二項分布に従う」という意味です．仮に「2 回表が出た」というデータが得られたとします．「2 回表が出た」ということがわかっている（標本 y が固定されている）ときの尤度関数は，モデルのパラメータ（今回の場合は成功確率）を θ とおくと，${}_{10}\mathrm{C}_2 \cdot \theta^2 \cdot (1 - \theta)^{10-2}$ となります．

正規分布を用いたモデルですと，正規分布の確率密度関数を使って尤度を計算することになりますが，考え方自体は変わりません．

第 2 部以降では，Stan という便利なソフトウェアを使ってモデルを推定します．難しい尤度関数の導出などはすべてバックグラウンドで処理されてしまい，表には出てきません．それでも，自分の作業に納得感を得るために，設計された確率モデルは，尤度関数という数式で表現されたうえで，モデルの推定などに活用される，というイメージを持っておくと良いでしょう．

第**6**章

ベイズ推論の基本

6.1　本章の目的と概要

テーマ

　本章ではベイズの定理を導出したのちに，ベイズ推論の基本について解説します．ベイズは哲学的なものも含めて多くの意味を含みますが，本書ではモデルを推定するための道具としてこれを用います．

目 的

　ベイズ推論に基づくパラメータ推定の基本的な考えを理解していただく目的で，本章を執筆しました．「モデルのパラメータの事後確率分布を得る」という言葉の意味と，計算方法のイメージをつかむようにしてください．

概 要

● **ベイズの定理の導出まで**

　不確実性を確率で表現する → 事前確率と事後確率 → 理由不十分の原則 → 尤度と周辺尤度
　→ ベイズの定理の例 → ベイズの定理の導出

● **ベイズ統計モデリングに基づくデータ分析の進め方**

　ベイズの定理と統計モデルの関係 → 事前分布と事後分布に関する補足
　→ 事後分布の計算例と事後分布のカーネル → モデルに基づく現象の解釈
　→ ベイズ推論の難点と MCMC という解決策

6.2　不確実性を確率で表現する

　第1部第1章でも紹介したように，ベイズ統計学の大きな特徴は「不確実性を定量化するときに，確率を明示的に使うこと」だといえます．物事に対して，私たちがどれくらい知っているのか，あるいは知らないのかを，確率で表現します．

　例えば，明日が雨なのか晴れなのかよくわからない，というときでも「よくわからない」ではなく「雨が降る確率は 40% くらいだろうか」と確率を使って定量的に評価することを試みます．

第6章 ベイズ推論の基本

6.3 事前確率と事後確率

ベイズの定理ではしばしば「事前確率を事後確率に更新する」という言い方がなされます．**事前確率**とは，データが得られる前に想定された確率のことです．**事後確率**とは，データが得られた後に想定する確率であり，データを所与とした条件付き確率として表現されます．

具体例

正しいコインと表が出やすいイカサマコインの2枚のコインがあります．そのうち1枚を手渡されました．手渡されたコインがイカサマコインなのかそうでないのかは「よくわからない」という状況です．この「イカサマかどうかよくわからない」という状況を，確率を使って定量的に評価することを試みます．

コインが手渡された直後，これ以上何の情報もないときに考えた「渡されたコインがイカサマコインである確率」が事前確率です．
一方，コインを1回投げて，表という結果が出たとしましょう．「コインが表になったというデータ」が与えられた下での「渡されたコインがイカサマコインである確率」が事後確率となります．

数式を使って整理します．
渡されたコインがイカサマコインであるという仮定を H_1 とします．
渡されたコインが正しいコインであるという仮定を H_2 とします．
コインが表になったというデータを D とします．
事前確率は $P(H_1)$ です．
事後確率は $P(H_1|D)$ となります．データが得られたという条件付きの確率になるわけです．

6.4 理由不十分の原則

事前確率をどのように指定するかは難しい問題です．例えばコインを渡してくれる人が，性格の悪い人だった場合は，なんとなくイカサマコインである確率が高そうな気がしますね．しかし，そういった事前の情報がないことがしばしばあります．このときは**理由不十分の原則**に基づいて，等しい確率を各々の仮定に割り当てます．「何が正しいのかわからない」という状況を確率で表現したのだと考えるとよいでしょう．

具体例

6.3節のイカサマコイン判定問題の例を続けます．理由不十分の原則に基づくと，
イカサマコインが渡されたという事前確率 $P(H_1)$ は 0.5 となります．
正しいコインが渡されたという事前確率 $P(H_2)$ は 0.5 となります．

53

第1部 【理論編】ベイズ統計モデリングの基本

6.5 尤度と周辺尤度

事前確率を事後確率に更新する際には，尤度と周辺尤度 (エビデンスと呼ぶこともあります) の比を使います.

尤度は第1部第5章5.8節でも登場しました．今回の事例では「ある仮定が所与という条件下での，データが得られる確率」と解釈されます．「ある仮定」というのは，6.3節の具体例を使うと「イカサマコインが投げられたという仮定」または「正しいコインが投げられたという仮定」のことを指します．

周辺尤度は「データが得られる平均的な確率」と解釈されます．こちらは具体例を見てもらった方が理解しやすいかと思います.

具体例

6.3節のイカサマコイン判定問題の例を続けます.

尤度がいくらなのかは，事前に計算できると想定します．例えば「イカサマコインは75%の確率で表が出る」また「正しいコインは50%の確率で表が出る」ということがわかっていたとします.

数式としてまとめておきます.

渡されたコインがイカサマコインであるときに，表というデータが得られる確率：

$$P(D|H_1) = 0.75$$

渡されたコインが正しいコインであるときに，表というデータが得られる確率：

$$P(D|H_2) = 0.5$$

周辺尤度は「手持ちのデータが得られる平均的な確率」となり，以下のように計算されます．手持ちのデータとして「表」という結果が得られていることに注意してください.

$$P(D) = P(D|H_1)P(H_1) + P(D|H_2)P(H_2) = 0.75 \times 0.5 + 0.5 \times 0.5 = 0.625 \tag{1.48}$$

やや冗長ですが，日本語の数式で置き換えると以下のようになります.

周辺尤度＝
　「イカサマコインが表になる確率」×「イカサマコインである確率」 　　(1.49)
　＋「正しいコインが表になる確率」×「正しいコインである確率」

イカサマコインが表になることもあれば，正しいコインが表になることもあります．それらの確率を加味して "平均的に" 今回のデータが得られる確率を計算したものが周辺尤度となります.

第6章　ベイズ推論の基本

6.6　ベイズの定理

ベイズの定理を使うことで，事前確率を事後確率に更新します．まずはベイズの定理を以下に示します.

$$P(H_1|D) = \frac{P(D|H_1)P(H_1)}{P(D)} \tag{1.50}$$

式の形を少し変えてやります．

$$\text{事後確率} : P(H_1|D) = P(H_1)\frac{P(D|H_1)}{P(D)} = \text{事前確率} \times \frac{\text{尤度}}{\text{周辺尤度}} \tag{1.51}$$

具体例

6.3 節のイカサマコイン判定問題の例を続けます．

コインを投げて表という結果が出た後に想定する「渡されたコインがイカサマコインであると想定する確率」すなわち事後確率は以下のように計算されます．

$$\text{事後確率} : P(H_1|D) = P(H_1)\frac{P(D|H_1)}{P(D)} = 0.5 \times \frac{0.75}{0.625} = 0.5 \times 1.2 = 0.6 \tag{1.52}$$

「平均的に表というデータが得られる確率（周辺尤度：0.625）」と比べると「イカサマコインのときに表というデータが得られる確率（尤度：0.75）」の方が 1.2 倍大きいわけです．ですので，事前確率 0.5 を 1.2 倍に更新して，事後確率は 0.6 と計算されました．下記の流れは直観的で自然なものです．

イカサマコインの方が，表が出やすい

↓

コインを投げたら表が出た

↓

イカサマコインでありそう（イカサマコインと想定する確率が大きくなる）

教科書によっていくつかの解釈がありますが，ベイズの定理を用いて事前確率を事後確率に更新することを**ベイズ更新**と呼ぶことにします．この枠組みで興味の対象となる条件付き確率などを得ることを**ベイズ推論**と呼ぶことにします．

ところで，コインをさらにもう一度投げたとしたらどうなるでしょうか．このときは「渡されたコインがイカサマコインであると想定する確率＝0.6」というのが事前確率として扱われて，この確率

55

第 1 部　【理論編】ベイズ統計モデリングの基本

がさらに更新されることになります．データが得られるたびに，ベイズ更新を使って，確率を更新していくわけですね．

6.7　ベイズの定理の導出

ベイズの定理は直観的に見ても理解しやすい形式になっていますが，数式を使って導出することも難しくありません．ベイズの定理を導出してみましょう．

第 1 部第 3 章 3.6 節で紹介した，確率の乗法定理を活用します．D であり，かつ H_1 である確率 $P(D \cap H_1)$ が以下のように 2 通りに表現されることを活用します．

$$
\begin{aligned}
P(D \cap H_1) &= P(D|H_1)P(H_1) \\
&= P(H_1|D)P(D)
\end{aligned}
\tag{1.53}
$$

ということで以下の等式が成り立ちます．

$$
P(H_1|D)P(D) = P(D|H_1)P(H_1)
\tag{1.54}
$$

$P(D)$ を移項すると，ベイズの定理が得られます．

$$
P(H_1|D) = \frac{P(D|H_1)P(H_1)}{P(D)}
\tag{1.55}
$$

ところで，周辺尤度 $P(D)$ は以下のように展開できます．確率の加法定理と乗法定理を活用しています．第 1 部第 4 章 4.8 節で紹介した周辺化とよく似た計算ですね．6.5 節の計算例では，この計算で $P(D)$ を求めていました．

$$
P(D) = \sum_{i=1}^{2} P(D \cap H_i) = \sum_{i=1}^{2} P(D|H_i)P(H_i)
\tag{1.56}
$$

よって，ベイズの定理は以下のように展開できます．

$$
P(H_1|D) = \frac{P(D|H_1)P(H_1)}{\sum_{i=1}^{2} P(D|H_i)P(H_i)}
\tag{1.57}
$$

今回は仮説が「イカサマコイン or 正しいコイン」の 2 つしかありませんでしたが，3 つ以上になっても同様の計算でいけます．

ここまでがベイズの定理の基本を学ぶパートでした．ここから，統計モデルの推定というテーマに移ります．

6.8 ベイズの定理と統計モデルの関係

　内部の構造がわかっていれば，どういう結果が得られるのかは予想がつくものです．例えばイカサマコインが投げられたということがわかっていれば，表が得られやすいと想像がつきますね．ベイズの定理はその逆に「得られたデータから，内部の構造を推論する」のに役立ちます．先ほどの例だと「コインを投げたら表が出たので，このコインは"表が出やすいイカサマコインかもしれない"と推論する」わけです．これは，データに基づいて統計モデルを構築する際の強力な武器となります．

　この考え方は，統計モデルの構築の際，パラメータの推定値やデータの予測値を得るときに活用されます．ただし「パラメータの値は 0.5 です」といったように，推定値を 1 つだけ提示する方法は（もちろん可能ですが）本書において基本的に扱いません．

　ここでは，パラメータや予測結果の不確実性を確率で定量化することを試みます．このために，パラメータなどの事後確率分布を提示することにします．

　モデルにおけるパラメータは，何らかの確率分布に従う確率変数であると想定します．多くの場合は，パラメータが連続的に変化するとみなせるので，連続型の確率分布が仮定されます．

　データが得られる前に想定する分布を**事前確率分布**といい，データが得られた後に想定する分布を**事後確率分布**と呼びます．単に**事前分布**，**事後分布**とも記します．

6.9 補足：無情報事前分布

　理由不十分の原則と同様に，事前分布に関して何らかの想定が置けないときは**無情報事前分布**を指定します．無情報事前分布には，例えば分散が大きな正規分布や，幅の広い一様分布といった，裾の広い分布が使われます．

　裾の広い分布を事前分布に使うことで「どの値になる確率にも，まんべんなく低い確率を割り当てる」ことができます．平たく言えば「パラメータがどのような値になるのかよくわからない」という状況を指定していることになります．

　ベイズの定理を使うことによって，裾の広い事前分布を，裾の狭い事後分布へと更新します．平たく言うと「データを加味すると，パラメータが〇から×に入る確率が高いと考えられる」といった推論ができるようになるわけです．

　もちろんデータによっては裾の広い事後分布が得られ「頑張ってみたけど，やっぱりパラメータの値がどうなるかよくわかりませんでした」となることもあります．これは欠点というよりかはむしろ「分析結果のオーバーディスカッションを防ぐ」という意味では利点であるといえます．根拠のない主張を振り回すのは好ましくありませんね．

　事前分布の定め方にはいくつかの流儀があります．本書では，基本的には無情報事前分布を用いることにします．幅の広い，すなわち $(-\infty, \infty)$ の連続一様分布を採用することが多いです．

第1部 【理論編】ベイズ統計モデリングの基本

ただし，パラメータの取りうる範囲がわかっている場合には，その情報は活用することにします．例えば，分散の値が 0 未満になることは決してありません．そのため分散というパラメータの事後分布を求める際は，0 以上の値をとる一様分布を事前分布として用いることなどを，しばしば行います．また，パラメータの推定を効率よく行うために，適宜裾の狭い事前分布を使うこともあります．

6.10 事後分布の計算例と事後分布のカーネル

※計算が難しいと感じたら，式変形は飛ばし，流れだけ追うようにしてください．

以下の売り上げデータ X が得られているとしましょう．サンプルサイズは 5 です．

$$\{x_1 = 2.4, x_2 = 3.2, x_3 = 2.2, x_4 = 4.6, x_5 = 3.3\}$$

ベイズ統計モデリングの最初のステップは，確率モデルを設計することでした．以下のように，正規分布を用いた確率モデルを想定します．推定される対象のパラメータは θ と表記されることが多いので，それに合わせます．

$$X \sim \text{Normal}(\theta, 1) \tag{1.58}$$

計算を簡単にするために，分散の値が 1 だとわかっていることにします．パラメータ θ がいかほどの値かは不明です．θ の事後分布を得ることを目指して計算を進めます．

事前分布としては，分散が 10000 の正規分布を想定することにします．分散が大きいので「μ が小さな値になる確率も，大きな値になる確率も，まんべんなく小さい」すなわち「μ の値が何なのかよくわからない」状況を指定したことになります（「無情報事前分布」というには分散がやや小さすぎますが，計算の簡単のため，この値を使うことにします）．

まずは尤度関数を数式で表現することを試みます．平均が θ で分散が 1 である正規分布の確率密度関数は以下のようになります．

$$\text{Normal}(X|\theta, 1) = \frac{1}{\sqrt{2\pi}} \exp\left(-\frac{(x-\theta)^2}{2}\right) \tag{1.59}$$

さて，今回は $\{2.4, \ 3.2, \ 2.2, \ 4.6, \ 3.3\}$ という 5 つのデータが得られているのでした．このときの尤度は「2.4 というデータが得られる確率」×「3.2 というデータが得られる確率」×……と 5 回分の結果を掛け合わせる必要があることに注意します．

$$\frac{1}{\sqrt{2\pi}} \exp\left(-\frac{(2.4-\theta)^2}{2}\right) \times \frac{1}{\sqrt{2\pi}} \exp\left(-\frac{(3.2-\theta)^2}{2}\right) \times \frac{1}{\sqrt{2\pi}} \exp\left(-\frac{(2.2-\theta)^2}{2}\right)$$
$$\times \frac{1}{\sqrt{2\pi}} \exp\left(-\frac{(4.6-\theta)^2}{2}\right) \times \frac{1}{\sqrt{2\pi}} \exp\left(-\frac{(3.3-\theta)^2}{2}\right) \tag{1.60}$$

毎回上記の計算を記すのは大変なので，総乗の記号 Π を使って，尤度関数 $f(D|\theta)$ を以下のように表記します．ベイズの定理の公式に合わせるため，データは D とおきました．

$$f(D|\theta) = \prod_{i=1}^{5} \frac{1}{\sqrt{2\pi}} \exp\left(-\frac{(x_i - \theta)^2}{2}\right) \tag{1.61}$$

尤度関数が得られたので，次は事前分布を数式で表記することにします．パラメータ θ の事前分布の確率密度関数 $f(\theta)$ は以下のようになります．分散 10000 で平均 0 の正規分布ですね．

$$f(\theta) = \frac{1}{\sqrt{20000\pi}} \exp\left(-\frac{\theta^2}{20000}\right) \tag{1.62}$$

パラメータ θ の事後分布の確率密度関数 $f(\theta|D)$ は，「尤度 × 事前分布」に比例します．「$\propto$」は比例するという記号です．

$$\begin{aligned}
f(\theta|D) &\propto f(D|\theta)f(\theta) \\
&= \left[\prod_{i=1}^{5} \frac{1}{\sqrt{2\pi}} \exp\left(-\frac{(x_i - \theta)^2}{2}\right)\right] \cdot \left[\frac{1}{\sqrt{20000\pi}} \exp\left(-\frac{\theta^2}{20000}\right)\right]
\end{aligned} \tag{1.63}$$

これだけでもなかなか複雑な数式です．ところで，ベイズの定理の分母，すなわち周辺尤度がこの式では省略されていますね．そのためイコール記号ではなく，比例記号が使われています．これには理由があります．

1つ目は，周辺尤度の計算がとても難しいということ．

2つ目は，計算が難しい周辺尤度を直接は求めなくても良い理由があるからです．この仕組みは第7章で紹介します．

$f(D|\theta)f(\theta)$ のことは特別に**カーネル**と呼びます．カーネルとは確率分布のパラメータ（母数）を含む部分です．データが得られた後なので，カーネルは θ の関数であることに注意してください．本書において，カーネルのことは $\mathrm{Kernel}(\theta)$ と表記します．

正規化定数は確率分布のパラメータ（母数）を含まない部分であり，確率の合計（確率密度関数の積分値）が 1 になるように指定されます．周辺尤度は正規化定数に当たります．周辺尤度の確率密度関数 $f(D)$ は，周辺化によって以下のように計算されます．

$$f(D) = \int_{-\infty}^{\infty} f(D|\theta)f(\theta)\, d\theta \tag{1.64}$$

この積分計算をするのはなかなか大変です．もはや θ の関数ではなく（積分計算によって θ が消える），データと確率モデルが与えられた後には定数になることにも注意が必要です．

6.11 モデルに基づく現象の解釈

うまく推定されたモデルにおいては，事後分布を見ることで現象の解釈が容易になります．例を挙げます．

第1部第5章5.6節の「ビールの売り上げと気温の関係を表したモデル」をもう一度対象とします．モデルを再掲します．

ビールの売り上げ Y の平均値を μ というパラメータで表現します．ただし，この μ は気温 x によって変化します．気温が0度のときは β_0 万円売れて，気温が1度上がるごとに β_1 万円ずつ売り上げが増えることを想定します．売り上げのばらつきを σ^2 というパラメータで表現します．気温が x_i 度であるときの売り上げ Y_i の確率モデルは以下のようになります．

$$\begin{aligned}\mu_i &= \beta_0 + \beta_1 \cdot x_i \\ Y_i &\sim \mathrm{Normal}(\mu_i, \sigma^2)\end{aligned} \quad (1.65)$$

β_0 や β_1 というパラメータの事後分布が得られると，気温とビールの関係性を把握でき，パラメータの不確実性を評価することもできます．

例えば「パラメータ β_1 の事後分布の2.5%点が4であり，97.5%点が5である」ということであれば，「気温が上がったときには，ビールの売り上げは増えるだろう」と考察できそうです．

一方で「パラメータ β_1 の事後分布の2.5%点が -10 であり，97.5%点が $+10$ である」ということであれば，「気温が上がったときにビールの売り上げが増えるのか，減るのか，あるいは変化しないのか，よくわかりません」ということになります．手持ちのデータに基づいて，どのような解釈ができるのか，あるいは早急な判断を下さないべきなのか，考える手掛かりとなります．

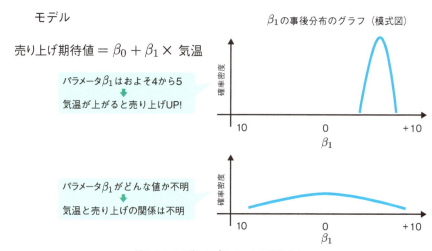

図 1.6.1 モデルとパラメータの事後分布

先ほど「うまく推定されたモデルにおいては，パラメータを見ることで現象の解釈が容易になります」と述べました．一方で，設計された確率モデルの構造が現実とかけ離れていたり，事後分布の計算（近似）に失敗してしまっていたりする場合には，現象の解釈ができない，あるいは誤った解釈をしてしまう可能性があります．解釈はあくまでも「推定されたモデルにおける」解釈に過ぎないことに注意が必要です．

モデルがデータとよく適合しているかどうかは，例えば事後予測チェックなどを行うことで評価します．その方法は第2部第5章で紹介します．推定の手順よりも評価の手続きの方が，実務上は大切かもしれません．

6.12　ベイズ推論の難点と MCMC という解決策

ベイズの定理を使うことで，事後分布を得ることができます．ここまでで，いったんはゴールです．

しかし，得られた事後分布はあまりにも複雑で，積分することが困難なことがしばしばあります．6.10 節の計算例くらいではたいしたことがありませんが，モデルのパラメータが増えるとより困難になります．例えば事後分布の確率密度関数 $f(\theta|D)$ が得られているときに「連続型の確率分布に従うパラメータ Θ が a から b の範囲に入る確率」を得るためには，以下の積分計算をしなければなりません．

$$P(a \leq \Theta \leq b) = \int_a^b f(\theta|D)\ d\theta \tag{1.66}$$

しかし，この積分計算ができない．そうしたら，例えば「パラメータは 95% の確率で 4 から 5 の範囲に入る」といった主張ができなくなります．せっかく事後分布が得られても，これではとても不便です．

そこで，事後分布が複雑になり過ぎて積分ができない，という問題に対する解決策としての MCMC を次章から説明します．

第 7 章

MCMC の基本

7.1　本章の目的と概要

テーマ

　本章では MCMC の基本と，MCMC の結果の解釈の方法を解説します．本章単体ではなく，第 1 部第 6 章の続きとしてお読みください．

目的

以下の目的で，本章を執筆しました．

1　MCMC と統計モデリングとのかかわりを理解する
2　MCMC における乱数生成の基本的な仕組みを理解する
3　MCMC の利用方法を理解する

　数式は極力減らしましたが，それでもなお，本章はやや複雑な議論が含まれます．MCMC と統計モデリングとのかかわり，MCMC の利用方法の 2 点をある程度理解できれば，第 2 部以降に進んでいただいても大丈夫です．より詳細な議論は，例えば豊田 (2015) や Kruschke(2017)，Gelman 他 (2013) などを参照してください．

概要

● **MCMC は，なぜベイズ統計モデリングに使われるのか**

　MCMC とは何か → MCMC と統計モデリングとのかかわり

　→ モンテカルロ法 → モンテカルロ積分

● **MCMC は，どのようにして乱数を生成するのか**

　マルコフ連鎖 → 定常分布 → マルコフ連鎖をどのように設計するかという方針の説明

　→ メトロポリス・ヘイスティングス法 (MH 法) → MH 法の計算例 → MH 法の課題

　→ ハミルトニアン・モンテカルロ法 (HMC 法)

● **MCMC の使い方の諸注意**

　① 乱数生成の基本設定：iter の設定 → warmup の設定 → thin の設定

② 収束の評価　　　　　：chains の設定 → 収束の判定
③ 乱数の統計量を得る：ベイズ信用区間 → 事後中央値 → 事後期待値 → 事後確率最大値

7.2　MCMC とは何か

MCMC(Markov Chain Monte Carlo) **法**とは**マルコフ連鎖モンテカルロ法**の略であり，マルコフ連鎖を利用して乱数を生成する手法です．

離散時間マルコフ連鎖では，ある時点の値は1時点前の過去の値のみに依存し，2時点前あるいはそれ以前の過去の値には依存しません．

モンテカルロ法のモンテカルロとはカジノが有名な土地の名前です．モンテカルロ法は疑似乱数を使って，何らかの性質を求める方法といえます．乱数というのは確率変数の別の呼び方で，平たく言えば「確率的に変化するランダムな値」のことです．サイコロを振ってランダムな値を生成するように，コンピュータ上で疑似的にランダムな値を作り出します．

7.3　MCMC と統計モデリングのかかわり

前述のように MCMC とは単なる乱数を生成する手法です．ベイズ統計モデリングにかかわらず，乱数を生成したいときならいつでも使えます．それでは，なぜ MCMC がベイズ統計モデリングに必要となるのでしょうか．**MCMC が果たす大きな役割は，事後分布に従う乱数を生成すること**です．

ベイズの定理によって，事前分布を事後分布に更新できたとします．しかし，その事後分布は複雑なものになることがしばしばあります．複雑な事後分布をそのまま用いるのはいろいろと不便です．

そこで，事後分布に従う乱数を，MCMC 法を用いて生成します．その乱数をもとにして，事後分布の評価を行います．詳細は本章の後半で解説しますが，例えば MCMC によって生成された「パラメータの事後分布に従う乱数」の平均値などをとることで，パラメータの点推定値が得られます．MCMC を使うことで，乱数を生成するというひと手間をかける必要は出てきますが，パラメータの評価が容易になることがしばしばあります．

第1部の第5章から第6章のテーマをもう一度整理しておきます．

第5章では確率モデルを設計する際の考え方を学びました．モデリングでは「データを生み出す確率的な過程」に注目し，これを確率モデルで表現して，尤度関数を得ます．

第6章では設計された確率モデルを実際のデータへと当てはめるときの考え方を学びました．ベイズの定理を使うことで，事前分布をデータに基づき更新して，事後分布を求めることが可能となります．

ベイズの定理のおかげで，事後分布が計算できたとしましょう．しかし事後分布をそのまま扱うのは困難です．そこで MCMC を使って事後分布に従う乱数を生成させ，その乱数をもとにして現象の解釈や将来の予測を行います．

第 1 部 【理論編】ベイズ統計モデリングの基本

7.4　モンテカルロ法

　先述のように，モンテカルロ法は，ランダムな値すなわち乱数を生成する手法です．ところで，いくつかの確率分布に関しては，その分布に従う乱数を生成する方法がすでに開発されています．MCMC を使うまでもなく，簡単に乱数を生成できます．MCMC が必要になるのは，あくまでも「事後分布などの複雑な分布に従う乱数を生成させる」という場面です．ここだけ注意しておいてください．

　例えば，{0,1} を {30%, 70%} の割合でランダムに生成させることは簡単にできます．また，「平均 10，分散 5 の正規分布」に従う乱数を生成することも簡単にできます．もちろん，平均や分散の値を変えても大丈夫ですよ．こういった簡単に生成できる乱数をうまく組み合わせて，複雑な確率分布に従う乱数も生成できるようにしたい，というのが今回の目標です．正規分布などの基本的な確率分布に従う乱数を生成する方法は Robert and Casella(2012) などを参照してください．

7.5　モンテカルロ積分

　モデルのパラメータは連続型の確率変数に従うと想定します．モデルのパラメータは θ と表現されることが多いのでそれに習いましょう．パラメータ θ の事後分布の確率密度関数を $f(\theta|D)$ とします．この $f(\theta|D)$ は複雑な数式ですが，ベイズの定理を駆使してすでに得られているとします．このとき，パラメータ θ の期待値は以下のように積分計算をすることで得られます．

$$\int_{-\infty}^{\infty} f(\theta|D) \cdot \theta \, d\theta \tag{1.67}$$

　ここで出てくる問題が，$f(\theta|D)$ という数式が複雑すぎで積分計算ができないというものでした．積分ができないと，期待値の計算さえできません．ベイズの定理を使ってせっかく事後分布を計算したのに，ここから先に進めません．困ります．この問題を解決するのが**モンテカルロ積分**です．

　パラメータ θ の事後分布に従う乱数 $\hat{\theta}$ が 1000 個生成されているとします．これを $\hat{\theta}_1, \hat{\theta}_2, \ldots, \hat{\theta}_{1000}$ とします．パラメータ θ の期待値は以下のように計算されます．

$$\frac{\sum_{i=1}^{1000} \hat{\theta}_i}{1000} \tag{1.68}$$

　厳密な解析解とは多少異なりますが，実用上はこれで十分であることが多いです．このやり方ですと，得られた乱数の平均値をとっただけですね．モンテカルロ法によって乱数を生成できれば，積分計算をしなくても済むわけです．

　事後分布に従う乱数を生成できれば，事後分布が多少複雑で積分計算が直接できなくても大丈夫だ，という話を今までしてきました．次からは「どのようにして乱数を生成するか」という問題に移ります．

7.6　マルコフ連鎖

　MCMC（マルコフ連鎖モンテカルロ）法では，その名の通りマルコフ連鎖を活用して乱数を生成します．本節では，マルコフ連鎖についてごく簡単に説明します．本節で説明するものは，MCMCそのものの説明ではなくて，あくまでもマルコフ連鎖の説明となります．

　マルコフ連鎖では「時点によって脈々と変化していく確率変数」を考えます．過去の値に応じて，未来の値が変化します．しかし，2 時点前や 100 時点前の値などは考慮しなくて，1 時点前の値だけを考慮します．t 時点の確率変数を X_t とします．1 時点目から $t-1$ 時点目までが「過去の値」ですね．マルコフ連鎖は以下のように示されます．

$$P(X_t|X_{t-1}, X_{t-2}, \ldots, X_1) = P(X_t|X_{t-1}) \tag{1.69}$$

　左辺は「$X_{t-1}, X_{t-2}, \ldots, X_1$ まで，過去の値が全部わかっている，という条件での X_t の確率分布」です．マルコフ連鎖だと 1 時点前の値しか考慮しないので，これが右辺である「1 時点前の X_{t-1} だけがわかっている，という条件での X_t の確率分布」に等しくなります．

　1 時点前の値を所与とした条件付き確率を**遷移核**と呼びます．具体例で示します．

具体例

　スマートフォンを扱う 2 つの通信事業者があったとします．A 社と B 社とします．話を簡単にするため，毎年 1 月 1 日に，顧客は以下のどちらかを選ぶとします．

1　今の会社を使い続ける
2　別の会社に移る

　顧客は前年の通信事業者のことだけを考えて，次の通信事業者を選びます．別の会社に移ると乗換割引があるので，乗り換えたい気持ちが強いです．サービスの品質は毎年変わらないとします．
　遷移核は，例えば以下のように設定されます．

- 前年 A 社の人が，今年も A 社を使う確率：$P(X_t = \text{A 社}|X_{t-1} = \text{A 社}) = 0.4$
- 前年 A 社の人が，今年は B 社を使う確率：$P(X_t = \text{B 社}|X_{t-1} = \text{A 社}) = 0.6$
- 前年 B 社の人が，今年も B 社を使う確率：$P(X_t = \text{B 社}|X_{t-1} = \text{B 社}) = 0.1$
- 前年 B 社の人が，今年は A 社を使う確率：$P(X_t = \text{A 社}|X_{t-1} = \text{B 社}) = 0.9$

　前の時点の値を所与とした条件付き確率で，遷移核が表現されます．

7.7 定常分布

先の例を見ると，A社を使っている人は，40%がそこに残りますが，B社を使っている人は10%しかB社を使い続けません．なんとなくA社の方が顧客の数が多くなりそうだな，という感覚がします．

実際のところ，この直感は正しく，最終的には，全体のユーザーの60%がA社を，40%がB社を使うようになります．このように，変化しなくなった確率分布を**定常分布**と呼びます．

> **具体例**
>
> 7.6節の通信事業者の乗り換え問題をそのまま使います．両者とも，まったく同じ年に，似たような文化を持つ2つの地域で，まったく同じサービスを開始したとします．このとき，サービス開始初年度において以下の比率でユーザーが分布しているとします．
>
> 1　α 地域での初年度のユーザー獲得比率　A社：B社 = 50：50
> 2　β 地域での初年度のユーザー獲得比率　A社：B社 = 20：80
>
> 初年度の分布が異なっていても，先の例の遷移核によってユーザー比率が変わるとすると，最終的には「全体のユーザーの60%がA社を，40%がB社を使う」という定常分布になります．これを「**定常分布に収束した**」と表現します．
>
>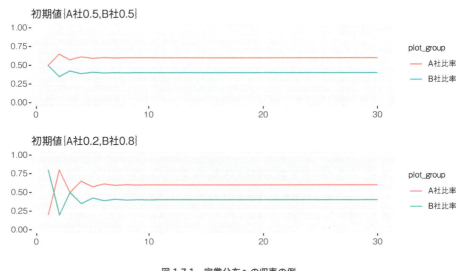
>
> 図 1.7.1　定常分布への収束の例
>
> 最初のうちは，初年度のユーザー獲得比率の影響を受けてグネグネと動いていますが，10年目を超えたあたりからはほぼ動かなくなります．

第 7 章　MCMC の基本

例えば，長くスマートフォンを使っている人の通信事業者の変遷履歴を調べたとします．この人は遷移核に従って確率的に (ランダムに) 通信事業者を変えるでしょう．通信事業者の変遷履歴を調べることは，マルコフ連鎖によって得られた乱数を取得しているのとよく似ています．定常分布に従って通信事業者を選んでいるとみなせるはずなので，利用比率を調べたら，およそ定常分布と同じ結果になっているはずです．

実際に長期間，スマホの通信事業者の変遷履歴を調べることは現実的ではありませんが，コンピュータを使うことで，同様の状況を再現して乱数を得ることはできそうです．

7.8　MCMC が目指すこと

遷移核がわかっていれば，マルコフ連鎖を活用して乱数を生成できそうです．マルコフ連鎖が定常分布に収束するならば，定常分布に従う乱数を得ることもできるでしょう．

我々は，事後分布に従う乱数がほしいのです．そうしたら，モンテカルロ積分を使って，パラメータの期待値などが計算できるから．定常分布が事後分布になるマルコフ連鎖を用いて乱数を生成すれば，この問題を解決できそうです．

次の問題は「定常分布が事後分布になるマルコフ連鎖」をどうやって得るかです．具体的に言えば遷移核をどのように設定すればよいのかという問題を解決しなければなりません．遷移核の設定の際，遷移核が満たすべき条件は詳細つり合いの条件などいくつか知られています．これらを満たしつつ，うまい具合に遷移核を設定します．

また，今までは説明の簡単のため A 社と B 社という 2 通りの結果だけを考えていました．しかし，モデルのパラメータは連続型の確率分布に従うことを今回は想定します．例えば「気温が 1 度上がると，ビールの売り上げは θ 万円増える」という状況をモデル化する際「パラメータ θ は 1 か 2 の値しかとらない」ということは考え難いです．1.3 になるかもしれないし，5.4 になるかもしれません．このあたりに注意しながら，次節以降を読み進めてください．

7.9　メトロポリス・ヘイスティングス法 (MH 法)

続いて乱数生成法のアルゴリズムの解説に移ります．最初に MCMC 法の一種である**メトロポリス・ヘイスティングス** (Metropolis Hastings :MH) **法**の説明から入ります．MH 法は単純であるため，MCMC の基本原理を学ぶ際にちょうど良い教材だといえます．なお，メトロポリスもヘイスティングスもともに人名です．ここで解説するのは特にランダムウォーク MH 法と呼ばれるものです．

説明に移る前に，本節で用いる記号を整理しておきます．

今回ほしいのは，モデルに含まれるパラメータ θ の事後分布に従う乱数です．パラメータは複数あっても構いません．例えば第 1 部第 5 章 5.6 節では β_0 と β_1，σ^2 という 3 つのパラメータを推定する必要がありましたね．MCMC は事後分布を直接扱うのが難しいような複雑なモデルにおいて，その真

第 1 部　【理論編】ベイズ統計モデリングの基本

価を発揮します．しかし，今回は説明の簡単のため，1 つのパラメータ θ だけを推定するというストーリーで進めていきます．また，推定すべきパラメータは連続型の確率分布に従うことを仮定します．

さて，パラメータは 1 つだけなのですが「パラメータ θ の事後分布に従う乱数」は複数生成されます．これを見分けるために添え字を使います．乱数を 1000 個生成するとして t 番目の乱数を $\hat{\theta}_t$ と書くことにします．また，乱数の初期値を $\hat{\theta}_1$ と書くことにします．

事後分布の確率密度関数を $f(\theta|D)$，事前分布の確率密度関数を $f(\theta)$，尤度関数を $f(D|\theta)$ と表記します．事後分布のカーネルは $\mathrm{Kernel}(\theta)$ と表記することにします．$f(\theta|D) \propto f(D|\theta)f(\theta) = \mathrm{Kernel}(\theta)$ の関係が成り立つことは第 1 部第 6 章 6.10 節で解説済みですね．

ここから MH 法による乱数生成の仕組みを見ていきます．

まずは乱数の初期値 $\hat{\theta}_1$ を適当に定めます．これは厳密な決まりがあるわけではありません．例えば -2 から 2 の範囲をとる連続一様分布に従う乱数を使って，ランダムに初期値を決めるという方法などさまざま考えられます．

続いて，「平均 0，分散 σ^2 の正規分布」に従う乱数を生成します．$\hat{\theta}_1$ に乱数を足したものを $\hat{\theta}_1^{提案}$ と書くことにします．初期値の添え字が 1 だったので，2 番目の提案値は $\hat{\theta}_2^{提案}$ となりますね．しかしこの提案値をそのまま乱数の値として使っても，事後分布に従う乱数は得られません．

そこで少し工夫します．事後分布のカーネルはすでに得られています．そこで，パラメータの初期値 $\hat{\theta}_1$ を指定したときの事後分布の確率密度と，提案値 $\hat{\theta}_2^{提案}$ を指定したときの事後分布の確率密度の比をとります．比をとることによって，ジャマだった正規化定数 (ベイズの定理の分母) は消えてしまい，以下で示すカーネルの比が得られます．これを便宜上 *rate* とおくことにします．

$$rate = \frac{\mathrm{Kernel}(\hat{\theta}_2^{提案})}{\mathrm{Kernel}(\hat{\theta}_1)} \tag{1.70}$$

もしも *rate* が 1 よりも大きいのであれば，提案されたパラメータ $\hat{\theta}_2^{提案}$ の値は「発生しやすそう (確率密度が高い)」なわけなので，乱数として採用します．$\hat{\theta}_2 = \hat{\theta}_2^{提案}$ となるわけです．

rate が 1 よりも小さかったときでも，確率 *rate* で $\hat{\theta}_2^{提案}$ を乱数として採用します ($\hat{\theta}_2 = \hat{\theta}_2^{提案}$)．同様に，確率 $(1 - rate)$ で，初期値 $\hat{\theta}_1$ を乱数として採用します ($\hat{\theta}_2 = \hat{\theta}_1$)．この場合は，乱数の値が前回から変化しないことになります．

こうすることで「提案されたパラメータ $\hat{\theta}_2^{提案}$ がある程度起こりやすそう (確率密度が高い) であれば，乱数として採用される可能性が高い」ことになります．複雑な事後分布をそのまま扱うのではなく，カーネルの比に持ってきたうえで，事後分布に従う乱数を生成する，という工夫が垣間見えます．

続いて，採用された乱数 $\hat{\theta}_2$ を初期値として，また「平均 0，分散 σ^2 の正規分布」に従う乱数を生成して $\hat{\theta}_3^{提案}$ を作成し……というのを何度も何度も繰り返して，多数の乱数を得ます．t 時点目の $\hat{\theta}_t$ は 1 時点前の $\hat{\theta}_{t-1}$ に基づいて得られるので，マルコフ連鎖の形になっていることも分かります．

7.10 MH法の計算例

第1部第6章6.10節の計算例を再度用いて，MH法による乱数生成を試みます．以下の売り上げデータ X が得られているとしましょう．サンプルサイズは5です．ちなみに，平均値は3.14となります．

$$\{x_1 = 2.4, x_2 = 3.2, x_3 = 2.2, x_4 = 4.6, x_5 = 3.3\}$$

確率モデルとしては「Normal$(\theta, 1)$」すなわち「平均が θ，分散が1の正規分布」を想定します．分散の値は既知とします．事前分布としては，分散が10000の正規分布を想定します．このとき，θ の事後分布に従う乱数を得ることを目標とします．元データの平均値が3.14なので，θ は3前後になりそうに思えます．

事後分布のカーネルは，やや複雑な関数ですが，以下のように計算済みです（6.10節から再掲）．

$$\text{Kernel}(\theta) = \left[\prod_{i=1}^{5} \frac{1}{\sqrt{2\pi}} \exp\left(-\frac{(x_i - \theta)^2}{2}\right)\right] \cdot \left[\frac{1}{\sqrt{20000\pi}} \exp\left(-\frac{\theta^2}{20000}\right)\right]$$

MH法をやってみましょう．まずは乱数の初期値 $\hat{\theta}_1$ を得ます．これは -2 から2の範囲をとる連続一様分布に従う乱数とします．仮に $\hat{\theta}_1 = -0.94$ と得られたとします．

続いて $\hat{\theta}_2^{提案}$ を計算するために，「平均0，分散1の正規分布」に従う乱数を生成します．これがたまたま -0.33 になったとします．すると $\hat{\theta}_2^{提案}$ は $-0.94 - 0.33 = -1.27$ となります．

カーネルの比「$\frac{\text{Kernel}(-1.27)}{\text{Kernel}(-0.94)}$」を計算すると0.001ほどの小さな値になります．そのため $\hat{\theta}_2^{提案}$ は採用されず，$\hat{\theta}_2 = \hat{\theta}_1$ となります．

次のステップに移りましょう．$\hat{\theta}_3^{提案}$ を計算するために，「平均0，分散1の正規分布」に従う乱数を生成します．これがたまたま -0.84 となったとします．すると $\hat{\theta}_3^{提案}$ は $-0.94 - 0.84 = -1.78$ となります．カーネルの比「$\frac{\text{Kernel}(-1.78)}{\text{Kernel}(-0.94)}$」はまたしても小さな値になります．結果として $\hat{\theta}_3^{提案}$ は採用されず，$\hat{\theta}_3 = \hat{\theta}_2$ となります．

ここまで，乱数の値が初期値である $\hat{\theta}_1 = -0.94$ からまったく変化していませんね．なんだか気の長い話ではありますが，もう一回だけ見てみましょう．

$\hat{\theta}_4^{提案}$ を計算するために，「平均0，分散1の正規分布」に従う乱数を生成します．これがたまたま0.41となったとします．$\hat{\theta}_4^{提案}$ は $-0.94 + 0.41 = -0.53$ となります．

カーネルの比「$\frac{\text{Kernel}(-0.53)}{\text{Kernel}(-0.94)}$」を計算すると，1よりも大きくなります．$\hat{\theta}_4^{提案}$ が採用されました．$\hat{\theta}_4 = \hat{\theta}_4^{提案}$ となります．ようやく，初期値と異なる乱数が得られました．

この作業を50回繰り返して，横軸に回数，縦軸に乱数の値をとった折れ線グラフを示します．乱数が変化したり，前回と同じ値をとったり，というのを繰り返していき，少しずつ乱数の値が変化しているのが見てとれます．20回目以降は，3前後をとる乱数が得られていることがわかります．3か

ら大きく離れた提案値は採用されにくいため，だいたいこの辺で落ち着きます．

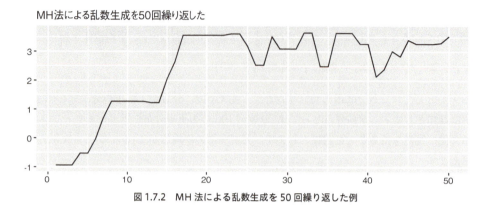

図 1.7.2　MH 法による乱数生成を 50 回繰り返した例

　もう少し頑張って，2000 回繰り返して乱数を生成させた結果を図示します．100 回を超えたあたりから，安定した変動を繰り返しているのがわかります．定常分布へと収束したことがうかがえます．このようなグラフを**トレースプロット**と呼びます．実際にベイズ統計モデリングを行うときにも，しばしばこのグラフを描いて，定常分布に収束したかどうかをチェックします．定常分布に収束した後の乱数を取得して，平均値を得るなどすると，パラメータ θ の事後分布の期待値が得られます．

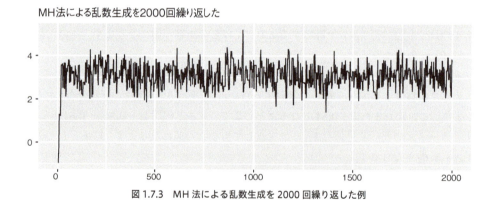

図 1.7.3　MH 法による乱数生成を 2000 回繰り返した例

7.11　MH 法の課題

　MH 法には 1 つ欠点があります．乱数の提案値を出すときに「平均 0，分散 σ^2 の正規分布」に従う乱数を生成して，それを初期値に足して，$\hat{\theta}^{提案}$ を得るのでした．このとき，分散 σ^2 をどのように設定するかが大きな課題となります．

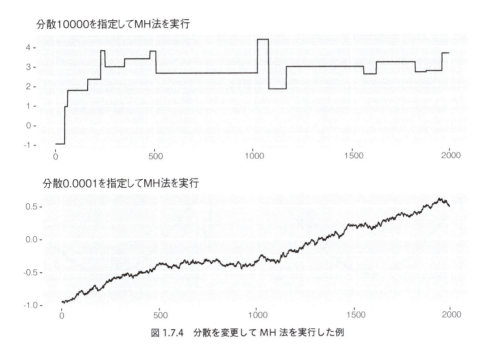

図 1.7.4　分散を変更して MH 法を実行した例

例えば分散 σ^2 を 10000 などの大きな値にしたら，絶対値が大きな $\hat{\theta}^{提案}$ が得られる確率が高くなります．もしも事後分布が (本当はわからないのだけれども)，θ が 3 前後のときに高い確率密度を得るようになっていた場合，-100 とか $+90$ とかいった $\hat{\theta}^{提案}$ を提示したら，それが採択される確率はとても低くなるでしょう．採択される確率は**受容率**と呼びます．分散を大きくすると，提案されたパラメータの受容率が下がるということです．$\hat{\theta}_t$ がなかなか変化せず，ずっと同じ値を取り続けることになります．

逆に分散 σ^2 を 0.0001 などの小さな値にしたら，提案値がなかなか変化しません．初期値から「事後確率密度が高い領域」まで遷移するのに，長い時間がかかってしまいます．

7.12　ハミルトニアン・モンテカルロ法 (HMC 法)

MH 法の欠点を改善してくれるのが**ハミルトニアン・モンテカルロ** (Hamiltonian Monte Carlo: HMC) **法**です．**ハイブリッド・モンテカルロ** (Hybrid Monte Calro) **法**とも呼びます．HMC 法を使うことで，乱数として採択される確率を上げつつ，パラメータの変化を大きく保つことができます．大きな方針としては，$\hat{\theta}^{提案}$ をランダムに提案するのではなく，確率密度の高い領域 (すなわち，採択される可能性が高い値) を $\hat{\theta}^{提案}$ として提案することになります．

ハミルトニアンとは物理学の用語です．そのため，ハミルトニアン・モンテカルロ法の説明をするときは，物理の例え話を使って説明されることが多いです．

まずは事後分布の確率密度関数の負の対数をとります．負の対数ですので，確率密度が高いときほ

ど，この値は小さな値になることに注意してください．「確率密度の負の対数」は谷のような形をしているはずです．そして，この谷にビー玉を置いてから，それをはじき出します．すると，はじかれたビー玉は谷底に向かって転げ落ちていくはずです．

この比喩において，谷底とは「確率密度が高い領域」です．そこに入る可能性が高いということは，$\hat{\theta}^{提案}$が乱数として受容される確率が高いということです．このやり方で提案値を出すと，MH法の問題が克服できそうです．

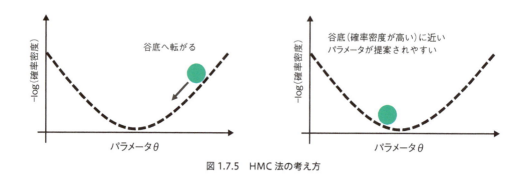

図 1.7.5　HMC法の考え方

HMC法の流れを，谷でビー玉を転がす比喩を使って整理します．

1　パラメータの値を「平面の座標」とし，確率密度の負の対数を「高さ」だと考えます．
　（ア）パラメータがうろうろと左右に移動すると，高さが変わります
　（イ）谷底は確率密度が高い領域です
2　パラメータの提案値を，谷を転がるビー玉だと考えます．
3　任意の初期値$\hat{\theta}_0$を定めて，「平均0，分散σ^2の正規分布」に従う力でビー玉をはじき，ビー玉の移動した先が$\hat{\theta}_1^{提案}$となります．
　（ア）ビー玉は谷底に近い場所に位置しやすいはずです
　（イ）すなわち$\hat{\theta}_1^{提案}$は確率密度が高い領域に位置しやすいはずです

こうすることで，受容率の高い$\hat{\theta}^{提案}$を出すことができます．

実は，これだけではまだ受容率の高い$\hat{\theta}^{提案}$を機械的に計算することはできません．例えば，ビー玉をはじく力の強さを定めなければなりません．また，ビー玉は最初谷底を目指して落ちていくでしょうが，少しの間放っておくと，ビー玉が勢い余ってまた谷底から浮上してきてしまいます．こういった問題を解決するために，Stanではさまざまな工夫がなされています．なお，StanではNUTS(No-U-Turn Sampler)というHMC法の1実装が採用されていますが，NUTSを取り入れたHMC法のアルゴリズムは煩瑣なので，本書では紹介しません．興味のある読者はHoffman and Gelman(2014)を参照してください．Kruschke(2017)には言葉を使った直観的な解説があります．

第 7 章　MCMC の基本

7.13　乱数の取り扱いの注意点

　ここからは，MCMC によって得られた乱数の取り扱い方を学びます．MCMC を実際の分析に活用する際には不可欠である技術です．

　MCMC によって得られるのは，乱数であることに留意する必要があります．統計ソフトなどを使って古典的なモデルを推定したことがある方もいるかもしれません．多くの場合は「パラメータの推定値は○○です」と出力してくれていたことだと思いますが，MCMC の場合，そうはいきません．詳細は第 2 部でも分析例を交えつつ説明しますが，ここでも MCMC による結果を扱う際の注意点をいくつか述べておきます．

● 課題 1：MCMC 実行の際の各種の設定

　MCMC を使って，私たちは乱数を生成します．最初に考慮すべきは，乱数をいくつ生成するかです．10 個程度では少ないように思いますし，1 億個も生成するようでは時間がかかり過ぎます．この辺りの基本的な設定から説明していきます．

● 課題 2：収束の評価

　乱数は，その名の通りランダムな値です．MCMC を実行するたびに異なる値が生成されます．しかし，生成された乱数の平均値が 0 になったり 1 億になったりとものすごく変化するようでは困ります．そこで MCMC を何回か実行して，結果が大きく変わらないことを確認します．この作業を**収束の評価**と呼びます．

● 課題 3：乱数の代表値を求める

　乱数は多数生成されるのが普通です．乱数のヒストグラムを描くことで，事後分布を近似してやることができます．

　しかし「パラメータの推定値の代表値が 1 つほしい」というときに，多数の乱数をそのまま提示するのは不親切です．乱数を代表する値，すなわち代表値を計算する必要があります．いくつかの代表値が提案されているので，これらを紹介します．

　逆に，せっかくパラメータの事後分布が得られているのにかかわらず，その代表値だけを結果として記載すると，情報が失われてしまうという面もあります．その場合は事後分布のグラフを記載することを考えます．詳細は第 2 部以降で説明します．

　まずは，MCMC 実行時の基本的な設定項目から確認していきます．

7.14　繰り返し数（iter）の設定

　最初に紹介する設定は，生成される乱数の個数です．これは**繰り返し数**（**iter**）とも表記されます．

　Stan においては，2000 が設定されることが多いです．しかし，収束が悪い場合などは，大きな iter が設定されることもあります．

73

7.15 バーンイン期間 (warmup) の設定

乱数生成の際，乱数の初期値の依存性が避けられません．例えば正しい事後分布の平均値が3だったとしましょう．ここでパラメータの初期値として−1などを使うと，いくつかの乱数は−1の近辺をうろついてしまうかもしれません (7.10節で紹介したMH法のトレースプロットが参考になります)．こういった初期値への依存性を緩和する必要があります．

そのため，乱数を生成しても，最初の一部分は切り捨てて，使わないようにします．切り捨てる期間のことを**バーンイン期間**と呼びます．Stanではwarmupと呼ばれます．warmup後に生成された乱数だけを使って，事後分布を評価します．

7.16 間引き (thin) の設定

生成された乱数を切り捨てるもう一つの方法が**間引き** (**thin**) です．例えばthin=2と設定すると2つの乱数につき1つだけを採用します．thin=3と設定した場合には，3つの乱数につき1つだけが採用されることになります．

HMC法などのMCMC法は，$\hat{\theta}_i$の乱数を得るときに$\hat{\theta}_{i-1}$すなわち1時点前の乱数の値を参照します．すると，前回とよく似た (あるいは同じ) 乱数が得られることがあります．この状況を，乱数が自己相関を持つと呼びます．1以外のthinを設定することで，乱数の自己相関をある程度緩和できます．

7.17 チェーン (chains) の設定

続いて収束の評価に移ります．収束を評価するために，MCMCによる乱数生成を何セットも行います．例えばiter=2000で1セットの乱数生成を行ったとしましょう．これを何セットも実行します．1セット目の乱数の平均値が100で，2セット目が1億，なんてようでは困りますね．こういうのがないことを確認します．

MCMCによる1セットの乱数生成を行う回数を**チェーン** (**chains**) と呼びます．chains=4を指定することが多いです．iter=2000で，warmup=1000ならば，1つのチェーンごとに1000個の乱数が生成されます．4つのチェーンでは合計で4000個の乱数が得られます．

7.18 収束の判定

収束の判定指標としては$\hat{R}$と呼ばれる指標がしばしば使われます．この指標は，以下の2つのばらつき(分散)の比をとります．

1　同一のチェーン内での乱数の分散の平均値
2　異なるチェーンも含めた，すべての乱数での分散

異なるチェーン間で，乱数の分布が大きく異なるようであれば，両者の乖離は大きくなるはずです．$\hat{R}$ が 1.1 よりも小さくなるまでサンプリングを繰り返します．

なお，$\hat{R}$ は 1 つのチェーンからでも計算することは可能です．この場合は，1 つのチェーンをいくつかに区分して $\hat{R}$ を計算します．しかし，本書では常に chains=4 を指定して実行します．

収束したときとしなかったときのトレースプロットを図に示します．最初の 1000 個の乱数を warmup として排除します．それでもなお乱数がまじりあわなかったときは，収束していないとみなします．

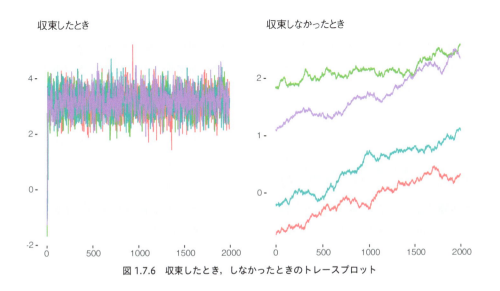

図 1.7.6　収束したとき，しなかったときのトレースプロット

7.19　点推定と区間推定

iter=2000 で warmup=1000 ならば 1 つのチェーンごとに 1000 個の乱数が生成されます．chains=4 なら，4000 個の乱数となります．この乱数を整理して，要約統計量を求めることを考えます．その前に点推定と区間推定という用語を整理しておきます．

点推定では，推定値を 1 点だけ提示します．
区間推定では，何らかの区間を設定して，幅のある推定値を提示します．
後述する MED，EAP，MAP は点推定値を得る際に使用されます．

7.20　ベイズ信用区間

事後分布に従う乱数を小さいモノから順番に並べて，2.5% 点から 97.5% 点に該当する範囲を調べることで **95% ベイズ信用区間** あるいは **95% ベイズ信頼区間** を得ることができます．例えば 1001 個

第 1 部 【理論編】ベイズ統計モデリングの基本

の乱数が得られているならば，26 番目に小さな値が 2.5% 点であり，976 番目に小さい点が 97.5%
点となります．なお，最高密度区間 (Highest Density Interval: HDI) を用いる方法もありますが，
本書では扱いません．

　ところで，95% という数値は本書においてしばしば登場しますが，特に深い意味合いはありません．
データ分析の目的に応じて 80% に変えたり，99% に変えたりすることも可能です．不確実性の評価
がしやすいというのはベイズ統計学の大きな強みですが，いろいろのパーセントが混ざると読みづら
いかと思うので，歴史的に多く用いられている 95% という数値を本書では一貫して採用します．実
際の分析や報告の際は，95% という数値を適宜変更することも検討してください．

7.21　事後中央値 (MED)

　事後中央値 (posteriori MEDian: **MED**) では事後分布の中央値を推定値として採用します．
MCMC を使う場合は，MCMC で生成された乱数の中央値を MED 推定値として用いることになり
ます．5 つの乱数があれば 3 番目に小さな値が，1001 個の乱数があれば 501 番目に小さな値が中央
値となります．

7.22　事後期待値 (EAP)

　事後期待値 (Expected A Posteriori: **EAP**) では，事後分布の平均値 (期待値) を推定値として採
用します．MCMC を使う場合は，MCMC で生成された乱数の平均値を計算することになります．

7.23　事後確率最大値 (MAP)

　事後確率最大値 (Maximum A Posteriori: **MAP**) では，得られた事後分布において，確率が最大
となる点を推定値として採用します．ただし，本書では MAP はあまり用いないようにします．計
算が簡便でかつ分布のゆがみに比較的頑健である事後中央値 MED を中心に用います．

RとStanによる
データ分析

Rの基本
- 第1章：Rの基本
- 第2章：データの要約
- 第3章：ggplot2によるデータの可視化

RとStanによるデータ分析の基本
- 第4章：Stanの基本
- 第5章：MCMCの結果の評価
- 第6章：Stanコーディングの詳細

第1章

Rの基本

1.1 本章の目的と概要

実装という言葉はプログラム(コードとも呼びます)を実際に書くという行為のことを指します．本章ではR言語による実装をするための最小限の基本事項を解説します．ベイズ統計モデリングをするにあたって必要となる技術に絞って解説します．

目的

R言語をあまり使ったことがない方に，R言語のコードの読み方をおさらいしていただくために，本章を執筆しました．特にデータの抽出の方法と，乱数の生成の方法，そしてforループは確実に理解してください．すでにR言語の実装経験がある方は，本章を飛ばして，第4章まで進んでください．

より詳細な内容は，例えばLander(2018)『みんなのR（第2版）』や松村他(2018)『Rユーザーのための RStudio[実践]入門』などが参考になるでしょう．

概要

- **Rのインストール**

  Rのインストール → RStudioのインストール → RStudioの使い方

- **Rの基本事項**

  変数 → 関数 → ベクトル → 行列 → 配列 → データフレーム → リスト
  → データの抽出 → 時系列データ型 → ファイルからのデータ読み込み

- **Rの応用**

  乱数の生成 → 繰り返し構文とforループ → 外部パッケージの活用

執筆の際の環境は以下の通りです．

OS: Windows10 64bit

R: version 3.5.3

RStudio: version 1.1.463 および 1.2.1335

第2部 【基礎編】R と Stan によるデータ分析

1.2　R のインストール

R は無料で使えるオープンソースのデータ解析環境です．データ分析をするときに使える便利なツールだと思ってください．

R は統計数理研究所が管理している CRAN のミラーサイト (https://cran.ism.ac.jp/) からダウンロードできます．Windows をお使いの方は「Download R for Windows」→「base」→「Download R 3.5.3 for Windows」の順番にリンクを押していけばインストールできます．なお，本書は R3.5.3 を使用しますが，バージョンは適宜最新のものをお使いください．基本的には標準の設定のままインストールしてもらって大丈夫です．

1.3　RStudio のインストール

RStudio は R の統合開発環境 (IDE) です．R をより使いやすくするためのツールだと思ってください．R をそのまま使うのではなく，RStudio を介して R の機能を使うことにします．RStudio を使うことで，例えばファイルの管理が簡単になったり，プログラミングを簡単にするための補助機能が使えたりします．

RStudio は https://www.rstudio.com/products/rstudio/download/ からダウンロードできます．無料の「RStudio Desktop Open Source License」を選び，これをインストールします．

1.4　RStudio の使い方

まずは適当な位置に，分析のためのフォルダを用意します．例えば C ドライブ直下に「C:¥r_stan_intro」というフォルダを作ったとします．ここに分析のコードなどを追加していくことにします．

最初に行うのはプロジェクトの作成です．プロジェクトを作ることで，ファイルの管理などが容易になります．RStudio を立ち上げ，右上にある「Project: (None)」→「New Project」→「Existing Directory」以下「Browse」で先ほど作った「C:¥r_stan_intro」フォルダを選択します．そして「Create Project」を選択すると，拡張子が「.Rproj」となったファイルが作成され，プロジェクトができあがります．RStudio を再度開きなおす際は，この「.Rproj」ファイルをダブルクリックすればよいです．

左上のメニューから「File」→「New File」→「R Script」を選択すると，コードを書く部分が現れます．これを**スクリプト**と呼びます．例えば四則演算は以下のようにすればよいです．最後の「^」マークは累乗を表す記号で「2 ^ 10」は 2 の 10 乗という意味です．本書では，スクリプトに記載するコードを，以下のように紫色の線で囲むことにします．

第 1 章　Rの基本

```
1 + 1
3 - 1
3 * 4
8 / 6
2 ^ 10
```

コードを選択して「Ctrl + Enter」を押下すると,計算結果が**コンソール**という画面に表示されます.
本書では,コンソールに出力された結果を,以下のように水色の下地をひくことにします.

```
> 1 + 1
[1] 2
> 3 - 1
[1] 2
> 3 * 4
[1] 12
> 8 / 6
[1] 1.333333
> 2 ^ 10
[1] 1024
```

　本書では,出力がないコードはスクリプトとして載せています.一方,例えば計算結果などの出力
がある場合は,コンソールとして載せています.コンソールの「>」ではじまる行を見るとわかるよ
うに,スクリプトに書かれたコードは,コンソールにも表示されます.誤解をまねくことがないだろ
うと思われるものに関しては,スクリプトを省略し,コンソールのみを記載することもあります.
　「#」という記号を使うことで,コメントを記載できます.例えば「# 1 + 1」とスクリプトに記述
して実行しても,「2」という結果は出てきません.
　スクリプトを保存するときは「Ctrl + S」を押下します.

1.5　変数

　変数を使うことで,計算の結果やデータなどを一時的に保存して,使いまわすことができます.な
お,この変数は確率変数などとは別で,R言語などプログラミングの用語だと思ってください.

　例えば,x という変数に 2 を格納します.これを「変数 x を定義する」と呼ぶこともあります.な
お,変数名は x に限らずさまざまなもの (hensuu や data など) を使うことができます.「<-」の左
側が変数名で,右側が格納する対象です.

```
x <- 2
```

x には 2 が格納されているので,これに 1 を足すと 3 という計算結果が得られます.

第 2 部 【基礎編】R と Stan によるデータ分析

```
> x + 1
[1] 3
```

変数の中身を取り出すときは print (変数名) とするか，単に変数の名前を記述して実行すればよいです．ここで紹介した変数や，次節で紹介する関数などを格納した容れ物を**オブジェクト**と呼びます．分析対象となる売り上げデータや，MCMC で得られた乱数などは，こういった変数やオブジェクトに格納していきます．

1.6　関数

関数は演算をする機能だと思うとわかりやすいです．例えば平方根をとるという機能を使いたい場合には sqrt という関数を使います．

```
> sqrt(4)
[1] 2
```

関数の後の括弧の中に，演算の対象となるデータを指定します．括弧の中身を**引数**と呼びます．今回は指定しませんでしたが，関数を実行する際に使われるオプションなどがあれば，やはり括弧の中に記述していきます．第 4 章で登場しますが，MCMC を実行する場合にはその名も stan という関数を使います．

1.7　ベクトル (vector)

同じ型の要素をまとめたものを**ベクトル**と呼びます．例えば {1, 2, 3, 4, 5} という数値を 5 つまとめたベクトルを作ってみます．c() の中にカンマ区切りで要素を入れていきます．

```
# ベクトルの作成
vector_1 <- c(1,2,3,4,5)
```

結果はこちら．

```
> vector_1
[1] 1 2 3 4 5
```

c() を使わなくても，コロン記号を使うことで，等差数列が得られます．

```
> # 等差数列
> 1:10
 [1]  1  2  3  4  5  6  7  8  9 10
```

82

1.8　行列 (matrix)

ベクトルは 1 次元で横にデータが伸びていくだけでした．一方の**行列**は行 (横) と列 (縦) という
2 次元でデータを格納できます．例えば 2 行 5 列の行列を作ってみます．matrix という関数を使い
ます．

```
# 行列の作成
matrix_1 <- matrix(
   data = 1:10,      # データ
   nrow = 2,         # 2 行にする
   byrow = TRUE      # 行 ( 横 ) の順番でデータを格納する
)
```

結果はこちら．

```
> matrix_1
     [,1] [,2] [,3] [,4] [,5]
[1,]    1    2    3    4    5
[2,]    6    7    8    9   10
```

行列や，次節で解説する配列は，行名や列名を指定できます．なお Col は Column(列) の略です．
行の英語は Row ですね．数値ではなく文字列を扱うときは，ダブルクォーテーション(")で囲みます．

```
# 行名と列名を変える
rownames(matrix_1) <- c("Row1", "Row2")
colnames(matrix_1) <- c("Col1", "Col2", "Col3", "Col4", "Col5")
```

結果はこちら．

```
> matrix_1
     Col1 Col2 Col3 Col4 Col5
Row1    1    2    3    4    5
Row2    6    7    8    9   10
```

1.9　配列 (array)

行列は縦と横で 2 次元でした．「2 行 5 列」といった形で表現できます．
配列は 3 次元以上にも対応したデータの形式です．以下のようにすることで「3 行 5 列の行列が 2 つ」
ある配列を作ることができます．

第2部 【基礎編】RとStanによるデータ分析

```
# 配列の作成
array_1 <- array(
  data = 1:30,     # データ
  dim = c(3,5,2)   # ( 行数, 列数, 行列の数 )
)
```

結果はこちら.

```
> array_1
, , 1
     [,1] [,2] [,3] [,4] [,5]
[1,]    1    4    7   10   13
[2,]    2    5    8   11   14
[3,]    3    6    9   12   15

, , 2
     [,1] [,2] [,3] [,4] [,5]
[1,]   16   19   22   25   28
[2,]   17   20   23   26   29
[3,]   18   21   24   27   30
```

1.10 データフレーム (data.frame)

データを格納する際に最も広く使われるのが**データフレーム**です. 行列と同じように行と列を持ちますが, 異なる列には例えば1, 2, 3といった数値とA, B, Cといった文字列など, 異なるデータ型を格納できます. 分析対象となるデータは, このデータフレームに格納することが多いです. データフレームを作ってみます. 列名を指定して, 各々の列に格納するベクトルを指定します.

```
# データフレームの作成
data_frame_1 <- data.frame(
  col1 = c("A", "B", "C", "D", "E"),
  col2 = c(1, 2, 3, 4, 5)
)
```

結果はこちら.

```
> data_frame_1
  col1 col2
1    A    1
2    B    2
3    C    3
4    D    4
5    E    5
```

行の長さは以下のようにして取得できます.

```
> # 行数
> nrow(data_frame_1)
[1] 5
```

1.11 リスト (list)

リストは data.frame よりもさらに柔軟にデータを格納できます. リストの中に matrix や array, data.frame など, さまざま格納することが可能です.

```
# リストの作成
list_1 <- list(
  chara = c("A", "B", "C"),
  matrix = matrix_1,
  df = data_frame_1
)
```

結果はこちら.

```
> list_1
$`chara`
[1] "A" "B" "C"

$matrix
     Col1 Col2 Col3 Col4 Col5
Row1    1    2    3    4    5
Row2    6    7    8    9   10

$df
  col1 col2
1    A    1
2    B    2
3    C    3
4    D    4
5    E    5
```

1.12 データの抽出

データは角括弧を使って抽出します. 角括弧は [行番号 , 列番号] の順に指定します. 3次元の array の場合は [行番号 , 列番号 , 配列番号] の順です.

第2部 【基礎編】RとStanによるデータ分析

```
> # vector の特定の値を取得
> vector_1[1]
[1] 1
> # matrix の場合は 2 次元で指定する
> matrix_1[1,2]
[1] 2
> # array の場合は 3 次元で指定する
> array_1[1,2,1]
[1] 4
```

特定の次元の要素番号を指定しなかった場合は，その次元のすべてのデータが取得されます．例えば matrix_1[1,] とすると 1 行目のすべての列が取得されます．

```
> # 特定行を取得
> matrix_1[1,]
Col1 Col2 Col3 Col4 Col5
   1    2    3    4    5
>
> # 特定列を取得
> matrix_1[,1]
Row1 Row2
   1    6
```

要素番号はベクトルを指定できます．「2:4」は{2, 3, 4}の等差数列であることに注意してください．下記のコードを実行すると「1 行目の 2, 3, 4 列目のデータ」が抽出されます．

```
> # 特定の範囲を取得
> matrix_1[1,2:4]
Col2 Col3 Col4
   2    3    4
```

データの行数（列数）や行名（列名）を取得することもできます．あらかじめこれを調べておいてから，データの抽出をすると良いですね．

```
> # 要素数などを調べる
> dim(matrix_1)
[1] 2 5
> dim(array_1)
[1] 3 5 2
>
> # 要素名
> dimnames(matrix_1)
[[1]]
[1] "Row1" "Row2"

[[2]]
[1] "Col1" "Col2" "Col3" "Col4" "Col5"
```

第 1 章　R の基本

角括弧の中に行名や列名を入れることでもデータを抽出できます.

```
> # 行名と列名を指定してデータを抽出する
> matrix_1["Row1", "Col1"]
[1] 1
```

data.frame などを使う場合は,角括弧を使っても構いませんが,ドル記号 ($) を使うことでも列を指定した抽出ができます.特定の列を取得したら,あとはベクトルのように角括弧を使って値を取得できます.

```
> # 特定の列を抽出
> data_frame_1$col2
[1] 1 2 3 4 5
>
> # 特定の列の特定の要素を抽出
> data_frame_1$col2[2]
[1] 2
```

data.frame の先頭を抽出する場合は head 関数を使います.「n = 2」と指定することで 2 行だけ得られます.

```
> # 先頭行を取得
> head(data_frame_1, n = 2)
  col1 col2
1    A    1
2    B    2
```

list を使う場合もドル記号が使えます.また角括弧を 2 つつなげることでも抽出が可能です.

```
> # list の場合の抽出方法
> list_1$chara
[1] "A" "B" "C"
> list_1[[1]]
[1] "A" "B" "C"
```

1.13　時系列データ (ts)

第 5 部では時系列分析を扱います.対象となる時系列データは,時間の情報が加わっているのが特徴です.R では以下のように ts() を使って時系列データを作成します.

第 2 部 【基礎編】 R と Stan によるデータ分析

```
# もととなるデータフレーム
data_frame_2 <- data.frame(
  data = 1:24
)
# 時系列データに変換
ts_1 <- ts(
  data_frame_2,        # 対象データ
  start = c(2010,1),   # 開始年月
  frequency = 12       # 1 年におけるデータの数 ( 頻度 )
)
```

結果はこちら．2010 年 1 月スタートの，月ごとデータとして表現されました．

```
> ts_1
      Jan Feb Mar Apr May Jun Jul Aug Sep Oct Nov Dec
2010    1   2   3   4   5   6   7   8   9  10  11  12
2011   13  14  15  16  17  18  19  20  21  22  23  24
```

時系列データを用意する方法はほかにもありますが，本書では ts と data.frame を中心に使います．

1.14　ファイルからのデータの読み込み

　ベイズ統計モデリングをする前に，モデリングの対象となるデータを読み込む必要があります．本書では CSV ファイルにデータが格納されていて，それを読み込むことを前提とします．

　いくつか方法がありますが，ここでは read.csv 関数を使います．「2-1-1-birds.csv」というファイルは，プロジェクトの直下に配置しておきます．「プロジェクトの直下」とは，例えば第 2 部第 1 章 1.4 節において「C:¥r_stan_intro」というフォルダにプロジェクトを作成したならば，このフォルダのことになります．プロジェクトの中にデータを置いておくと，「ファイルの場所」を指定するのが簡単になります．今回の場合はファイル名を引数に入れるだけで良いです．

```
# CSV ファイルを読み込む
birds <- read.csv("2-1-1-birds.csv")
```

　結果はこちら．

```
> head(birds, n = 3)
  species body_length feather_length
1    crow        55.4           98.2
2    crow        45.9           88.7
3    crow        56.3          102.4
```

第 1 章 R の基本

このデータはカラス (crow) とスズメ (sparrow) の体の大きさと羽の長さを測った，疑似的なデータです．第 2 章でもこのデータを使うことがあります．読み込まれたデータは data.frame になっています．

1.15 乱数の生成

本節から，少し「R 言語入門」から外れます．ベイズ統計モデリングを行うにあたって重要となるトピックの解説に移ります．本書を読み切るにあたって必須といえる技術ですので，しっかり読み込んでください．

MCMC を使うまでもなく，単純な確率分布ならば，その確率分布に従う乱数は簡単に得られます．正規分布に従う乱数を得るには rnorm 関数を使います．平均が 0(mean = 0) で標準偏差が 1(sd = 1) の正規分布に従う乱数を 1 つ得るコードを 2 回連続で実行します．

```
> # 平均 0，標準偏差 1 の正規分布に従う乱数を 1 つ取得
> # 1 回目
> rnorm(n = 1, mean = 0, sd = 1)
[1] -1.584761
> # 2 回目
> rnorm(n = 1, mean = 0, sd = 1)
[1] 0.2540193
```

乱数とは確率変数のことであり，「確率分布に従って確率的に変化する値」です．実行するたびに結果が変わりますし，おそらく読者の方がご自身の PC で実行された場合には，この結果と異なる結果が得られるでしょう．

乱数を固定するときには set.seed という関数を使います．これを **乱数の種** と呼びます．set. seed 関数の引数に入れる数値は何でも良いのですが，本書では 1 に統一します．

```
> # 乱数の固定
> set.seed(1)
> rnorm(n = 1, mean = 0, sd = 1)
[1] -0.6264538
> set.seed(1)
> rnorm(n = 1, mean = 0, sd = 1)
[1] -0.6264538
```

set.seed 関数を実行した直後に乱数を生成すると，まったく同じ「-0.6264538」という結果が得られます．

rnorm 関数を連続で実行したときも，再現性があります．

2

基礎編

89

第2部 【基礎編】RとStanによるデータ分析

```
> # 乱数の固定
> set.seed(1)
> rnorm(n = 1, mean = 0, sd = 1)
[1] -0.6264538
> rnorm(n = 1, mean = 0, sd = 1)
[1] 0.1836433
> set.seed(1)
> rnorm(n = 1, mean = 0, sd = 1)
[1] -0.6264538
> rnorm(n = 1, mean = 0, sd = 1)
[1] 0.1836433
```

「-0.6264538」が出てから，次に「0.1836433」が出る，という結果が一致していることに注目してください．

乱数生成を行う場合は，結果の再現性を担保するために，乱数の種を指定する習慣をつけておくと良いでしょう．MCMCの利用にあたっては，必須の技術といえます．

1.16　繰り返し構文と for ループ

似たような作業を何度も繰り返す場合には，for ループと呼ばれる構文を使います．for ループの使用を推奨しない教科書もありますが，本書ではコードの可読性を高めるために，しばしば使います．単純な for ループの実装例を以下に記載します．コードが複数行になる場合はコンソールの「>」記号が「+」記号に変わります．

```
> # for ループの基本
> for (i in 1:3){
+   print(i)
+ }
[1] 1
[1] 2
[1] 3
```

「for (i in 1:3)」で，「i という変数を 1,2,3 と変化させて，中括弧以降の処理を実行する」という意味になります．「print(i)」を実行すると，変化する i が出力されます．

R に限らず Stan ファイルの実装をするときには，for ループが頻繁に用いられます．このとき，以下のような使い方がしばしばされます．

```
result_vec_1 <- c(0, 0, 0)  # 結果を保存する入れ物
set.seed(1)                 # 乱数の種
for (i in 1:3){
  result_vec_1[i] <- rnorm(n = 1, mean = 0, sd = 1)
}
```

第1章 Rの基本

1行目では,0を3つ並べたベクトルを`result_vec_1`に格納しました.2行目で乱数の種を指定し,3行目から for ループを実行しています.このループの中の「`result_vec_1[i]`」に注目してください.`result_vec_1`の1番目,2番目,3番目と要素番号を変えながら,平均0,標準偏差1の正規分布に従う乱数を格納しています.

結果は以下のようになります.

```
> result_vec_1
[1] -0.6264538 0.1836433 -0.8356286
```

要素番号を変えながら,さまざまな結果を格納していくテクニックは,しばしば使われます.以下のコードは,応用編といえます.このコードはぜひ理解できるようになってください.

```
result_vec_2 <- c(0, 0, 0)  # 結果を保存する入れ物
mean_vec <- c(0, 10, -5)    # 平均値を指定したベクトル
set.seed(1)                 # 乱数の種
for (i in 1:3){
  result_vec_2[i] <- rnorm(n = 1, mean = mean_vec[i], sd = 1)
}
```

「`(0, 10, -5)`」と3種類の平均値を格納した`mean_vec`を作りました.「`mean_vec[i]`」という指定で`mean_vec`の i 番目の要素を対象に取ります.これを使うことで,`result_vec_2`には以下の結果が格納されることになります.

1番目の要素:**平均0**,標準偏差1の正規分布に従う乱数
2番目の要素:**平均10**,標準偏差1の正規分布に従う乱数
3番目の要素:**平均-5**,標準偏差1の正規分布に従う乱数

結果は以下のようになります.

```
> result_vec_2
[1] -0.6264538 10.1836433 -5.8356286
```

1.17 外部パッケージの活用

R言語はそれ単体でもさまざまな機能を有していますが,外部のパッケージを使うと,さらに多くの機能を使うことができます.一つひとつパッケージの名称を指定してインストールする方法もありますが,今回は`tidyverse`というさまざまなパッケージの詰め合わせのようなものをインストールします.

以下の1行でパッケージのインストールが済みます.これは一度だけ実行すればよいです.

第2部 【基礎編】RとStanによるデータ分析

```
install.packages("tidyverse")
```

　パッケージを読み込む際には以下のコードを実行します．`library` 関数は RStudio を立ち上げるたびに実行します．

```
library(tidyverse)
```

　なお「install.packages」の実行に失敗したときは，Windows10 のスタートメニューにある RStudio のアイコンを右クリックして，「管理者として実行」して起動します．そして，「install.packages」を実行しなおします．多くの場合は，これでインストールができるようになるはずです．

第2章 データの要約

2.1 本章の目的と概要

テーマ

本章では主に記述統計で学ぶ内容を，R言語の関数を使いながら紹介します．

目的

Rを用いた基本的な集計処理や可視化の方法を整理するために，本章を執筆しました．

この分野に詳しい方はある程度飛ばしても構いません．ただし，カーネル密度推定や自己相関係数など，統計学の入門書にはあまり載らない内容も書いているので，初見の方はここでおさえておいてください．

概要

度数・度数分布・ヒストグラム → カーネル密度推定 → 算術平均
→ 中央値・四分位点・パーセント点 → 共分散とピアソンの積率相関係数
→ 自己共分散・自己相関・コレログラム

2.2 度数・度数分布・ヒストグラム

特定のデータが得られた回数のことを**度数**と呼びます．データの種類別に度数をまとめたものを**度数分布**と呼びます．

量的データの度数を求める場合には，データをいくつかの範囲に区切ります．この範囲を**階級**と呼び，階級ごとの度数や相対度数を求めることになります．階級を変えると，グラフの形状は大きく変わります．本書ではR言語における標準の階級を使うことにします．

度数分布をグラフにしたものを**ヒストグラム**と呼びます．Rを使って実際に計算してみましょう．

まずは，魚の体長の測定データ(架空のデータです)を読み込みます．read.csv関数を使います．

```
> # データの読み込み
> fish <- read.csv("2-2-1-fish.csv")
```

```
> head(fish, n = 3)
      length
1  8.747092
2 10.367287
3  8.328743
```

ヒストグラムを描きます．hist 関数を使います．

```
# ヒストグラム
hist(fish$length)
```

多くの魚が 10cm 前後の体長となっていることがわかります．

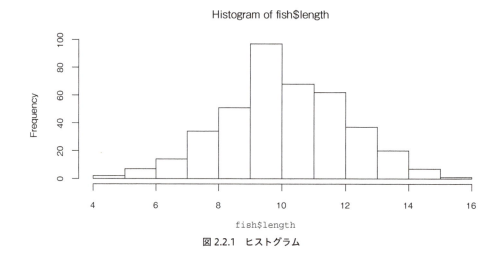

図 2.2.1 ヒストグラム

2.3 カーネル密度推定

　ヒストグラムは大変有用ですが，いくつかの問題もあります．最も目につく問題は，階級が変わると不連続にグラフの形状が変わり，デコボコした形になってしまうことです．そこでヒストグラムを滑らかにしたものがしばしば用いられます．ここでは**カーネル密度推定**という方法を紹介します．カーネルという言葉が使われますが，事後分布のカーネルとは特に関係がありません．

　カーネル密度推定の考え方を説明します．まずは，データをグラフにプロットします．縦棒が個別のデータです．左端の縦棒は 5.7cm の体長を，左から 2 番目の縦棒は 8.4cm の体長を持つ魚がいることを示しています．このように，データの位置を縦棒で示したグラフを**ラグプロット**と呼びます．

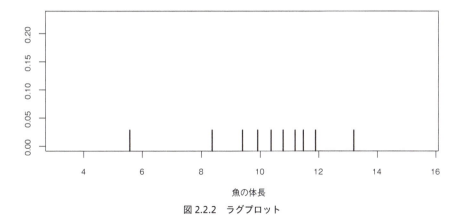

図 2.2.2　ラグプロット

続いて，各々のデータ点を中心とした正規分布の確率密度関数（ガウス曲線）を合わせてグラフに描き入れます．

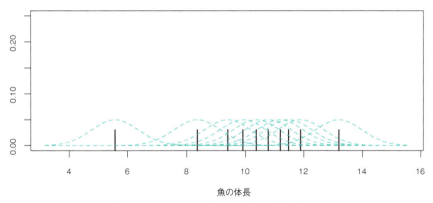

図 2.2.3　データ点を中心としたガウス曲線を乗せる

そしてガウス曲線をすべて足し合わせます．

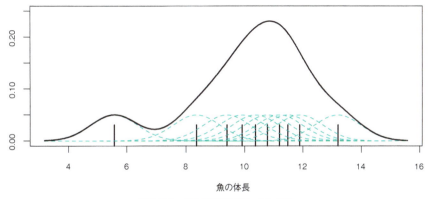

図 2.2.4　ガウス曲線を足し合わせる

このようにすると，データが密集しているところには高い密度が得られるグラフが描かれます．少し補足すると，今回はガウス曲線を使いましたが，これ以外のものを適用することも可能です．これらの関数を**カーネル関数**と呼びます．一つひとつのガウス曲線の裾の広さなどは，**バンド幅**というパラメータとしてあらかじめ指定します．

カーネル密度推定は`density`関数を使うことで得られます．`plot`関数を使うことでその結果を可視化できます．多くの魚が10cm前後の体長となっているという特徴をとらえつつ，ヒストグラムと違って滑らかな密度の推定値が得られています．

```
# カーネル密度推定
kernel_density <- density(fish$length)
plot(kernel_density)
```

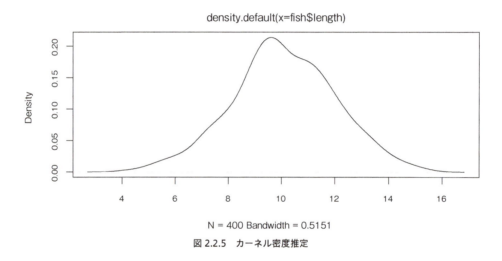

図 2.2.5　カーネル密度推定

本書では，バンド幅に関してはR言語の標準値を用います．しかし，バンド幅を変えるとカーネル密度推定の結果がどのように変わるかは知っておくと良いでしょう．以下に，バンド幅を変えたときのカーネル密度推定の結果を示します．`density`関数において，`adjust`という引数でバンド幅の倍率を指定できます．例えば「`adjust = 4`」と指定すると，バンド幅が標準の4倍になります．

バンド幅を小さくすると，データを忠実に表現したグネグネとした曲線が引かれます．バンド幅を大きくすると，滑らかな曲線になります．`plot`関数でグラフを描いたうえで，`lines`関数でそのグラフに上書きして線を引いています．

```
# バンド幅を adjust 倍に変更します
kernel_density_quarter <- density(fish$length, adjust = 0.25)
kernel_density_quadruple <- density(fish$length, adjust = 4)
# 結果の可視化
plot(kernel_density,
     lwd = 2,                      # 線の太さ
     xlab = "",                    # x軸のラベル名称をなくす
     ylim = c(0, 0.26),            # y軸の範囲
     main = "バンド幅を変える")     # グラフのタイトル
lines(kernel_density_quarter, col = 2)
lines(kernel_density_quadruple, col = 4)
# 凡例を追加
legend("topleft",         # 凡例の位置
       col = c(1,2,4),    # 線の色
       lwd = 1,           # 線の太さ
       bty = "n",         # 凡例の囲み線を消す
       legend = c("標準", "バンド幅1/4", "バンド幅4倍"))
```

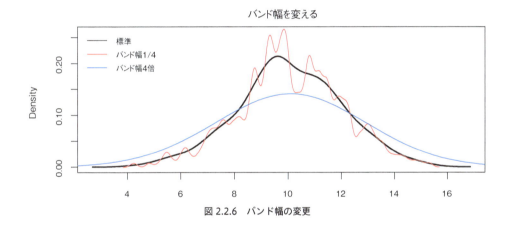

図 2.2.6　バンド幅の変更

2.4　算術平均

最も頻繁に使われる代表値は**算術平均**だといえるでしょう．平均値には幾何平均など複数の種類がありますが，本書では算術平均値のことを単に平均値と呼ぶことにします．

サンプルサイズ N の標本 $x_1, x_2, \ldots, x_N$ が得られた時の平均値 $\bar{x}$ は以下のように計算されます．

$$\bar{x} = \frac{1}{N} \sum_{i=1}^{N} x_i \tag{2.1}$$

魚の体長の平均値を計算します．mean 関数を使います．

```
> mean(fish$length)
[1] 10.07618
```

第2部 【基礎編】RとStanによるデータ分析

2.5　中央値・四分位点・パーセント点

　サンプルサイズ N のデータを小さいモノから順番に並べて，$(N+1)/2$ 番目に位置するデータ (サンプルサイズが偶数個ならば，$N/2$ 番目と $(N/2)+1$ 番目の2つのデータの平均値) が中央値となります．並び替えたときに下から 50% の点に位置するものが中央値なので，50% 点と呼ばれることもあります．

　ここからは，計算の意味を理解しやすくするために，0から1000の等差数列を対象とします．suuretu という変数に 0 から 1000 の数列を格納します．

```
# 0から1000の等差数列
suuretu <- 0:1000
```

以下のような中身になっています．

```
> suuretu
   [1]    0    1    2    3    4    5    6    7    8    9   10   11
・・・中略・・・
 [997]  996  997  998  999 1000
```

0 スタートであるため，長さが 1001 のベクトルとなっていることに注意してください．

```
> length(suuretu)
[1] 1001
```

中央値は median 関数を使って得られます．

```
> median(suuretu)
[1] 500
```

これは，任意のパーセント点を得る関数である quantile 関数を使って得ることもできます．「probs = c(0.5)」とすることで 50% 点を得ています．

```
> quantile(suuretu, probs = c(0.5))
50%
500
```

　四分位点は，値が小さい数値から数えて 25% と 75% に位置する点です．quantile 関数は，引数の probs を変えることで，さまざまなパーセント点が得られます．「probs = c(0.25, 0.75)」と指定すると，第1四分位点と第3四分位点が得られます．

98

```
> quantile(suuretu, probs = c(0.25, 0.75))
25% 75%
250 750
```

95% 区間は，2.5% 点と 97.5% 点の範囲となります．これは「probs = c(0.025, 0.975)」と指定することで得られます．95% ベイズ信用区間を得る際などに使われる技術ですので，覚えておきましょう．

```
> quantile(suuretu, probs = c(0.025, 0.975))
 2.5% 97.5%
   25   975
```

2.6　共分散とピアソンの積率相関係数

共分散は 2 つの量的データの関連性を見る指標で，x, y という 2 つの変数があったとき，以下のように計算されます．ただし $\overline{x}$ は x の，$\overline{y}$ は y の算術平均値です．

$$\frac{1}{N} \sum_{i=1}^{N} (x_i - \overline{x})(y_i - \overline{y}) \tag{2.2}$$

以下のように計算される指標を，**ピアソンの積率相関係数**，あるいは単に**相関係数**と呼びます．

$$\rho_{xy} = \frac{\sum_{i=1}^{N} (x_i - \overline{x})(y_i - \overline{y})}{\sqrt{\left\{\sum_{i=1}^{N} (x_i - \overline{x})^2\right\}\left\{\sum_{i=1}^{N} (y_i - \overline{y})^2\right\}}} \tag{2.3}$$

ρ_{xy} が 0 よりも大きければ，一方の変数が増えるともう一方の変数が増えるという関係があり，これを正の相関と呼びます．

ρ_{xy} が 0 よりも小さければ，一方の変数が増えるともう一方の変数が減るという関係があり，これを負の相関と呼びます．

鳥の羽の長さと体の大きさで相関係数を求めてみます．cor 関数を使うことで相関係数が計算できます．データとしては第 2 部第 1 章で用いた「2-1-1-birds.csv」を使用します．

```
> # CSV ファイルを読み込む
> birds <- read.csv("2-1-1-birds.csv")
>
> # 体の大きさと羽の大きさの相関係数
> cor(birds$body_length, birds$feather_length)
[1] 0.9960563
```

相関係数が 0.9 以上の値となったので，体が大きければ羽も大きいということがわかりました．

第2部 【基礎編】RとStanによるデータ分析

2.7　自己共分散・自己相関係数・コレログラム

　時系列データにおいて，過去のデータと相関をとったものを**自己相関係数**と呼びます．標本から計算されたものは特に標本自己相関と呼ばれます．1次の自己相関は1時点前との相関をとり，2次の自己相関は2時点前との相関をとったものです．正の自己相関を持つ場合は「前回大きなデータならば今回も大きくなる」という関係があり，負の自己相関を持つ場合には「前回大きなデータなら今回は小さくなる」という逆の関係を示します．

　標本自己相関係数はピアソンの積率相関係数と同様に，標本から計算された**自己共分散**から計算されます．1次の標本自己共分散を以下に示します．ただし y_t は t 時点でのデータの値で，$\overline{y}$ は全期間でのデータの標本平均，N は全期間でのサンプルサイズです．

$$\frac{1}{N}\sum_{t=1}^{N}(y_t - \overline{y})(y_{t-1} - \overline{y}) \tag{2.4}$$

　標本自己共分散を全期間での標本分散で割ると，標本自己相関が得られます．

　Rに組み込まれているナイル川流量データを対象として，標本自己共分散を計算します．Nile という変数には，あらかじめデータが格納されています．

```
> # ナイル川の流量データ
> Nile
Time Series:
Start = 1871
End = 1970
Frequency = 1
  [1] 1120 1160  963 1210 1160 1160  813 1230 1370 1140  995  935
・・・中略・・・
 [97]  919  718  714  740
```

　acf 関数において，引数「type = "covariance"」を指定すると，標本自己共分散が得られます．

```
> acf(
+    Nile,                 # 対象データ
+    type = "covariance",  # 自己共分散を計算（標準値は自己相関）
+    plot = F,             # グラフは非表示（標準値は TRUE）
+    lag.max = 5           # 5時点前までの自己共分散を計算する
+ )
Autocovariances of series 'Nile', by lag

    0     1     2     3     4     5
28352 14131 10903  9295  6781  6476
```

　標本自己相関係数は以下の通りです．acf 関数を素直に実行すると，標本自己相関係数が得られます．

100

```
> acf(
+   Nile,              # 対象データ
+   plot = F,          # グラフは非表示 ( 標準値は TRUE)
+   lag.max = 5        # 5 時点前までの自己相関を計算する
+ )
Autocorrelations of series 'Nile', by lag

    0     1     2     3     4     5
1.000 0.498 0.385 0.328 0.239 0.228
```

次数別の自己相関を可視化したものを**コレログラム**と呼びます．今までは「plot = F」としていましたが，これをなくすとコレログラムを表示してくれます．

```
# コレログラム
acf(Nile)
```

コレログラムの縦軸は自己相関係数となります．横軸は次数です．例えば左端の縦棒は 0 時点前との自己相関係数を表しています．左から 2 番目の縦棒は 1 時点前との自己相関係数を表しています．自己相関の値がプラスの値になっているので，「前の時点の値が大きければ，次の時点の値も大きくなる」という正の自己相関があることがわかります．

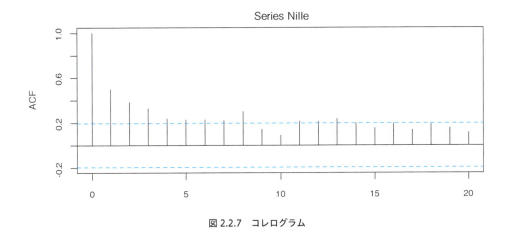

図 2.2.7　コレログラム

第3章 ggplot2によるデータの可視化

3.1 本章の目的と概要

テーマ
本章ではggplot2を用いたグラフ描画の方法を説明します．

目的
モデリングの説明の途中に，余計な文法やグラフ描画の説明を挟むと，少々鬱陶しく感じられるかもしれません．モデリングをするときには，モデリングという作業だけに集中していただきたいと思っています．そのため，グラフ描画の方法はここであらかじめ説明しておくことにしました．

ggplot2は，もはや標準といっても良いグラフ描画パッケージですが，R初心者の方はハードルが高いと感じることもあるようです．しかしRで実装されたベイズ統計モデリングを含む高度な分析の入門書を理解するためには，ggplot2の使い方を知っておかねばなりません．Rで統計モデリングを学ぶ際の必須事項として，ggplot2の文法を理解するようにしてください．

概要
ggplot2の基本 → データの読み込み → ヒストグラムとカーネル密度推定
→ グラフの重ね合わせと一覧表示 → 箱ひげ図・バイオリンプロット → 散布図
→ 折れ線グラフ → まとめ

3.2 ggplot2の基本

ggplot2の簡単な使い方を説明します．ggplot2は，美麗なグラフを統一的な手順で描くための，Rの外部パッケージです．Rの標準の描画関数(例えば2.2節，2.3節に登場したhist関数やplot関数)を使ってもよいのですが，さらに美しいグラフを描きたいという場合にはggplot2を使います．

データを手に入れて，即座にモデルの構造を決め打ちで指定するのは，おすすめできません．データの特徴をつかむためにも，データを可視化することは重要です．平均や分散といった要約統計量を計算するだけではわからなかったさまざまな特徴が，データの可視化によって明らかになることもあります．

第3章　ggplot2によるデータの可視化

ggplot2 は，およそ以下の手順でグラフの描画を行います．

1　データを整形し，データフレームにまとめる
2　グラフのベース部分を ggplot 関数で作成する
3　ベースに「自分が追加したいグラフ」を+記号で足し合わせていく
4　必要ならば，グラフタイトルなどを+記号を使って追加する

なお，手順1においてはデータフレームではなく tibble という形式でデータを整理したうえでグラフ描画を行うことも多いです．本書では，説明の統一性のため，一貫してデータフレームを用います．

実装に移る前に，以下の関数を実行して ggplot2 パッケージを読み込んでおきます．パッケージはすでにインストール済みであるとします．

```
library(ggplot2)
```

3.3　データの読み込み

まずは，第2部第2章でも用いられた魚の体長の測定データ(架空のデータです)を読み込みます．

```
> # データの読み込み
> fish <- read.csv("2-2-1-fish.csv")
> head(fish, n = 3)
      length
1  8.747092
2 10.367287
3  8.328743
```

3.4　ヒストグラムとカーネル密度推定

すでに R の標準パッケージを用いて描画済みですが，ヒストグラムとカーネル密度推定の結果を，ggplot2 を用いて改めて描画してみます．まずはヒストグラムを描画します．

```
ggplot(data = fish, mapping = aes(x = length)) +
  geom_histogram(alpha = 0.5, bins = 20) +
  labs(title = "ヒストグラム")
```

データの整形は今回不要ですので，早速 ggplot 関数を使って，グラフのベース部分を指定します．ここでは「data = fish」として対象データを，「mapping = aes(x = length)」として横軸に来る

変数を指定しました．「ggplot(data = fish, mapping = aes(x = length))」は引数の名称を省略して「ggplot(fish, aes(x = length))」としても同様に動きます．

グラフのベースに「自分が追加したいグラフ」を足し合わせます．今回はヒストグラムを作るので geom_histogram を足し合わせました．「alpha = 0.5」としてヒストグラムの色の濃さを，「bins = 20」としてヒストグラムの階級の数を指定しました．なお，ここでデータを指定することも可能です．すなわち ggplot 関数の引数をすべて geom_histogram の中に移動させても結果は変わりません．

最後に labs を使ってグラフのタイトルを足し合わせました．

次に，ほぼ同様のコードで，カーネル密度推定の結果を描画します．geom_histogram が geom_density に変わるだけです．同じデータを使うので，グラフのベース部分は変化しません．なお「size = 1.5」は線の太さの指定です．

```
ggplot(data = fish, mapping = aes(x = length)) +
  geom_density(size = 1.5) +
  labs(title = "カーネル密度推定")
```

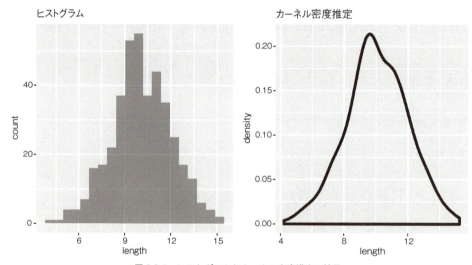

図 2.3.1　ヒストグラムとカーネル密度推定の結果

3.5　グラフの重ね合わせと一覧表示

複数のグラフを重ね合わせる場合には，＋記号を使って要素を足し合わせていきます．ヒストグラムとカーネル密度推定の結果を合わせて描画するコードは以下の通りです．「mapping = aes(x = length, y = ..density..)」とすると，ヒストグラムの面積が1になるように縦軸が変更されます．

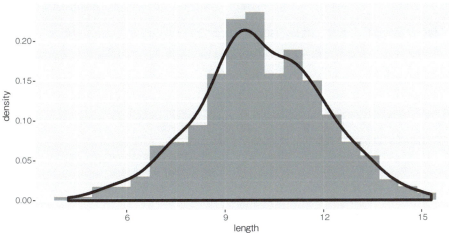

図 2.3.2　グラフの重ね合わせ

```
ggplot(data = fish, mapping = aes(x = length, y = ..density..)) +
  geom_histogram(alpha = 0.5, bins = 20) +
  geom_density(size = 1.5) +
  labs(title = "グラフの重ね合わせ")
```

　複数のグラフを並べる場合はいろいろな方法がありますが，gridExtra パッケージを使うのが簡単です．複数のグラフをオブジェクトに格納して，grid.arrange 関数の引数に指定します．「ncol = 2」と指定することで，2列にグラフを配置できます．結果は，個別にグラフを描いたときと変わらないので省略します．

```
# グラフの一覧表示
library(gridExtra)

p_hist <- ggplot(data = fish, mapping = aes(x = length)) +
  geom_histogram(alpha = 0.5, bins = 20) +
  labs(title = "ヒストグラム")

p_density <- ggplot(data = fish, mapping = aes(x = length)) +
  geom_density(size = 1.5) +
  labs(title = "カーネル密度推定")

grid.arrange(p_hist, p_density, ncol = 2)
```

第 2 部 【基礎編】R と Stan によるデータ分析

3.6 箱ひげ図とバイオリンプロット

続いて**箱ひげ図**を描画します．箱ひげ図を使うことでデータの四分位点や中央値などが一目でわかります．データは R にもともと組み込まれている，iris というアヤメの測定データを使います．データの先頭を表示します．

```
> # アヤメデータ
> head(iris, n = 3)
  Sepal.Length Sepal.Width Petal.Length Petal.Width Species
1          5.1         3.5          1.4         0.2 setosa
2          4.9         3.0          1.4         0.2 setosa
3          4.7         3.2          1.3         0.2 setosa
```

Petal.Length（花弁の長さ）の箱ひげ図を種類別に描きます．グラフのベース部分の指定はヒストグラムのときと同様に，データと横軸，縦軸の値を指定します．geom_histogram の代わりに geom_boxplot を指定するだけです．

```
p_box <- ggplot(data = iris,
                mapping = aes(x = Species, y = Petal.Length)) +
  geom_boxplot() +
  labs(title = "箱ひげ図")
```

続いて**バイオリンプロット**を描きます．これは「箱ひげ」の代わりにカーネル密度推定の結果を用いた箱ひげ図だと考えるとわかりやすいです．箱ひげ図と異なり，度数の情報もグラフから読み取ることができます．geom_violin を指定します．

```
p_violin <- ggplot(data = iris,
                   mapping = aes(x = Species, y = Petal.Length)) +
  geom_violin() +
  labs(title = "バイオリンプロット")
```

grid.arrange 関数を使って，両方のグラフを一覧表示させます．

```
# グラフの表示
grid.arrange(p_box, p_violin, ncol = 2)
```

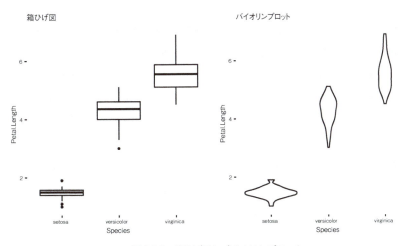

図 2.3.3　箱ひげ図とバイオリンプロット

3.7　散布図

散布図は2つの量的データの関係を見るときに用いられるグラフです．2変数の相関などを視覚的に確認する際などに使われます．第3部以降で一般化線形モデルを構築する際，データの構造を調べるためにしばしば使われます．`geom_point` を指定します．

`geom_point` を使うことで，散布図が描けます．以下では，アヤメの花弁の長さと幅を散布図で表現します．「`color = Species`」を指定することで，アヤメの種類別に色分けをしました．

```
ggplot(iris, aes(x = Petal.Width, y = Petal.Length, color = Species)) +
  geom_point()
```

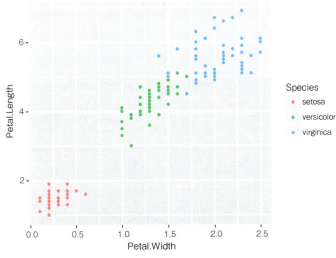

図 2.3.4　色分けした散布図

第 2 部 【基礎編】R と Stan によるデータ分析

3.8　折れ線グラフ

　最後に折れ線グラフです．これは時系列データを描画する際にしばしば用いられます．今回はナイル川の流量データの折れ線グラフを描いてみます．

　ここで問題になるのが，ggplot2 はデータフレームとしてデータを用意する必要があるということです．ナイル川流量データは ts という時系列データの形式で保存されていたので，data.frame への変換が必要です．

　第 2 部第 2 章 2.7 節にも登場しましたが，R にもともと Nile という変数として用意されている，ナイル川流量データを対象とします．これは 1871 年から 1970 年まで 1 年ごとにとられたデータです．

```
> # ナイル川流量データ
> Nile
Time Series:
Start = 1871
End = 1970
Frequency = 1
  [1] 1120 1160  963 1210 1160 1160  813 1230 1370 1140  995
・・・以下略・・・
```

　ts 型だと時間の情報が含まれていますが，data.frame にはそれがありません．year という列を別に作って，そこに時間の情報を指定することにします．なお as.numeric 関数は，ts 型の Nile データから時間の情報を取り除いて，純粋な数値として扱うために指定されました．

```
> # data.frame に変換
> nile_data_frame <- data.frame(
+    year = 1871:1970,
+    Nile = as.numeric(Nile)
+ )
> head(nile_data_frame, n = 3)
  year Nile
1 1871 1120
2 1872 1160
3 1873  963
```

　ここまで来たら，他のグラフと同じように描けます．geom_line 関数を使います．

```
ggplot(nile_data_frame, aes(x = year, y = Nile)) +
  geom_line()
```

108

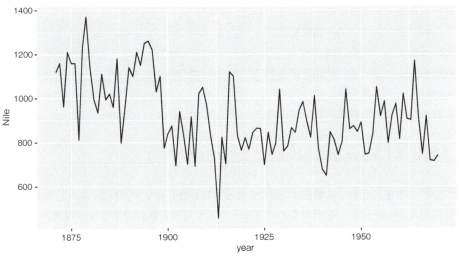

図 2.3.5　折れ線グラフ

ts 型だと，データの変換が面倒ですね．ggfortify という別の外部パッケージを用いると，簡単に描画できます．autoplot 関数を使います．ほぼ同様のグラフが描けるので，結果は省略します．

```
library(ggfortify)
autoplot(Nile)
```

3.9　まとめ

ggplot2 は data.frame を対象とします．データの変換を必要とすることもしばしばあります．データを整形するコードはしばしば長いものとなります．本筋とは関係ないコードにもなりうるので，そのときは適宜注意を喚起するようにします．

データの変換が終われば，以下の疑似コードのようにして描画します．

```
ggplot(データ, aes(x = X変数名, y = Y変数名, color = 色分け対象)) +
  geom_xxxx(必要なら引数) +
  labs(title = "グラフタイトル")
```

geom_xxxx は以下のようにさまざまな指定ができます．

第 2 部 【基礎編】R と Stan によるデータ分析

geom_histogram	ヒストグラム
geom_density	カーネル密度推定
geom_boxplot	箱ひげ図
geom_violin	バイオリンプロット
geom_point	散布図
geom_line	折れ線グラフ

他にも網掛けをする geom_ribbon などが本書では使われます.

　複数のグラフを重ね合わせる場合は + 記号を使って足し合わせます. 今回は紹介しませんでしたが, geom_violin に geom_point を重ね合わせることなども自由自在にできます. 複数のグラフを一覧で表示させる場合は gridExtra パッケージの grid.arrange 関数を使います.

　複雑なグラフを描く場合にはそれなりの訓練が必要でしょう. しかし, 本書ではせいぜいグラフの重ね合わせや一覧表示くらいしかしません. グラフと geom_xxxx の対応さえとれていれば, 本書を読み進めるにあたっては十分です.

第4章 Stanの基本

4.1 本章の目的と概要

テーマ

本章ではStanの基本的な事項と，RとStanを連携した分析の方法を学びます．
前章まではR言語の実装だけで分析が済んでいましたが，本章からはStanの実装の方法も学ぶことになります．

目的

Stanを用いた分析を一通り流すことを目的として，本章を執筆しました．そして実装をした後，最後の節では推定されたモデルを図式化して解釈することを試みます．自分が書いたコードと統計モデリングとの対応をとってほしいと思い，このような構成にしました．Stanの使用にかかるノウハウは，次章以降で解説します．

概要

● **Stanの基本**
Stanのインストール → サンプルとMCMCサンプルの違い
→ 本章で推定するモデルの構造 → RとStanの関係

● **RとStanによるデータ分析**
Stanファイルの書き方 → Stanファイルの実装例
→ Rファイルの実装の流れ → 分析の準備 → データの読み込み → データをlistにまとめる
→ MCMCの実行 → 実行結果の確認 → 収束の確認 →（補足）Stanコードのベクトル化

● **モデリングと実装の関係のおさらい**
モデルの図式化

執筆の際の環境は以下の通りです．
rstan: version 2.18.2
Rtools: Rtools3.5

第2部 【基礎編】RとStanによるデータ分析

4.2　Stanのインストール

Stanのインストール方法の詳細は「RStan Getting Started (Japanese)」[URL: https://github.com/stan-dev/rstan/wiki/RStan-Getting-Started-(Japanese)] を参照してください．また，本書サポートページも併せて参照してください．ここではWindows10の利用を前提として，RからStanを使う準備をしていきます．RおよびRStudioは第2部第1章の通りにインストール済みであることを前提とします．

Stanは内部でC++という別のプログラミング言語を使っています．C++はR言語などと比べると極めて高速に動作します．C++の利用はStanの実行速度の向上に一役買っています．その代わりに，準備に多少の手間がかかるわけです．とはいえ，現状では数行のコードを実行するだけで，ほぼ作業は完了します．

まずはRからStanを用いるためのパッケージrstanをインストールします．rstanをインストールすると，Stanも自動でインストールされます．以下のコードを実行すると，rstanのインストールが行われます．もしもパッケージのインストールに失敗した場合は，RStudioを「管理者として実行」して起動させてから，以下のコードを実行してください．

```
install.packages('rstan',
                 repos='https://cloud.r-project.org/',
                 dependencies=TRUE)
```

C++を扱うためにはRtoolsのインストールが必要です．RStudioにおいて以下のコードを実行します．

```
pkgbuild::has_build_tools(debug = TRUE)
```

上記のコードを実行したとき，すでにRtoolsがインストール済みだった場合は，一言「TRUE」と出力されるだけで何も起こりません．しかし，Rtoolsがインストールされていない場合は，「Do you want to install the additional tools now?」といった質問が書かれたポップアップが出てきます（文言は変わるかもしれません）．ここで「Yes」を選択すると，Rtoolsがインストールされます．

4.3　補足：サンプルとMCMCサンプルの違い

Stanを用いる際にしばしば登場する用語を整理しておきます．紛らわしいので，注意してください．

112

- **サンプル**

  単にサンプリングといえば，これは「母集団からの標本抽出」を指します．詳しくは第1部第2章「統計学の基本」を参照してください．この意味でいくと単なる「サンプル」は標本という意味となります．

- **MCMC サンプル**

  MCMC を使うことで，事後分布に従う乱数が得られます．MCMC を用いて得られた乱数を MCMC サンプルと呼ぶことにします．

4.4 　本章で推定するモデルの構造

それでは，実際に R と Stan を使って，モデルを推定します．

今回は第1部第5章5.5節で用いた，ビールの売り上げのモデル化に取り組みます (Stan コードとの対応をよくするため，変数名だけ一部変えてあります)．おさらいしておくと，ビールの売り上げ (単位：万円) を記録したデータが 100 個あり，売り上げデータが正規分布に従うと仮定してモデル化を進めるのでした．

ビールの売り上げの平均値を μ というパラメータで表現します．また，売り上げのばらつきを σ^2 というパラメータで表現します．売り上げが $sales$ 万円である確率密度は以下のように計算できます．

$$sales \sim \mathrm{Normal}(\mu, \sigma^2) \tag{2.5}$$

4.5 　R と Stan の関係

基本的なデータの処理は R が行います．例えば標本（サンプル）を読み込んだり，標本のグラフを描いたり，ということは R が担います．

Stan は大変に多機能ですが，本書においては MCMC を実行するという目的でのみ使われます．

Stan コードは，拡張子が「.stan」となった Stan ファイルに記述するのがおすすめです．RStudio 左上のメニューから「File」→「New File」→「Text File」を選択します．ファイルを保存するときに「○○ .stan」という名称で保存します．なお，RStudio の version 1.2.1335 をお使いの場合は，「File」→「New File」→「Stan File」という順番で選択すると，Stan ファイルを作成することができます．このやり方でファイルを作ると，あらかじめコードが少し記述された状態となっているかもしれません．これを改造しながらプログラミングしていってもよいでしょう．あらかじめ Stan ファイルとして保存してからコードを記述すると，RStudio のプログラミング支援が受けられるので便利です．例えば括弧の閉じ忘れをするといったミスを減らすことができます．

第 2 部 【基礎編】R と Stan によるデータ分析

　本書では統一して，ベイズ統計モデリングによるデータ分析を実行する際に，以下の 3 つのファイルを使うことにします．

1 データの処理を実行する R ファイル（拡張子は「.R」）
2 Stan を使って MCMC を実行するときに必要な Stan ファイル（拡張子は「.stan」）
3 標本（サンプル）が格納された CSV ファイル（拡張子は「.csv」）

　今，R ファイルをいじっているのか，Stan ファイルをいじっているのかを明確にするため，Stan ファイルに書くコードを，オレンジ色の線で囲むことにします．

4.6　Stan：Stan ファイルの書き方

　Stan コードは，基本的に data ブロック，parameters ブロック，model ブロックの 3 つのブロックが必要です．

　data ブロックには，使用されるデータやサンプルサイズなどの情報を記述します．

　parameters ブロックでは，事後分布を得たいパラメータの一覧を定義します．

　model ブロックでは，事前分布や尤度を指定します．事前分布を指定しなかった場合は，$(-\infty, \infty)$ の一様分布が標準の無情報事前分布として用いられます．「尤度を指定する」と書くと難しく聞こえるかもしれませんが「観測したデータを生み出す確率的な過程をコードで表現する」箇所だと思うとわかりやすいでしょう．文字通り「モデル」を指定するブロックです．後ほど具体例を挙げて説明します．

　この 3 つのブロック以外にも，いくつかのブロックを追加できます．次章以降で紹介します．

　続いて，Stan コード全体を通して共通する部分を説明します．

- ブロックは中括弧で囲む
- 行の末端にはセミコロンが必要
- コメントはスラッシュ 2 本を使う
- ファイルの最終行には空白行が必要

　よくあるミスは，セミコロンを忘れてしまうことです．こういった文法のミスは RStudio の機能を使うことで容易に発見できます．Stan ファイルをエディタに表示させているとき，エディタの右上に「Check」というボタンが表示されているはずです．これを押すと，文法の間違いを指摘してくれます．問題がなければ「ファイル名 is syntactically correct.」と出力されるはずです．

114

4.7 Stan：Stan ファイルの実装例

新しく「2-4-1-calc-mean-variance.stan」いう名称のファイルを作成します．ファイルはワーキングディレクトリ (通常は .Rproj ファイルが配置されているフォルダ) に置くようにしてください．このファイルに，コードを記述していきます．まずは data ブロックです．

```
data {
  int N;                  //  サンプルサイズ
  vector[N] sales;        //  データ
}
```

data ブロックにはサンプルサイズと売り上げデータを指定します．

サンプルサイズは整数をとりますので int という「整数値の型」を頭に指定しておきます．一方の売り上げは，サンプルサイズだけの個数があるベクトルです．そのため vector[N] と明示的に N 個あることを指定しておきます．「データの型　変数の名前 ;」のパターンを覚えておきましょう．

データの型には整数型 int のほかにも，実数値型 real などいくつかあります．

```
parameters {
  real mu;                //  平均
  real<lower=0> sigma;    //  標準偏差
}
```

parameters ブロックでは，推定すべきパラメータ，すなわち正規分布の平均と分散を指定します．ただし，後述するように，Stan では分散ではなく標準偏差がパラメータとして与えられます．

変数の型が real になっているので，実数値型となります．標準偏差は 0 未満の値をとることはありません．そのため <lower=0> と指定しています．これにより,0 未満の値はとらないようにできます．

```
model {
  //  平均 mu, 標準偏差 sigma の正規分布に従ってデータが得られたと仮定
  for (i in 1:N) {
    sales[i] ~ normal(mu, sigma);
  }
}
```

model ブロックでは，「売り上げという観測データは，平均 mu, 標準偏差 sigma の正規分布から得られた」ということを指定します．

正規分布に従うという指定は「データ ~ normal()」とチルダ記号 (~) を使って表現します．normal 関数は分散ではなく標準偏差を指定する必要があることに注意します．

「for (i in 1:N)」というのは繰り返し構文です．i という変数を 1 から N まで変化させて，何

第2部 【基礎編】RとStanによるデータ分析

度も実行するということを表しています.「sales[i]」でi番目の売り上げデータであることを示しています. データはN個あるのでした. 1番目のデータも2番目のデータもN番目のデータもすべて「平均がmu, 分散がsigmaの2乗である正規分布」から得られるというのが, ここで指定されている内容です (ベクトル化することでもう少し簡潔に書くことができますので後述します).

最後に, すべてのブロックをまとめたコードを再掲しておきます.

```
data {
  int N;                    // サンプルサイズ
  vector[N] sales;          // データ
}

parameters {
  real mu;                  // 平均
  real<lower=0> sigma;      // 標準偏差
}

model {
  // 平均mu, 標準偏差sigmaの正規分布に従ってデータが得られたと仮定
  for (i in 1:N) {
    sales[i] ~ normal(mu, sigma);
  }
}
```

4.8 R：本章でのRファイルの実装の流れ

Stanファイルが完成しました. ここからはRファイルを編集していきます.「2-4-Stanの基本.R」というファイルを作って, そこにコードを書いていきます.

Rファイルにはブロックがありませんが, およそ以下のような塊で実装を進めます.

1 パッケージの読み込みなどの, 分析の準備を行う
2 CSVファイルから分析対象となるデータを読み込む
   （ア）必要であればデータの中身をチェック
3 list形式でデータをまとめる
4 Stanと連携してMCMCを実行する
5 MCMCの結果を確認する
   （ア）収束の確認も行う

第 4 章　Stan の基本

4.9　R：パッケージの読み込みなどの，分析の準備を行う

　MCMC を用いた事後分布のサンプリングに取り組む前に，データの読み込みや分析の準備をしておきましょう．まずは分析の準備です．ライブラリの読み込みを行うだけでなく，計算の高速化のための指定をしておきます．

```
# パッケージの読み込み
library(rstan)

# 計算の高速化
rstan_options(auto_write = TRUE)
options(mc.cores = parallel::detectCores())
```

　「rstan_options(auto_write = TRUE)」と指定したうえで MCMC を実行すると，拡張子が「.rds」である RDS ファイルが作成されます．Stan は内部で C++ を使っているのでした．C++ で書かれたコードを，コンピュータが実行可能な状態に変換することをコンパイルと呼びます．このコンパイルには多少の時間がかかります．そこで，再度のコンパイルをしなくても済むように RDS ファイルを保存しておきます．2 回目以降はコンパイルが不要なので，実行が早くなります．

　「options(mc.cores = parallel::detectCores())」を指定すると，計算を並列化するので実行速度が上がります．

　この 2 つのオプションを，本書では常に使用します．

4.10　R：CSV ファイルから分析対象となるデータを読み込む

　続いて，read.csv 関数を使って分析対象のデータを読み込みます．「2-4-1-beer-sales-1.csv」というファイル名で保存されている，架空のビール売り上げデータです．

```
# 分析対象のデータ
file_beer_sales_1 <- read.csv("2-4-1-beer-sales-1.csv")
```

　ファイルから読み込まれたデータの一部を確認します．

```
> # データの確認
> head(file_beer_sales_1, n = 3)
    sales
1  87.47
2 103.67
3  83.29
```

117

第2部 【基礎編】RとStanによるデータ分析

4.11 R：list形式でデータをまとめる

Stanを使ってMCMCを実行するためには，データをlist形式にまとめる必要があります．Stanファイルのdataブロックには，サンプルサイズNと売り上げデータsalesの2つが必要だったので，これらをlist形式にまとめておきます．

まずはサンプルサイズを得ます．nrowは行数を得る関数です．サンプルサイズが100であることが確認できます．

```
> # サンプルサイズ
> sample_size <- nrow(file_beer_sales_1)
> sample_size
[1] 100
```

list形式でデータをまとめます．

```
> # list にまとめる
> data_list <- list(sales = file_beer_sales_1$sales, N = sample_size)
> data_list
$`sales`
  [1]  87.47 103.67  83.29 131.91 106.59  83.59 109.75 114.77 111.52
・・・中略・・・
[100]  90.53

$N
[1] 100
```

4.12 R：Stanと連携してMCMCを実行する

いよいよMCMCを実行します．stanという関数を使います．引数の説明は，コード内のコメントを参照してください．

```
mcmc_result <- stan(
  file = "2-4-1-calc-mean-variance.stan", # stan ファイル
  data = data_list,                       # 対象データ
  seed = 1,                               # 乱数の種
  chains = 4,                             # チェーン数
  iter = 2000,                            # 乱数生成の繰り返し数
  warmup = 1000,                          # バーンイン期間
  thin = 1                                # 間引き数 (1 なら間引き無し )
)
```

乱数の種(seed)は，生成される乱数値を固定するために用いられます．乱数は文字通りランダム

118

な値ですので，MCMC サンプルは毎回異なる結果になります．しかし，それでは扱いにくいので，ここで乱数を固定するために「seed = 1」と乱数の種を指定します．ほぼ必須といってよい指定です．

その他の設定で不明な所があれば第 1 部第 7 章を参照してください．なお，チェーン数や繰り返し数，バーンイン期間，間引き数は，標準値と同じ値にしてあります．そのため，5 から 8 行目は省略しても結果は変わりません．

実行には少し時間がかかりますが，数分で終わるかと思います．

4.13 R：推定結果を確認する

MCMC の結果を確認するときは，print 関数を使うのが簡単です．probs という引数を追加することで，任意のパーセント点を出力できます．今回は 2.5% 点と，中央値 (50% 点)，97.5% 点を出力させました．2.5% 点から 97.5% 点の範囲は，95% ベイズ信用区間となります．

```
> # 結果の表示
> print(
+   mcmc_result,              # MCMC サンプリングの結果
+   probs = c(0.025, 0.5, 0.975)    # 中央値と 95% 信用区間を出力
+ )
Inference for Stan model: 2-4-1-calc-mean-variance.
4 chains, each with iter=2000; warmup=1000; thin=1;
post-warmup draws per chain=1000, total post-warmup draws=4000.

          mean se_mean   sd     2.5%      50%    97.5% n_eff Rhat
mu      102.18    0.03 1.86    98.42   102.23   105.84  3317    1
sigma    18.19    0.02 1.29    15.88    18.12    20.93  3172    1
lp__   -336.46    0.02 1.01  -339.20  -336.14  -335.47  1880    1

Samples were drawn using NUTS(diag_e) at Tue Jan 08 11:50:55 2019.
For each parameter, n_eff is a crude measure of effective sample size,
and Rhat is the potential scale reduction factor on split chains (at
convergence, Rhat=1).
```

チェーンは 4 つ (4 chains)，MCMC の繰り返し数は 2000 回 (iter=2000)，バーンイン期間は 1000(warmup=1000)，間引きは無し (thin=1) となっています．1 つのチェーンにつき iter から warmup を引いた回数 (すなわち 2000 − 1000 = 1000 回) の乱数が得られているので，乱数の総数は 4000 個となっています (total post-warmup draws=4000)．

結果を確認する際に，最も重点的に見るべきは，mu，sigma，lp__ の 3 行が配置されている部分です．

mu が母平均です．母平均の MCMC サンプルの中央値は 50% の列を見て 102.23 とわかります．もう一つのパラメータである sigma の事後中央値は 18.12 です．

事後中央値のほかにも，MCMC サンプルの平均値 (mean)，標準誤差 (se_mean)，標準偏差 (sd)，そして 2.5%，97.5% 点などが出力されています．

lp__ という結果も出力されています．この lp__ は対数事後確率と呼ばれるものです．MCMC の計算の途中に使われる値だと思うと良いでしょう．後ほど見る収束のチェックの際には，lp__ も収束していることが必要です．lp__ については第 2 部第 6 章でも補足します．

4.14　R：収束の確認

MCMC の実行後に，最低限行うべき収束のチェックの方法を説明します．先ほど print 関数を使った結果における，n_eff と Rhat を確認します．

n_eff は MCMC における，有効サンプルサイズです．これがあまりにも少ないようであればモデルの改善が必要になることがあります．松浦 (2016) では 100 くらいあることが望ましいと指摘されています．

Rhat は，MCMC サンプルが収束しているかどうかを判断した指標 $\hat{R}$ の計算結果です．この指標が 1.1 未満であることが必要です．今回はともに満たされているようです．

乱数のステップごとの遷移を可視化したトレースプロットを描いて，収束していることを視覚的に確認します．4 本のチェーンがまじりあっていれば良いです．

```
# トレースプロット（バーンイン期間無し）
traceplot(mcmc_result)
```

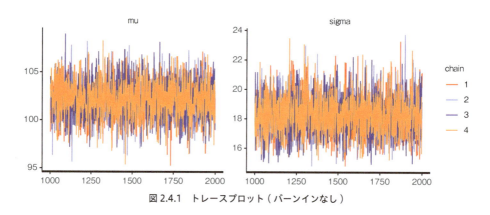

図 2.4.1　トレースプロット（バーンインなし）

試しに，バーンイン期間を含めたトレースプロットを描画してみます．

```
# トレースプロット（バーンイン期間あり）
traceplot(mcmc_result, inc_warmup = T)
```

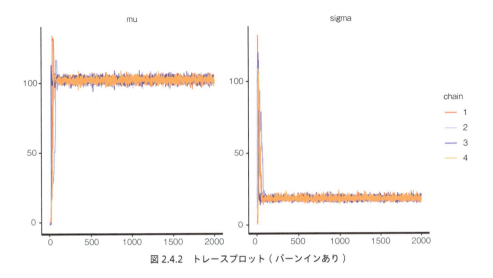

図 2.4.2　トレースプロット（バーンインあり）

　背景が灰色になっているのがバーンイン期間です．MCMC サンプルの初期の値は大きく変化しており，安定していないのが見てとれます．ここまで大きな変化をしている MCMC サンプルをそのまま使って，事後中央値や事後期待値などを求めるのは問題でしょう．そのためバーンイン期間をとって，収束した MCMC サンプルを用いるわけです．

　収束していない MCMC サンプルは，今回のバーンイン期間の内側のように，分布が安定していない状況となっています．収束していない MCMC サンプルを使って結果を議論することは避けるべきです．

　ベイズ統計モデリングは MCMC を実行して終わりではありません．MCMC サンプルの結果を吟味していく必要があります．詳しくは次章で説明します．

4.15　補足：Stan コードのベクトル化

本節では，Stan の実装における補足事項を説明します．
4.7 節で作った model ブロックの以下のコードは，より短く変更できます．

```
model {
  // 平均 mu，標準偏差 sigma の正規分布に従ってデータが得られたと仮定
  for (i in 1:N) {
    sales[i] ~ normal(mu, sigma);
  }
}
```

短くなったコードは以下の通りです．このような書き方を**ベクトル化**と呼びます．sales は data

ブロックにおいてベクトルとして宣言されていたことを思い出してください．model ブロック以外はすべて同じコードなので省略します．

```
model {
  // 平均 mu, 標準偏差 sigma の正規分布に従ってデータが得られたと仮定
  sales ~ normal(mu, sigma);
}
```

ベクトル化をした場合としなかった場合でわずかに結果が変わります．ベクトル化をすると計算が早くなることがあります．ただし，コードが読みにくくなる場合があるので，本書ではベクトル化をしないで実装することもあります．

4.16　モデルの図式化

R と Stan を使って，モデルを推定できました．最後に，今回実装したコードと，モデリングという作業の対応付けをしてもらう目的で，推定されたモデルの構造を図示することを試みます．

ベクトル表記の復習をします．例えば（本当は100個ありますが）売り上げデータが3つしかなかったとして，それをベクトル表記してみましょう．***sales***ベクトルは以下の通りです．

$$sales = \begin{pmatrix} 87.47 \\ 103.67 \\ 83.29 \end{pmatrix} \qquad (2.6)$$

この3つのデータがすべて，平均 mu, 標準偏差 sigma の正規分布に従って得られていると想定してモデル化しているわけです．これを図示すると以下のようになるでしょう．Stan ファイルの model ブロックのコードとの対応を確認してください．

図 2.4.3　Stan コードのイメージ図

なお，毎回上記のような図を描くと，複雑なモデルだと紙面に乗りきらなくなってしまうため，簡略化して以下のように記載します．

図 2.4.4　簡略化されたモデルの図

このとき，四角形で囲まれたのは実際のデータであり，丸で囲まれた部分は確率分布です．破線はチルダ記号（〜）で表現されるような確率的な関係を表しています．ここには出てきませんが，決定的な関係がある場合は，実線の矢印を使います．

事前分布の指定を合わせて図にしたものは以下のようになります．

図 2.4.5　事前分布を含めたモデルの図

図示の流儀はいくつかありますが，モデルをこのように図式化したものを**グラフィカルモデル**と呼びます．Kruschke(2017) ではさらに詳細な図式化が紹介されています．

ベイズ統計モデリングにおける最初の作業は，確率モデルの設計です．モデルを図式化することで，モデルの構築のときに，どのような確率モデルを設計したのかを明確に示すことができます．

自分たちの知識や経験と合致する確率モデルの設計ができれば，モデルをデータと条件付ける作業に移ります．これは R と Stan に任せることで「ベイズ推論＋MCMC」という極めて汎用的な枠組

第 2 部 【基礎編】R と Stan によるデータ分析

みで実行できます．このあたりを，本章で実践してきたわけですね．

　次章からは，モデルの評価というテーマに移っていきます．以下の 2 点を評価します．

- MCMC によって得られた，事後分布に従う乱数の評価
- 事後予測チェック

第5章 MCMC の結果の評価

5.1 本章の目的と概要

テーマ

本章では，主に MCMC サンプルの取り扱いと事後予測チェック，そして bayesplot パッケージを用いた描画の方法を学びます．

目的

前章では「MCMC を実行する」方法を説明しました．「MCMC 実行後」の処理を学んでいただくために，本章を執筆しました．この対応があるので，本章は，第 2 部第 4 章の続きであるといえます．未読の方は必ず第 2 部第 4 章を読んでから本章に進んでください．

Stan の実行結果は指標を載せるだけではなく，グラフも交えてその結果を吟味するのが重要です．楽をする方法，すなわち短いコードで少ないコストで描画する方法を学んでください．これを達成するために bayesplot パッケージを紹介します．試行錯誤的にモデルを作る際，きっと役に立つはずです．

もちろん「bayesplot パッケージでできることが，私のできることのすべて」となるのを防ぐために，MCMC サンプルの取り扱いも説明します．理屈がわかったうえでパッケージを使うようにしてください．

概要

● **MCMC サンプルの抽出と ggplot2 による事後分布の図示**

MCMC の実行 → MCMC サンプルの抽出 → MCMC サンプルの代表値の計算
→ トレースプロットの描画 → ggplot2 による事後分布の可視化

● **bayesplot による事後分布の図示**

事後分布の可視化 → 事後分布の範囲の比較 → MCMC サンプルの自己相関の評価

● **事後予測チェック**

事後予測チェックの概要 → 対象データとモデル → 予測分布の考え方
→ MCMC の実行 → bayesplot による事後予測チェック

第2部 【基礎編】RとStanによるデータ分析

5.2 MCMC の実行

第4章とまったく同じデータに対して，まったく同じモデルを推定します．すなわち，以下のコードのように mcmc_result という変数に MCMC の結果が格納されています．もしも，ここまでの手順がわからなければ，第2部第4章を参照してください．

```
mcmc_result <- stan(
  file = "2-4-1-calc-mean-variance.stan", # stan ファイル
  data = data_list,                       # 対象データ
  seed = 1,                               # 乱数の種
  chains = 4,                             # チェーン数
  iter = 2000,                            # 乱数生成の繰り返し数
  warmup = 1000,                          # バーンイン期間
  thin = 1                                # 間引き数 (1 なら間引き無し )
)
```

5.3 MCMC サンプルの抽出

MCMC 実行結果は stanfit というクラスに格納されていますが，これをそのまま扱うのはやや面倒です．以下のように extract 関数を使って MCMC サンプルを抽出します．

```
# MCMC サンプルの抽出
mcmc_sample <- rstan::extract(mcmc_result, permuted = FALSE)
```

extract を使って MCMC サンプルを抽出するのですが，rstan パッケージ以外にも同じ名前の関数があり，混同してしまうと問題です．そこで「rstan::extract」として rstan パッケージの extract 関数であることを明示して用いました．

extract 関数の引数には，MCMC の結果 (mcmc_result) と「permuted = FALSE」という指定を入れておきます．「permuted = FALSE」を指定すると，MCMC サンプルの並び順が保持されます．こうすることで，後ほど説明する bayesplot パッケージによるグラフ描画が簡単になります．

mcmc_sample の中身を調べていきましょう．mcmc_sample は array 形式になっています．これは class という関数を使うことで確認できます．

```
> # クラス
> class(mcmc_sample)
[1] "array"
```

以下のコードを実行すると，3次元の array であり，各々 1000，4，3 の次元数となっていることがわかります．

第 5 章　MCMC の結果の評価

```
> # 次元数
> dim(mcmc_sample)
[1] 1000    4    3
```

1次元目は繰り返し数，2次元目は1から4のChainで，3次元目は推定されたパラメータとなっています．

```
> # 各々の名称
> dimnames(mcmc_sample)
$`iterations`
NULL

$chains
[1] "chain:1" "chain:2" "chain:3" "chain:4"

$parameters
[1] "mu"     "sigma" "lp__"
```

今回は iter = 2000, warmup = 1000, thin = 1 という設定で MCMC を実行しました．このため 2000−1000＝1000 個の MCMC サンプルが1つのチェーンごとに存在します．それが4つのチェーン，3つ（lp__ が含まれるので実質2つ）のパラメータごとに存在しているわけです．パラメータは mu と sigma がありますが，これは Stan ファイルの parameters ブロックで宣言された名前が使われます．

このことを納得するため，もう少しコードを書いて mcmc_sample の中身を確認していきましょう．

パラメータ mu の「1回目のチェーンで得られた，最初の MCMC サンプル（バーンイン後）」は以下のようにして取り出します．

```
> mcmc_sample[1,"chain:1","mu"]
[1] 102.2461
```

角括弧を使った [1,"chain:1","mu"] という指定は，「バーンイン後1回目の iter」で「1つ目のチェーン」で「パラメータは mu」という指定です．mu の事後分布に従う乱数を1つだけ取得できました．

パラメータ mu の「1回目のチェーンで得られた，すべての MCMC サンプル（バーンイン後）」を得る場合は以下のようにします．

```
> # パラメータ mu の1回目のチェーンの MCMC サンプル
> mcmc_sample[,"chain:1","mu"]
   [1] 102.24608   98.77984 102.65800 103.18677 100.81343 104.24021
   [7] 104.72369 101.00194 102.92706 102.38409 102.37835 100.97635
・・・以下略・・・
```

2

基礎編

127

第2部 【基礎編】RとStanによるデータ分析

要素数は1000となっています.

```
> # パラメータmuの1回目のチェーンのMCMCサンプルの個数
> length(mcmc_sample[,"chain:1","mu"])
[1] 1000
```

4つのチェーンをまとめると4000個あります.

```
> # 4つのチェーンすべてのMCMCサンプルの個数
> length(mcmc_sample[,,"mu"])
[1] 4000
```

これは1000行 × 4列の行列となっています.

```
> # 4つのチェーンがあるので，1000iter × 4Chain の Matrix
> dim(mcmc_sample[,,"mu"])
[1] 1000    4
> class(mcmc_sample[,,"mu"])
[1] "matrix"
```

5.4 MCMC サンプルの代表値の計算

事後分布の可視化前に，MCMCサンプルの取り扱いをもう少し説明します.
MCMCサンプルを抽出できたので，これを使って事後分布の代表値を計算します.

後ほど扱いやすくするために，4000の要素を持つベクトルとして，muのMCMCサンプルを格納します.

```
# ベクトルにする
mu_mcmc_vec <- as.vector(mcmc_sample[,,"mu"])
```

まずは事後中央値を計算します．median関数は中央値を得る関数です.

```
> # 事後中央値
> median(mu_mcmc_vec)
[1] 102.2349
```

続いて事後期待値です．mean関数は平均値を計算する関数です.

```
> # 事後期待値
> mean(mu_mcmc_vec)
[1] 102.1836
```

95% ベイズ信用区間は，quantile 関数を使って MCMC サンプルの 2.5% 点と 97.5% 点を得ることで求められます．

```
> # 95% ベイズ信用区間
> quantile(mu_mcmc_vec, probs = c(0.025, 0.975))
     2.5%      97.5%
 98.42321 105.83763
```

これは第 2 部第 4 章で print 関数を使って得られた値と同じになっていることを確認してください．

```
> # 参考
> print(
+   mcmc_result,                      # MCMC サンプリングの結果
+   probs = c(0.025, 0.5, 0.975)     # 事後分布の四分位点を出力
+ )
         mean se_mean   sd     2.5%      50%    97.5% n_eff Rhat
mu     102.18    0.03 1.86    98.42   102.23   105.84  3317    1
sigma   18.19    0.02 1.29    15.88    18.12    20.93  3172    1
lp__  -336.46    0.02 1.01  -339.20  -336.14  -335.47  1880    1
```

5.5　トレースプロットの描画

第 2 部第 4 章では rstan パッケージの traceplot 関数を使ってトレースプロットを描きました．しかし，MCMC サンプルを使うことによってもトレースプロットを描くことができるので，確認しておきます．時系列の折れ線グラフを描くために ggfortify パッケージの autoplot 関数を使います．

```
library(ggfortify)
autoplot(ts(mcmc_sample[,,"mu"]),
         facets = F,  # 4 つの Chain をまとめて 1 つのグラフにする
         ylab = "mu", # y 軸のラベル
         main = "トレースプロット")
```

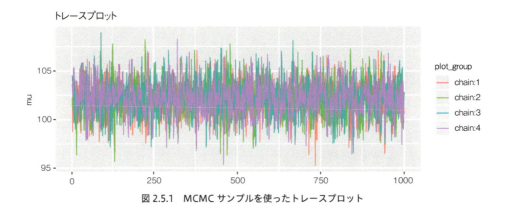

図 2.5.1　MCMC サンプルを使ったトレースプロット

5.6　ggplot2 による事後分布の可視化

　MCMC サンプルを時系列で並べて図示するとトレースプロットになります．MCMC サンプルをすべてまとめてカーネル密度推定をすると，パラメータの事後分布のグラフが描けます．ggplot2 を用いてパラメータ μ の事後分布のカーネル密度推定の結果を示します．

```
# データの整形
mu_df <- data.frame(
  mu_mcmc_sample = mu_mcmc_vec
)
# 図示
ggplot(data = mu_df, mapping = aes(x = mu_mcmc_sample)) +
  geom_density(size = 1.5)
```

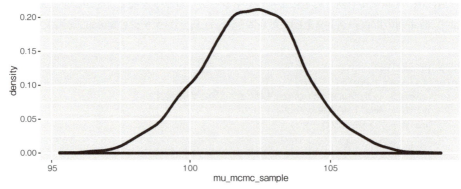

図 2.5.2　ggplot2 による事後分布の図示

第5章 MCMCの結果の評価

5.7 bayesplotによる事後分布の可視化

ggplot2などを使ってもパラメータの事後分布を図示することは可能ですが，MCMCサンプルの抽出からデータの整形といった作業を踏む必要があるので，それなりに手間がかかります．そこで用いられるのがbayesplotパッケージです．bayesplotを使うと，事後分布などをとても短いコードで描くことができます．

まずはライブラリを読み込みます．

```
# ライブラリの読み込み
library(bayesplot)
```

muとsigmaの2つのパラメータのMCMCサンプルのヒストグラムを描くコードは以下のようになります．mcmc_hist関数を使います．結果は省略します．

```
# ヒストグラム
mcmc_hist(mcmc_sample, pars = c("mu", "sigma"))
```

引数にはrstan::extract関数によって抽出されたMCMCサンプル (mcmc_sample) と，描画の対象となるパラメータの名前を指定します．パラメータの名前としては「pars = c("mu", "sigma")」と指定しました．Stanファイルのparametersブロックで宣言された名前が使われます．

密度は以下のようにして描画できます．mcmc_dens関数を使います．結果は省略します．

```
# カーネル密度推定
mcmc_dens(mcmc_sample, pars = c("mu", "sigma"))
```

トレースプロットは以下のようにmcmc_trace関数を使うことで図示できます．結果は省略します．

```
# 参考：トレースプロット
mcmc_trace(mcmc_sample, pars = c("mu", "sigma"))
```

mcmc_combo関数を使うことで，事後分布とトレースプロットをまとめて図示できます．

```
# 事後分布とトレースプロットをまとめて図示
mcmc_combo(mcmc_sample, pars = c("mu", "sigma"))
```

2 基礎編

131

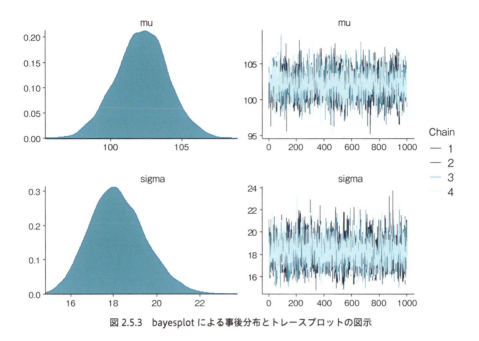

図 2.5.3　bayesplot による事後分布とトレースプロットの図示

5.8　bayesplot による事後分布の範囲の比較

bayesplot にはさまざまなグラフを描く関数が用意されています．例えば興味のある 2 つ以上のパラメータを比較する場合は，mcmc_intervals 関数を使います．

```
# 事後分布の範囲を比較
mcmc_intervals(
  mcmc_sample, pars = c("mu", "sigma"),
  prob = 0.8,         # 太い線の範囲
  prob_outer = 0.95   # 細い線の範囲
)
```

図 2.5.4　bayesplot による範囲比較 1

密度を合わせて描画することもできます．

```
mcmc_areas(mcmc_sample, pars = c("mu", "sigma"),
          prob = 0.6,        # 薄い青色で塗られた範囲
          prob_outer = 0.99  # 細い線が描画される範囲
)
```

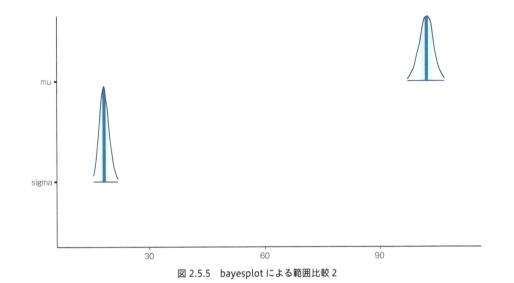

図 2.5.5　bayesplot による範囲比較 2

5.9　bayesplot による MCMC サンプルの自己相関の評価

サンプリングのチェックを行うためのグラフを描画します．MCMC サンプルの自己相関を評価するために，コレログラムを描くコードは以下の通りです．`mcmc_acf_bar` 関数を使います．

```
# MCMC サンプルのコレログラム
mcmc_acf_bar(mcmc_sample, pars = c("mu", "sigma"))
```

縦軸が自己相関係数であり，横軸が次数となっているコレログラムが描かれます．

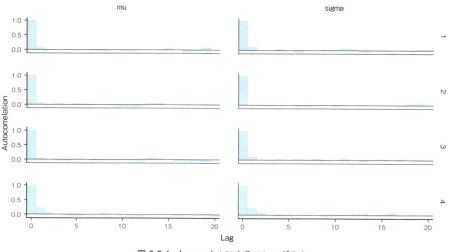

図 2.5.6　bayesplot によるコレログラム

5.10　事後予測チェックの概要

続いて，推定されたモデルを総合的に評価する方法を説明します．例えば確率モデルを設計するときに仮定した事柄が現実的だったかどうか，といったことも評価の対象となります．さまざまな評価の方法があるでしょうが，ここでは，モデルがデータとよく適合しているかどうかを判断するために，**事後予測チェック**を行います．

事後予測チェックの意味を理解するためには，統計モデルに対する理解が不可欠です．統計モデルは「観測したデータを生み出す確率的な過程を簡潔に記述したもの」です．

データによく適合する統計モデルを推定できているならば，統計モデルを用いて「観測したデータとよく似たデータ」を生成できるはずです．事後予測チェックでは，推定されたモデルに従って，疑似的に観測データを生成します．この分布を**事後予測分布**または単に**予測分布**と呼びます．事後予測分布と，実際の観測データの分布を比較して，両者が似ていることを確認するのが，事後予測チェックの基本的な方針です．モデルの評価というだけでなく，モデルを用いた予測の手続きを学ぶ意味でも役に立つでしょう．

次節以降では，以下の方法を説明します．

1　Stan を用いて，事後予測分布を得る方法
2　bayesplot パッケージを使って，実際の観測データの分布と，事後予測分布を比較する方法

なお，観測データの分布と事後予測分布が似ているか否かをどのようにして判断するかは難しい問題です．本書では，両者を図示して比較する方法を説明します．

5.11　事後予測チェックの対象となるデータとモデル

　今回は，ある小動物の発見個体数のモデル化に取り組みます．草原の中に，その動物は群れを作ることなくランダムに生息しています．10m四方の複数の観測地点を200地点設定して，各々の観測地点において発見された動物の個体数を数えました．

　体が半分足りない，なんてことは基本的に起こりえないため，動物の個体数は0または正の整数だけをとるはずです．草原は広いのですが，ある区域を設定しても，そこに動物が存在する確率はあまり高くないことが予想されます．すると，試行回数Nが大きくて，発生（存在）確率pが小さな二項分布でこの状況を表現できそうです．そして，第1部第4章で学んだように「試行回数Nが大きくて，発生確率pが小さな二項分布」はポアソン分布とみなせます．

　まとめると，今回の小動物の発見個体数データが得られる確率的な過程は，強度λのポアソン分布だと想定できそうです．強度λというパラメータを推定することで「ある小動物の発見個体数という観測データが得られる過程(プロセス)」を記述できそうです．

　ここで，あえて誤ったモデルとして「小動物の発見個体数は正規分布に従う」というモデルも推定することにします．正規分布は0未満の値や，小数点以下の値をとりうる確率分布です．データが得られるプロセスと向き合って作られたモデルと，誤って正規分布を仮定して作られたモデルとで各々事後予測チェックを行い，結果を比較します．

　なお，ここで題材として扱うモデルはあまりにも単純すぎるため，本来は事後予測チェックなどを行う必要は薄いでしょう．事後予測チェックの手順を学ぶための例題だとご理解ください．回帰モデルなど複雑なモデルでの事後予測チェックは第3部で説明します．

　分析対象のデータを読み込みます．サンプルサイズが200の，動物の発見個体数データです．

```
> # 分析対象のデータ
> animal_num <- read.csv("2-5-1-animal-num.csv")
> head(animal_num, n = 3)
  animal_num
1          0
2          1
3          1
```

　以下の2つのStanファイルを作成します．2つのStanファイルのコードをまとめて載せます．

第 2 部 【基礎編】R と Stan によるデータ分析

2-5-1-normal-dist.stan

```
data {
  int N;              // サンプルサイズ
  vector[N] animal_num;  // データ
}

parameters {
  real<lower=0> mu;      // 平均
  real<lower=0> sigma;   // 標準偏差
}

model {
  // 平均 mu, 標準偏差 sigma の正規分布
  animal_num ~ normal(mu, sigma);
}

generated quantities{
  // 事後予測分布を得る
  vector[N] pred;
  for (i in 1:N) {
    pred[i] = normal_rng(mu, sigma);
  }
}
```

2-5-2-poisson-dist.stan

```
data {
  int N;              // サンプルサイズ
  int animal_num[N];      // データ
}

parameters {
  real<lower=0> lambda;   // 強度
}

model {
  // 強度 lambda のポアソン分布
  animal_num ~ poisson(lambda);
}

generated quantities{
  // 事後予測分布を得る
  int pred[N];
  for (i in 1:N) {
    pred[i] = poisson_rng(lambda);
  }
}
```

　左側が正規分布を仮定したモデルで，右側がポアソン分布を仮定したモデルです．大きく異なるのは網掛けをした箇所です．左側は normal だった部分が，右側は poisson に変わっていますね．ポアソン分布は離散型のデータに対応する分布なので，animal_num のデータ型は，ポアソン分布バージョンでは int 型になっています．

　重要なのは新たに登場した generated quantities ブロックです．generated quantities ブロックでは，「モデルを推定するだけならばいらないが，別の目的で乱数を得たいモノ」を指定します．例えば，モデルを用いた予測値などはここに記述します．ここに記述すると，MCMC によるサンプリングの実行速度をほとんど犠牲にすることなく，さまざまな乱数を得ることができます．
　normal_rng 関数を使うことで，平均 mu，標準偏差 sigma の正規分布に従う乱数を pred に格納します．ポアソン分布を仮定した右側のコードでは poisson_rng 関数を使って，ポアソン分布に従う乱数を得ます．

5.12　予測分布の考え方

　「2-5-2-poisson-dist.stan」ファイルを例として，予測分布を得るコードの解釈を試みます．
　例えば「個体数データは，強度 4 のポアソン分布に従って得られるはずだ」と，モデルの推定結果が示していたとしましょう．そうしたら「強度 4 のポアソン分布」は「将来的に手に入る観測値の分布」

として使えそうです.

ところで,"強度 4"というのは例え話で,実際には強度 λ の事後分布が得られているのみです.この観点で整理しなおします.

データ y が与えられたときの,将来的な観測値 $pred$ の従う確率分布の確率質量関数を $f(pred|y)$ と書くことにします.これが予測分布です.強度 λ が与えられたときの $pred$ の確率分布の確率質量関数は $f(pred|\lambda)$ となります.今回の事例では,これはポアソン分布の確率質量関数となります.λ の事後分布の確率密度関数を $f(\lambda|y)$ とおくと,予測分布は以下の計算により求められます.

$$f(pred|y) = \int f(pred|\lambda) f(\lambda|y) \, d\lambda \tag{2.7}$$

上記の積分計算は容易には解けません.そこでモンテカルロ法を活用します.

まずは λ の MCMC サンプルを得ます.そして,λ の MCMC サンプルを母数としたポアソン分布に従う乱数を得ます.この乱数が,$pred$ の MCMC サンプルとなるわけです.これが generated quantities ブロックにおける「poisson_rng(lambda)」というコードの意味です.

あとは $pred$ の MCMC サンプルの中央値や 2.5% 点・97.5% 点などを得ることで,事後予測値の点推定値を計算したり 95% 予測区間を計算したりできます.今回は事後予測チェックを行う目的で $pred$ の MCMC サンプルを活用します.

5.13 事後予測チェックのための MCMC の実行

Stan に渡すデータを用意したうえで,MCMC を実行します.

```
# サンプルサイズ
sample_size <- nrow(animal_num)
# list にまとめる
data_list <- list(animal_num = animal_num$animal_num, N = sample_size)
# MCMC の実行：正規分布仮定のモデル
mcmc_normal <- stan(
  file = "2-5-1-normal-dist.stan",
  data = data_list,
  seed = 1
)
# MCMC の実行：ポアソン分布仮定のモデル
mcmc_poisson <- stan(
  file = "2-5-2-poisson-dist.stan",
  data = data_list,
  seed = 1
)
```

第2部 【基礎編】RとStanによるデータ分析

5.14 bayesplotによる事後予測チェック

generated quantitiesブロックで生成したpredのMCMCサンプルを取得します．今回はMCMCサンプルの並び順は気にしないので「permuted = FALSE」は指定していません．このときは，ドル($)記号を使うことで，特定のMCMCサンプルを抽出できます．なお，この方法だとMCMCサンプルの並び順はランダムに決まります．そのため，手持ちのPCで実行した結果と本書の内容が少し変わるかもしれません．

```
# 事後予測値のMCMCサンプルの取得
y_rep_normal <- rstan::extract(mcmc_normal)$pred
y_rep_poisson <- rstan::extract(mcmc_poisson)$pred
```

predのMCMCサンプルは，4000行200列あります．

```
> # サンプルサイズ (nrow(animal_num)) は200
> # 4000回分のMCMCサンプル
> dim(y_rep_normal)
[1] 4000  200
```

200個で1セットのpredのMCMCサンプルが4000回生成されたことがわかります．今回は特に指定をしなかったので，標準値であるiter = 2000, warmup = 1000, thin = 1という設定でMCMCが実行されています．このため2000−1000＝1000個のMCMCサンプルが1つのチェーンごとに存在します．それが4つのチェーンだけあるので4000回ですね．

試しに，predのMCMCサンプルを1セット取り出してみます．

```
> # 正規分布を仮定したモデル
> y_rep_normal[1,]
  [1]  0.22617891  0.82964408  0.99573942  0.80705620  0.10991392
・・・中略・・・
[196]  2.06871380  0.91834297  0.62656166  2.38336370  2.25449608
> # ポアソン分布を仮定したモデル
> y_rep_poisson[1,]
  [1] 1 1 1 0 1 4 1 1 0 0 2 0 3 2 0 1 3 1 0 3 2 0 0 4 0 1 1 0 0 2 1 2
・・・中略・・・
[193] 0 1 0 0 0 1 2 0
```

正規分布を仮定したモデルだと，小数点以下をとっています．これは，もともとの観測データと大きく異なりますね．ポアソン分布を仮定したモデルだと問題ありません．

あとは，例えば以下のコードを実行することで，ヒストグラムによって，観測データの分布と，事後予測分布を比較できます．

138

```
# 参考；観測データの分布と，事後予測分布の比較
hist(animal_num$animal_num)  # 観測データの分布
hist(y_rep_normal[1,])       # 正規分布を仮定した事後予測分布
hist(y_rep_poisson[1,])      # ポアソン分布を仮定した事後予測分布
```

上記の方法でももちろん良いのですが，bayesplot パッケージを使うことで簡単に比較できます．ppc_hist 関数を使います．1~5 回目の MCMC サンプルを対象にヒストグラムを描きます．

```
# 正規分布を仮定したモデル
ppc_hist(y = animal_num$animal_num,
         yrep = y_rep_normal[1:5, ])
```

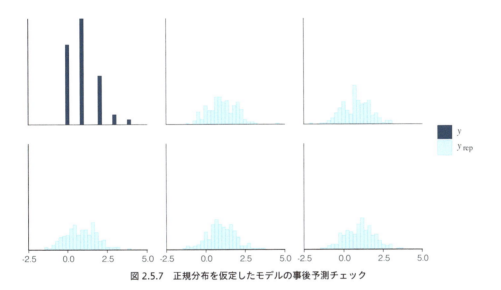

図 2.5.7　正規分布を仮定したモデルの事後予測チェック

濃い青のヒストグラムが，観測データの分布を示しています．薄い青色のヒストグラムが事後予測分布です．形状が大きく異なることがわかります．個体数が負の値になると予測されていることさえあります．このモデルを信じて将来予測などを行うのは問題といえるでしょう．

ポアソン分布を仮定したモデルでも，同様に事後予測チェックを行います．

```
# ポアソン分布を仮定したモデル
ppc_hist(y = animal_num$animal_num,
         yrep = y_rep_poisson[1:5, ])
```

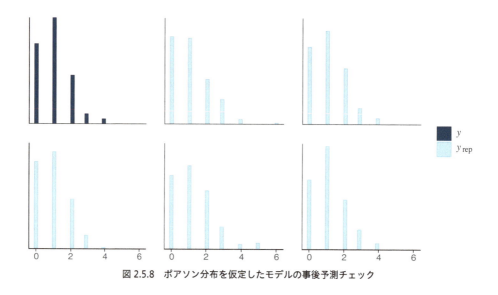

図 2.5.8　ポアソン分布を仮定したモデルの事後予測チェック

　こちらは，観測データの分布と事後予測分布がよく似ていますね．今回は ppc_hist 関数を使って，ヒストグラムによる事後分布の比較を行いました．カーネル密度推定を適用したい場合は ppc_dens 関数や ppc_dens_overlay 関数を使います．

　今回は明らかに誤ったモデルの推定を行い，事後予測チェックの結果を比較しました．確率モデルの設計を誤ると，データとあまり適合しないモデルが得られます．当たり前といえば当たり前の結果ですが，モデルの構造は，データの特徴を考えて変更しなければいけないことがわかります．

第6章 Stan コーディングの詳細

6.1 本章の目的と概要

テーマ

本章ではやや応用的な面も含めて，Stan の実装の方法を解説します．今までの解説を補足する内容が多いです．

目的

第4章から第5章は一本道のチュートリアルとして作業を流すことに注力していました．一方で多少横道にそれても，本書を読み進めるにあたって最小十分な Stan コーディングの情報を提供することを目的として，本章を執筆しました．R ファイルや Stan ファイルのコードも，実行可能なものとはなっていないことがあります．すべて覚えなくても，リファレンスとして参照いただいて構いません．

概要

● **Stan コーディングの詳細**
　Stan ファイルの構造 → 変数の宣言 → 代入文 → サンプリング文
　→ 弱情報事前分布の設定 → 対数密度加算文
● **やや応用的な分析事例**
　平均値の差の評価と generated quantities ブロック

6.2 Stan ファイルの構造

Stan ファイルは，上から順番に以下のブロックで構成されています．

```
functions ブロック              ：自作の関数の定義 ( 本書では使いません )
data ブロック                   ：使用されるデータやサンプルサイズなどの定義
transformed data ブロック       ：データの変換の指定
parameters ブロック             ：事後分布を得たいパラメータの一覧の定義
transformed parameters ブロック：パラメータの変換の指定
```

第2部 【基礎編】RとStanによるデータ分析

```
model ブロック                      ：モデルの構造の指定
generated quantities ブロック     ：モデルの推定と別に，事後分布を得たい場合はここに指定
```

すべてのブロックを使う必要はありません．必要に応じて，用いるブロックを選んでください．

6.3　変数の宣言

data ブロックや parameters ブロックなどで，データやパラメータを定義する際に，データ型を宣言します．データ型とは，例えば整数型や実数値型などです．頻繁に使うものを以下に示します．

```
int N;          // 整数型の変数 N の宣言
real beta;      // 実数値型の変数 beta の宣言
```

整数型，実数値型ともに，その範囲を指定できます．なお，この範囲指定はベクトルや行列でも適用できます．

```
real<lower=0> sigma;           // 0 以上である実数値型の変数 sigma の宣言
int<lower=0,upper=1> range;   // 0 以上 1 以下である整数型 range の宣言
```

ベクトルや行列のデータ型を宣言することもできます．ベクトルや行列はすべて実数値型となっています．ベクトルと後に紹介する配列は，インデックスが 1 から始まることに注意してください．

```
vector[3] retu;          // 3 つの要素を持つ列ベクトル retu の宣言
row_vector[10] gyou;     // 10 個の要素を持つ行ベクトル gyou の宣言
matrix[3,2] mat;         // 3 行 2 列の行列 mat の宣言
```

配列はベクトルとよく似ていますが，それをさらに柔軟にしたものだと思うとわかりやすいです．任意のデータ型を複数持つことができます．

```
int W[10];               // 整数型を 10 個要素に持つ配列 W の宣言
real X[3,4];             // 実数値型を要素に持つ 3 行 4 列の配列 X の宣言
vector[4] Y[2];          // 「4 つの要素を持つベクトル」を 2 つ持つ配列 Y の宣言
matrix[3,4] Z[5,6];      // 「3 行 4 列の行列」を要素に持つ 5 行 6 列の配列 Z の宣言
```

142

6.4 代入文

`transformed data`ブロックや`transformed parameters`ブロックなどでは，しばしばデータやパラメータの変換が行われます．変換をする際には，以下のような**代入文**を使います．イコール記号の左辺に，右辺で計算された結果を格納します．

```
transformed_mu = exp(mu);        // 変数 mu の exp をとった transformed_mu を得る
```

6.5 サンプリング文

データやパラメータの宣言が終わったら，次にモデルの構造を記述します．`model`ブロックで用いられる**サンプリング文**の説明をここで行います．

サンプリング文といっても MCMC サンプルを生成するコードではありません．例えばデータだったら「標本がサンプリングされる」というのを標本と確率分布を明示して指定するための構文だと思うとわかりやすいでしょう．事前分布の指定にも用いられます．

第2部第4章で使った例をもう一度使います．ここでは，ビールの売り上げの平均値をμというパラメータで表現します．また，売り上げのばらつきをσ^2というパラメータで表現します．売り上げ$sales$は，平均μ，分散σ^2の正規分布からサンプリングされたと想定してモデリングします．

$$sales \sim \mathrm{Normal}(\mu, \sigma^2) \tag{2.8}$$

このとき`model`ブロックのコードは以下のようになります．ただし N はサンプルサイズを表す整数型の変数です．

```
model {
  // 平均 mu, 標準偏差 sigma の正規分布に従ってデータが得られたと仮定
  for (i in 1:N) {
    sales[i] ~ normal(mu, sigma);
  }
}
```

「`sales[i] ~ normal(mu, sigma);`」のように，チルダ記号 (~) を使うのがサンプリング文です．サンプリング文の左辺 (今回の例では `sales[i]`) はデータでも構いませんし，`parameter`ブロックで宣言された未知のパラメータでも構いません．

以下のように，未知のパラメータを対象としてサンプリング文を記述することで，パラメータの事前分布を指定できます．今回は平均 0, 標準偏差 1000000 の正規分布を事前分布として指定しました．分散がかなり大きいので，無情報事前分布とみなしても差し支えないでしょう．

第 2 部 【基礎編】R と Stan によるデータ分析

```
model {
  // 事前分布の設定
  mu ~ normal(0, 1000000);
  sigma ~ normal(0, 1000000);

  // 平均 mu, 標準偏差 sigma の正規分布に従ってデータが得られたと仮定
  for (i in 1:N) {
    sales[i] ~ normal(mu, sigma);
  }
}
```

第 2 部第 4 章で作成した「2-4-1-calc-mean-variance.stan」において，`model` ブロックだけを上記のものに差し替えた Stan ファイルを「2-6-1-normal-prior.stan」として保存し，MCMC サンプリングを実行した結果は以下の通りです (一部のみ抜粋).

```
> print(
+   mcmc_result_2,
+   probs = c(0.025, 0.5, 0.975)
+ )
          mean se_mean   sd    2.5%     50%   97.5% n_eff Rhat
mu      102.21    0.03 1.79   98.70  102.17  105.75  3837    1
sigma    18.18    0.02 1.33   15.87   18.10   21.00  3683    1
lp__   -336.45    0.02 1.01 -339.15 -336.16 -335.47  2046    1
```

第 2 部第 4 章の結果とあまり変わりがありませんね．単純なモデルですと，無情報事前分布を一様分布から正規分布に変えた程度ではほとんど結果が変わりません．しかし，複雑なモデルですと，事前分布の設定が重要になることがあります．事前分布を変更しても事後分布が大きくは変わらないことを調べる作業を**感度分析**と呼びます.

6.6　弱情報事前分布の設定

パラメータが−1 億なのか，＋5000 兆をとるのかさっぱりわからないということもあるでしょうが，ある程度の範囲内に収まるだろうという想定ができることもあります．例えば，商店街の小さな酒屋さんでのビールの 1 日の売り上げが 5000 兆円ということは考えられません．こういうときは，例えば先のモデルだと母平均を表す mu など，パラメータの範囲をより狭く指定することが考えられます．こういったときには，やや狭い事前分布として**弱情報事前分布**を指定します.

例えば，あるパラメータ beta が，およそ−5 から +5 まで範囲をとると想定できるとします．このときは以下のように事前分布を指定します.

```
beta ~ normal(0, 5);
```

144

以下のような事前分布の設定は推奨されません.

```
beta ~ uniform(-5, 5);
```

前者の正規分布を使う方法は−5未満や5より大きな値を許しますが,後者の一様分布を使う方法はこれを許しません.事前の想定とは異なる範囲にデータが位置することも許した方が良いということです.

弱情報事前分布としては,スチューデントの t 分布もしばしば用いられます.第3部で用いられる brms パッケージでは,標準で弱情報事前分布として t 分布が使用されることがあります.事前分布の選び方については Prior Choice Recommendations[https://github.com/stan-dev/stan/wiki/Prior-Choice-Recommendations] も参照してください.

6.7　対数密度加算文

サンプリング文は,**対数密度加算文**という別の形式で実装することも可能です.本書ではほとんど登場しませんが,対数密度加算文でしか記述できないモデルも一部ありますので,ここでごく簡単な構文をおさえておきます.

例えば,以下のサンプリング文を対象とします.

```
model {
  // 平均 mu, 標準偏差 sigma の正規分布に従ってデータが得られたと仮定
  for (i in 1:N) {
    sales[i] ~ normal(mu, sigma);
  }
}
```

これは,対数密度加算文を使うことで以下のように書き直すことができます (2-6-2-lp.stan).

```
model {
  // 平均 mu, 標準偏差 sigma の正規分布に従ってデータが得られたと仮定
  for (i in 1:N) {
    target += normal_lpdf(sales[i]|mu, sigma);
  }
}
```

「target += ○○」という構文は,「target = target + ○○」と同じ意味で,target に値を追加するという意味になります.

以下の2つが同じ目的で使われていることになります.

第 2 部　【基礎編】R と Stan によるデータ分析

```
sales[i] ~ normal(mu, sigma);                    // サンプリング文
target += normal_lpdf(sales[i]|mu, sigma); // 対数密度加算文
```

model ブロックは，モデルの尤度と事前分布を指定するのが主な目的です．ここで，サンプルサイズが N のデータにおける尤度関数は以下のように計算できます．Π は掛け合わせるという記号です．

$$\text{尤度関数}: f(sales|\mu, \sigma^2) = \prod_{i=1}^{N} \text{Normal}(sales_i|\mu, \sigma^2) \tag{2.9}$$

対数尤度は以下のように計算されます．対数をとると掛け算 (Π) が足し算 (Σ) に変わります．

$$\sum_{i=1}^{N} \log(\text{Normal}\left(sales_i|\mu, \sigma^2\right)) \tag{2.10}$$

$\log(\text{Normal}\left(sales_i|\mu, \sigma^2\right))$ が，`normal_lpdf(sales[i]|mu, sigma)` というコードに対応しています．`lpdf` というのは，log probability density function(対数確率密度関数) の略です．離散型の確率分布が対象のときには `lpmf`(log probability mass function) に変わります．

事前分布として，`mu ~ normal(0, 1000000)` と `sigma ~ normal(0, 1000000)` を指定したとしましょう．このサンプリング文も，以下のように対数密度加算文に変更ができます (2-6-3-lp-normal-prior.stan)．

```
model {
  // 事前分布の設定
  target += normal_lpdf(mu|0, 1000000);
  target += normal_lpdf(sigma|0, 1000000);

  // 平均 mu, 標準偏差 sigma の正規分布に従ってデータが得られたと仮定
  for (i in 1:N) {
    target += normal_lpdf(sales[i]|mu, sigma);
  }
}
```

ところで，MCMC の結果には `lp__` という名称の出力がありましたね．これは上記の `target` の値を指しています．

対数密度加算文も，サンプリング文と同様に，ベクトル化できます．すなわち，以下のように model ブロックを実装できます (2-6-4-lp-normal-prior-vec.stan)．

```
model {
  // 事前分布の設定
  target += normal_lpdf(mu|0, 1000000);
  target += normal_lpdf(sigma|0, 1000000);

  // 平均 mu, 標準偏差 sigma の正規分布に従ってデータが得られたと仮定
  target += normal_lpdf(sales|mu, sigma);
}
```

6.8　平均値の差の評価と generated quantities ブロック

　本章の最後に，generated quantities ブロックの使用例を挙げます．このブロックでは「モデルを推定するだけならばいらないが，別の目的で乱数を得たいモノ」を指定します．model ブロックで指定するよりも，generated quantities ブロックで指定する方が高速であるため，モデルの推定と関係ないものはなるべくこちらに実装するのがセオリーです．事後予測分布に従う乱数を得るためにしばしば用いられますが，他にも使い道はあります．

　本節では，2 種類のビール A とビール B での売り上げの平均値に差があるかどうかを検証します．古典的な統計学の教科書では「平均値の差の検定」といった枠組みで対処されることがありました．しかし，ベイズ統計モデリングでは「2 種類のビールの平均値の差の事後分布」を計算することで，2 種類のビールの売り上げの平均値がどれほど異なるかを直接評価できます．

　まずはデータを読み込みます．架空のビール売り上げデータです．ビール A の売り上げと B の売り上げが各々 100 個ずつ含まれたデータです．

```
> # 分析対象のデータ読み込み
> file_beer_sales_ab <- read.csv("2-6-1-beer-sales-ab.csv")
> head(file_beer_sales_ab, n = 3)
   sales beer_name
1  87.47         A
2 103.67         A
3  83.29         A
```

　色分けしたヒストグラムを描きます．fill というのは，塗りつぶしの色を指定するものです．

```
# ビールの種類別のヒストグラム
ggplot(data = file_beer_sales_ab,
       mapping = aes(x = sales, y = ..density..,
                     color = beer_name, fill = beer_name)) +
  geom_histogram(alpha = 0.5, position = "identity")+
  geom_density(alpha = 0.5, size = 0)
```

147

第 2 部 【基礎編】R と Stan によるデータ分析

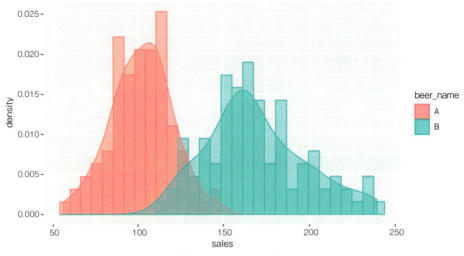

図 2.6.1　2 種類のビールの売り上げのヒストグラム

ヒストグラムを見ると，ビール B の方が多く売れているようです．

ビールの種類ごとに売り上げを抽出し，list にまとめておきます．

```
# ビールの種類別にデータを分ける
sales_a <- file_beer_sales_ab$sales[1:100]
sales_b <- file_beer_sales_ab$sales[101:200]

# list にまとめる
data_list_ab <- list(
  sales_a = sales_a,
  sales_b = sales_b,
  N = 100
)
```

続いて「2-6-5-difference-mean.stan」という Stan ファイルに，以下のコードを実装します．

```
data {
  int N;                    // サンプルサイズ
  vector[N] sales_a;        // ビール A の売り上げデータ
  vector[N] sales_b;        // ビール B の売り上げデータ
}

parameters {
  real mu_a;                // ビール A の平均
  real<lower=0> sigma_a;    // ビール A の標準偏差
  real mu_b;                // ビール B の平均
  real<lower=0> sigma_b;    // ビール B の標準偏差
```

第6章　Stan コーディングの詳細

```
}

model {
  // 平均 mu，標準偏差 sigma の正規分布に従ってデータが得られたと仮定
  sales_a ~ normal(mu_a, sigma_a);
  sales_b ~ normal(mu_b, sigma_b);
}

generated quantities {
  real diff;                    // ビールAとBの売り上げ平均の差
  diff = mu_b - mu_a;
}
```

ほとんどは説明不要のはずです．平均値と標準偏差をビールの種類別に推定しました．第2部第4章の Stan ファイルのコード (2-4-1-calc-mean-variance.stan) のほぼコピーで行けます．

最後の generated quantities ブロックで，ビール A と B の売り上げ平均の差を diff という変数に格納しました．こうすることで，diff の MCMC サンプルが得られます．

MCMC を実行します．

```
# 乱数の生成
mcmc_result_6 <- stan(
  file = "2-6-5-difference-mean.stan",
  data = data_list_ab,
  seed = 1
)
```

結果はこちら．

```
> print(
+   mcmc_result_6,
+   probs = c(0.025, 0.5, 0.975)
+ )
          mean se_mean   sd     2.5%      50%    97.5% n_eff Rhat
mu_a    102.14    0.03 1.87    98.51   102.15   105.71  4141    1
sigma_a  18.21    0.02 1.31    15.77    18.12    20.97  3856    1
mu_b    168.87    0.05 2.87   163.19   168.94   174.42  3817    1
sigma_b  29.05    0.03 2.14    25.19    28.90    33.50  3941    1
diff     66.73    0.05 3.47    59.82    66.75    73.55  3994    1
lp__   -719.45    0.03 1.43 -722.93  -719.13  -717.62  1834    1
```

diff の 95% ベイズ信用区間は 59.82 から 73.55 であるという結果となりました．ビールの売り上げの平均値には，これくらいの差があると評価されます．やはりビール B の方が多く売れているようです．

以下のコードを実行すると，平均値の差の事後分布のグラフが描けます．興味のある対象を generated quantities ブロックで指定し，その結果を吟味するというやり方は，覚えておくと役に立ちます．

```
mcmc_sample <- rstan::extract(mcmc_result_6, permuted = FALSE)
mcmc_dens(mcmc_sample, pars = "diff")
```

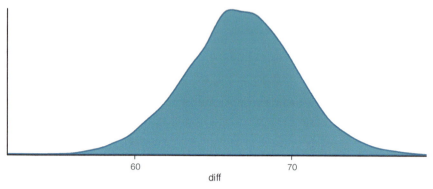

図 2.6.2　平均値の差の事後分布

一般化線形モデル

一般化線形モデルの基礎理論を学ぶ
- 第1章：一般化線形モデルの基本

単回帰モデルを対象として，モデルの推定・解釈・予測の方法を学ぶ
- 第2章：単回帰モデル
- 第3章：モデルを用いた予測
- 第4章：デザイン行列を用いた一般化線形モデルの推定
- 第5章：brmsの使い方

モデル発展させる
- 第6章：ダミー変数と分散分析モデル
- 第7章：正規線形モデル
- 第8章：ポアソン回帰モデル
- 第9章：ロジスティック回帰モデル
- 第10章：交互作用

第1章

一般化線形モデルの基本

1.1 本章の目的と概要

テーマ

第3部からは，第1部から第2部で学んだ基礎理論の実践編として，実用的なモデルの紹介に移ります．

本章では**一般化線形モデル** (Generalized Linear Models: GLM) の概要を述べます．一般化線形モデルは，これ自身が実践的なモデルであるだけでなく，複雑なモデルを構築する際の部品としても重要です．

目的

次章以降で登場する用語をあらかじめ整理しておく目的で，本章を執筆しました．確率分布，線形予測子，リンク関数という3つの基本パーツとその役割を確実に理解してください．

本章は，用語集という役割を持たせているため，本章だけで多くの分析モデルを紹介します．Stan による分析例は次章から解説します．手を動かしながら学びたいという方は，個別のモデルの解説は軽く流して，リファレンス的に使用しても構いません．

概要

● **一般化線形モデルの基本**
   複雑なモデルを構築する手続きの標準化 → 一般化線形モデルの構成要素
● **一般化線形モデルの例**
   説明変数無しの正規分布を仮定したモデル → 単回帰 → 分散分析 → 正規線形モデル
   → ポアソン回帰モデル → ロジスティック回帰モデル
● **一般化線形モデルの行列表現**
   一般化線形モデルの行列表現 → ベクトル・行列 → 行列の基本的な演算 → 行列の掛け算
● **補足事項**
   一般化線形モデルのさまざまなトピック

第3部 【実践編】一般化線形モデル

1.2 複雑なモデルを構築する手続きの標準化

第2部第4章ではビールの売り上げモデルを推定しました．このとき，ビールの売り上げ y は平均 μ 分散 σ^2 の正規分布に従っていることを仮定しました．

$$y \sim \text{Normal}(\mu, \sigma^2) \tag{3.1}$$

これは，とても簡単な統計モデルの例だといえます．「観測したデータを生み出す確率的な過程」として正規分布という確率分布を想定し，平均 μ 分散 σ^2 といったパラメータを「ベイズ推論＋MCMC」の枠組みで評価したわけです．

これも立派な統計モデルですが，やや簡単すぎるきらいがありますね．これを拡張して複雑なモデルを推定したいわけですが，モデリング担当者が思い思いのモデルを勝手に構築すると，非効率な分析を行ってしまうかもしれません．

そこで，やや柔軟性は落ちるものの，一種の「モデルの型」あるいは「フレームワーク」を紹介し，型にはまったモデリングをまずは体験していただきます．それが一般化線形モデルです．

一般化線形モデルで想定する，モデルを変更する手続きは大きく3つあります．1つは確率分布を変えること，もう1つは線形予測子を変えること，そしてリンク関数を変えることです．この手続きを標準化した1つの型が一般化線形モデルというフレームワークなのだと思うと良いでしょう．

1.3 確率分布・線形予測子・リンク関数

一般化線形モデルは，確率分布，線形予測子，リンク関数の3つの要素からなります．この3つの要素の関係を見ていきます．

確率分布は「観測したデータを生み出す確率的な過程」を表現するために必要不可欠です．ビールの売り上げならば正規分布，売れた個数ならばポアソン分布，購入比率ならば二項分布といったように，データに合わせて確率分布を変えていきます．

一般化線形モデルでは複数の変数の関係性を表現できます．例えばビールの売り上げと気温との関係性を考えることにします．興味の対象である変数を**応答変数**と呼びます．先ほどの例ではビールの売り上げが応答変数です．応答変数は従属変数とも呼ばれます．応答変数は**説明変数**の影響を受けていることを想定します．先の例では気温が説明変数となります．説明変数は複数あってもかまいません．

説明変数の線形結合を**線形予測子**と呼びます．応答変数と線形予測子を関係づける関数を**リンク関数**あるいは連結関数と呼びます．線形予測子とリンク関数をさまざま変えることによって，応答変数と説明変数の関係性を表現します．

1.4　一般化線形モデルの例：説明変数が無く，正規分布を仮定するモデル

　第2部第4章で登場したビールの売り上げモデルを一般化線形モデルの形式で表してみます．ただし y_i は売り上げデータで，μ_i は y_i の期待値です．i は何番目のデータであるかを表す添え字です．$g(\ )$ は恒等関数すなわち $g(y) = y$ となる関数です．平たく言えば「何も変換が起こらない関数」といえます．

$$g(\mu_i) = \beta_0$$
$$y_i \sim \mathrm{Normal}(\mu_i, \sigma^2) \tag{3.2}$$

このとき β_0 が線形予測子で，恒等関数がリンク関数となります．

　リンク関数が恒等関数なので，以下のように書き換えても同じですね．

$$\mu_i = \beta_0$$
$$y_i \sim \mathrm{Normal}(\mu_i, \sigma^2) \tag{3.3}$$

応答変数の平均値 μ_i が「β_0 という一定の値」をとると想定したモデル，ということになります．

　なんだか式を無理やり2つに分けただけという感じですね．このような単純なモデルですと一般化線形モデルによる表現形式のご利益がわかりにくいので，徐々にモデルを複雑に変化させていくことにします．

1.5　単回帰モデル：説明変数が1つだけあり，正規分布を仮定するモデル

　説明変数を1つ加えてみましょう．ビールの売り上げが気温という変数 x によって変化することを想定した一般化線形モデルは以下のようになります．$g(\ )$ は恒等関数です．

$$g(\mu_i) = \beta_0 + \beta_1 x_i$$
$$y_i \sim \mathrm{Normal}(\mu_i, \sigma^2) \tag{3.4}$$

このとき $\beta_0 + \beta_1 x_i$ が線形予測子で，恒等関数がリンク関数となります．

　リンク関数が恒等関数なので，以下のように書き換えても同じですね．

$$\mu_i = \beta_0 + \beta_1 x_i$$
$$y_i \sim \mathrm{Normal}(\mu_i, \sigma^2) \tag{3.5}$$

応答変数の平均値 μ_i が「気温 x が1変化すると β_1 だけ増減する」ことを想定したモデル，ということになります．この形式のモデルは**単回帰モデル**と呼ばれます．このとき，β_0 を**切片**，β_1 を x の**係数**あるいは**傾き**と呼びます．

第 3 部 【実践編】一般化線形モデル

　今回は，式 (3.5) のように説明変数 x_i と応答変数 y_i の関係性を表現しました．しかし，説明変数と応答変数の関係性を表現する数式は，式 (3.5) 以外にも無数にあるはずです．例えば $\mu_i = \beta_0 \cdot \sin(\pi x_i) + (x_i - \beta_1)^2$ などでも構わないはずです．しかし，このような複雑な数式だと，気温とビールの売り上げの関係性を理解するのは大変です．気温が 1 度上がると，果たしてビールの売り上げはどれほど変化するのでしょうか．

　本書では，基本的に線形の構造を持ったモデルしか紹介しません．線形というのは，例えば気温が 20 度から 21 度に上がったら売り上げが β_1 万円増えるし，気温が 21 度から 22 度に上がってもやはり売り上げが β_1 万円増える，という単純な関係性のことです．線形モデルは，現象の解釈が容易であるというメリットがあります．統計モデリングをこれから学ぶという方に対しては，まずは線形モデルから学んでいくのをおすすめします．複雑な非線形性を持つモデルを学ぶ際にも，線形モデルにおいて学んだ基本的な事柄はきっと役に立つことでしょう．

　単回帰モデルを使うと以下のご利益があります．

1　「説明変数 (気温など)」と「応答変数 (ビールの売り上げなど)」の関係性について考察できる
2　「説明変数 (気温など)」を考慮した「応答変数 (ビールの売り上げなど)」の予測ができる

　もちろん，モデルの解釈や予測はあくまでも「推定されたモデルが提示した結果」であることに注意が必要です．ポアソン分布に従うデータに対して正規分布を想定したモデルを適用してしまったとか，本来ならば必要である説明変数を入れなかったなど，いろいろの原因でモデルの推定を誤ることがあります．それでも，モデルを改善する手続きを学ぶことで，今よりもマシなデータ分析ができるようになるかもしれません．

　次節からは，まずは線形予測子に焦点を当てて，モデルの構造を変化させる手続きを見ていきます．

1.6　分散分析モデル：ダミー変数を利用するモデル

　気温のような量的データを説明変数にとる場合は，前節のようにモデル化をすれば良いのですが，質的データの場合は工夫が必要です．このとき使われるのがダミー変数です．

　ダミー変数は 0 か 1 しかとらない変数のことです．例えば天気が晴れか雨かでビールの売り上げが変わることを想定したモデルを作る場合，「晴れならば 0，雨ならば 1」というダミー変数をモデルに組み込みます．曇り・晴れ・雨の 3 つのカテゴリがある場合は「晴れのときに 1 をとるダミー変数」と「雨のときに 1 をとるダミー変数」の 2 つのダミー変数が必要です．k 種類のカテゴリがある場合は $k-1$ 個のダミー変数を用意します．1 つ少なくて済むのは，例えば「雨のダミー変数も晴れのダミー変数もともに 0」という状況が曇りを表現するからです．

　ビールの売り上げが天気によって変わることを想定した一般化線形モデルは以下のようになります．ただし x_{i1} は「晴れの日に 1 を，それ以外は 0 をとるダミー変数」であり，x_{i2} は「雨の日に 1 を，

156

第 1 章　一般化線形モデルの基本

それ以外は 0 をとるダミー変数」です．$g(\ )$ は恒等関数です．

$$g(\mu_i) = \beta_0 + \beta_1 x_{i1} + \beta_2 x_{i2}$$
$$y_i \sim \mathrm{Normal}(\mu_i, \sigma^2) \tag{3.6}$$

このとき $\beta_0 + \beta_1 x_{i1} + \beta_2 x_{i2}$ が線形予測子で，恒等関数がリンク関数となります．

リンク関数が恒等関数なので，以下のように書き換えても同じですね．

$$\mu_i = \beta_0 + \beta_1 x_{i1} + \beta_2 x_{i2}$$
$$y_i \sim \mathrm{Normal}(\mu_i, \sigma^2) \tag{3.7}$$

応答変数の平均値 μ_i が天気によって変化すると想定したモデルということになります．このように説明変数として質的データをとり，確率分布に正規分布を用いるモデルは**分散分析モデル**と呼ばれます．

ダミー変数を使うと，μ_i の変化の仕方がわかりにくく感じられるかもしれません．天気を変化させたときの μ_i の変化を表にまとめました．

曇りだった場合には x_{i1} も x_{i2} もともに値は 0 になります．そのため，曇りの日の売り上げの期待値には β_1 も β_2 も入ってきません．晴れていれば x_{i1} が 1 になり，雨の日には x_{i2} が 1 になります．係数 β_1 が晴れのときの影響を，β_2 が雨のときの影響を表しているのだな，というイメージをつかんでください．

表 3.1.1　天気を変化させたとき μ_i（応答変数の平均値）の変化

天気：曇り	β_0
天気：晴れ	$\beta_0 + \beta_1$
天気：雨	$\beta_0 \qquad\ \ + \beta_2$

1.7　正規線形モデル：正規分布を仮定するモデル

ビールの売り上げモデルにおいて，気温と天気という 2 つの要因をともに組み込むことも可能です．このときの一般化線形モデルは以下のようになります．ただし x_{i1} は「晴れの日に 1 を，それ以外は 0 をとるダミー変数」であり，x_{i2} は「雨の日に 1 を，それ以外は 0 をとるダミー変数」であり，x_{i3} は気温データです．$g(\ )$ は恒等関数です．

$$g(\mu_i) = \beta_0 + \beta_1 x_{i1} + \beta_2 x_{i2} + \beta_3 x_{i3}$$
$$y_i \sim \mathrm{Normal}(\mu_i, \sigma^2) \tag{3.8}$$

このとき $\beta_0 + \beta_1 x_{i1} + \beta_2 x_{i2} + \beta_3 x_{i3}$ が線形予測子で，恒等関数がリンク関数となります．

リンク関数が恒等関数なので，以下のように書き換えても同じですね．

157

第 3 部　【実践編】一般化線形モデル

$$\mu_i = \beta_0 + \beta_1 x_{i1} + \beta_2 x_{i2} + \beta_3 x_{i3}$$

$$y_i \sim \mathrm{Normal}(\mu_i, \sigma^2)$$

(3.9)

　天気と気温を変化させたときの μ_i の変化を表にまとめました．天気に関しては，ダミー変数が1のときにだけ係数の効果が加わることに注意します．

表 3.1.2　天気と気温を変化させたときの μ_i（応答変数の平均値）の変化

	気温：10 度		気温：20 度	
天気：曇り	β_0	$+ \beta_3 \cdot 10$	β_0	$+ \beta_3 \cdot 20$
天気：晴れ	$\beta_0 + \beta_1$	$+ \beta_3 \cdot 10$	$\beta_0 + \beta_1$	$+ \beta_3 \cdot 20$
天気：雨	β_0	$+ \beta_2 + \beta_3 \cdot 10$	β_0	$+ \beta_2 + \beta_3 \cdot 20$

　以下の特徴を持つモデルは総じて**正規線形モデル**と呼ばれます．単回帰モデルや分散分析モデルは，正規線形モデルに含まれます．

1　量的データや質的データを問わず，複数の説明変数を線形予測子に用いることができる
2　恒等関数がリンク関数である
3　正規分布を確率分布に用いる

1.8　ポアソン回帰モデル：ポアソン分布を仮定するモデル

　今までは線形予測子だけを変更していましたが，ここで確率分布とリンク関数を変えてみましょう．生き物の個体数やビールの売り上げ数など，0 以上の整数をとる離散型のデータを対象とする場合は，正規分布ではなくポアソン分布がしばしば用いられます．

　例えばある湖における魚の釣獲尾数のモデル化を試みます．湖で 1 時間釣りをしたときの釣獲尾数と，その日の気温と天気の関係性を一般化線形モデルで表現します．釣獲尾数はポアソン分布に従い，ポアソン分布の強度 λ が気温と天気によって変化すると想定します．

　以下の式において，y_i は「釣獲尾数」です．x_{i1} は「晴れの日に 1 を，それ以外は 0 をとるダミー変数」であり，x_{i2} は「雨の日に 1 を，それ以外は 0 をとるダミー変数」であり，x_{i3} は「気温（数量データ）」です．log( ) は自然対数をとる関数です．

$$\log(\lambda_i) = \beta_0 + \beta_1 x_{i1} + \beta_2 x_{i2} + \beta_3 x_{i3}$$

$$y_i \sim \mathrm{Poiss}(\lambda_i)$$

(3.10)

このとき $\beta_0 + \beta_1 x_{i1} + \beta_2 x_{i2} + \beta_3 x_{i3}$ が線形予測子で，対数関数がリンク関数となります．よく見ると線形予測子は前節のビールの売り上げモデルと変わりませんね．確率分布とリンク関数を変えることでモデルを変化させる手続きをぜひ習得してください．

リンク関数が対数関数なので，以下のように書き換えても同じですね．

$$\lambda_i = \beta_0 + \beta_1 x_{i1} + \beta_2 x_{i2} + \beta_3 x_{i3}$$
$$y_i \sim \text{Poiss}(\exp(\lambda_i)) \tag{3.11}$$

リンク関数として対数関数を使ったため，その逆関数である exp すなわちネイピア数の指数関数が現れました．なお，**逆関数**とは，関数 $g(\ )$ に対して $f(g(x)) = x$ となる関数 $f(\ )$ のことです．名前の通り「逆」に元に戻してあげる関数ですね．$\exp(\log(3)) = 3$ となります．

指数関数をかませることで，ポアソン分布の強度が負の値をとることがなくなりました．個数や回数は負の値をとることがありませんので，ポアソン分布を用いる際のリンク関数には，対数関数がしばしば用いられます．

以下の特徴を持つモデルは総じて**ポアソン回帰モデル**と呼ばれます．

1 量的データや質的データを問わず，複数の説明変数を線形予測子に用いることができる
2 対数関数がリンク関数である
3 ポアソン分布を確率分布に用いる

1.9 ロジスティック回帰モデル：二項分布を仮定するモデル

確率分布とリンク関数を変えたモデルをもう 1 つ紹介します．コインの裏表や種子の発芽率，商品の購入率など 2 つの結果しかとらない二値確率変数を対象とする場合は，二項分布がしばしば用いられます．

ある植物の種子の発芽率のモデル化を試みます．植木鉢に 10 粒の種子をまき，そのうちの何粒が発芽したかを調査しました．これを一般化線形モデルで表現します．発芽数は試行回数 10 の二項分布に従い，成功確率 p が日照の有無と栄養素の量によって変化すると想定します．

以下の式において，y_i は「10 粒の種子のうち発芽した数」です．x_{i1} は「植木鉢に日が当たっていれば 1 を，当たっていなければ 0 をとるダミー変数」であり，x_{i2} は「栄養素の量（数量データ）」です．

$$\text{logit}(p_i) = \beta_0 + \beta_1 x_{i1} + \beta_2 x_{i2}$$
$$y_i \sim \text{Binom}(10, p_i) \tag{3.12}$$

ロジット関数 $\text{logit}(\ )$ について補足します．ロジット関数は以下のように定義されます．

$$\text{logit}(p) = \log\left(\frac{p}{1-p}\right) \tag{3.13}$$

ロジット関数の逆関数はロジスティック関数 $\text{logistic}(\ )$ と呼ばれ，以下のように定義されます．

$$\text{logistic}(x) = \frac{1}{1 + \exp(-x)} \tag{3.14}$$

ロジスティック関数は以下の図のように，0 から 1 の範囲内をとります．

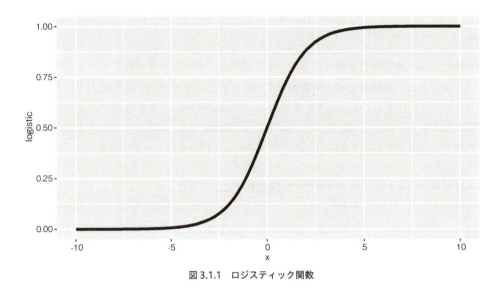

図 3.1.1　ロジスティック関数

確率は 0 から 1 の範囲をとります．そのためロジスティック関数を用いると，確率の変化を表現するのに便利です．リンク関数がロジット関数なので，逆関数のロジスティック関数を用いると以下のように変形できます．

$$
\begin{aligned}
p_i &= \beta_0 + \beta_1 x_{i1} + \beta_2 x_{i2} \\
y_i &\sim \text{Binom}\,(10, \text{logistic}(p_i))
\end{aligned}
\tag{3.15}
$$

二項分布を用いる際のリンク関数には，ロジット関数がしばしば用いられます．
以下の特徴を持つモデルは総じて**ロジスティック回帰モデル**と呼ばれます．

1　量的データや質的データを問わず，複数の説明変数を線形予測子に用いることができる
2　リンク関数がロジット関数である
3　二項分布を確率分布に用いる

1.10　一般化線形モデルの行列表現

一般化線形モデルでは，以下のように，応答変数を J 個の説明変数の線形結合と関連付けることによって，変数同士の関係性をモデル化します．例えば J 個の説明変数を持つポアソン回帰モデルは以下のようになります．

$$
\log(\lambda_i) = \beta_0 + \beta_1 x_{i1} + \beta_2 x_{i2} + \ldots + \beta_j x_{ij} + \ldots + \beta_J x_{iJ}
\tag{3.16}
$$

第 1 章　一般化線形モデルの基本

これは以下のように書き換えることができます．ただし，x_{i0} は値が 1 である変数です．こうすることによって切片を表現します．

$$\log(\lambda_i) = \sum_{j=0}^{J} \beta_j x_{ij} \tag{3.17}$$

i やら j やら添え字がたくさんあり，ややこしいですね．そういったときにはベクトルと行列を用いて表現するのが便利です．以下の架空の漁獲尾数のデータを用いて，一般化線形モデル (特にポアソン回帰モデルと呼ばれるもの) の行列表現を見てみましょう．

表 3.1.3　架空の漁獲尾数データ

行番号 i	釣獲尾数 応答変数 y_i	晴れダミー 説明変数 x_{i1}	雨ダミー 説明変数 x_{i2}	気温 説明変数 x_{i3}
1	3	0	1	22.3
2	6	0	0	19.8
3	7	1	0	24.5
4	4	0	0	15.8
5	1 0	1	0	26.3

行列表現をする前に，添え字とデータの対応をとれるようになりましょう．例えば x_{23} は 2 行目 3 つ目の説明変数なので，気温の 2 行目のデータということで 19.8 がこれに対応します．y_5 は 10 ですね．

応答変数のベクトル $\boldsymbol{y}$ は以下のように表記されます．

$$\boldsymbol{y} = \begin{bmatrix} y_1 \\ y_2 \\ y_3 \\ y_4 \\ y_5 \end{bmatrix} = \begin{bmatrix} 3 \\ 6 \\ 7 \\ 4 \\ 10 \end{bmatrix} \tag{3.18}$$

説明変数の行列は以下のように表記されます．

$$\begin{bmatrix} x_{11} & x_{12} & x_{13} \\ x_{21} & x_{22} & x_{23} \\ x_{31} & x_{32} & x_{33} \\ x_{41} & x_{42} & x_{43} \\ x_{51} & x_{52} & x_{53} \end{bmatrix} = \begin{bmatrix} 0 & 1 & 22.3 \\ 0 & 0 & 19.8 \\ 1 & 0 & 24.5 \\ 0 & 0 & 15.8 \\ 1 & 0 & 26.3 \end{bmatrix} \tag{3.19}$$

3 実践編

第３部 【実践編】一般化線形モデル

切片は常に１である変数として表します．この形式の行列 X を**デザイン行列**あるいは**計画行列**と呼びます．

$$
X = \begin{bmatrix} x_{10} & x_{11} & x_{12} & x_{13} \\ x_{20} & x_{21} & x_{22} & x_{23} \\ x_{30} & x_{31} & x_{32} & x_{33} \\ x_{40} & x_{41} & x_{42} & x_{43} \\ x_{50} & x_{51} & x_{52} & x_{53} \end{bmatrix} = \begin{bmatrix} 1 & 0 & 1 & 22.3 \\ 1 & 0 & 0 & 19.8 \\ 1 & 1 & 0 & 24.5 \\ 1 & 0 & 0 & 15.8 \\ 1 & 1 & 0 & 26.3 \end{bmatrix} \tag{3.20}
$$

i 行目のデータの説明変数だけ取り出します．x_{i0} は常に１なので，そのように書いておきました．

$$
\boldsymbol{x_i} = \begin{bmatrix} 1 & x_{i1} & x_{i2} & x_{i3} \end{bmatrix} \tag{3.21}
$$

パラメータのベクトルを以下のように定義します．

$$
\boldsymbol{\beta} = \begin{bmatrix} \beta_0 \\ \beta_1 \\ \beta_2 \\ \beta_3 \end{bmatrix} \tag{3.22}
$$

行列の掛け算の公式を使うと，以下のようになります．

$$
\boldsymbol{x_i}\boldsymbol{\beta} = \begin{bmatrix} 1 & x_{i1} & x_{i2} & x_{i3} \end{bmatrix} \begin{bmatrix} \beta_0 \\ \beta_1 \\ \beta_2 \\ \beta_3 \end{bmatrix} = \beta_0 + \beta_1 x_{i1} + \beta_2 x_{i2} + \beta_3 x_{i3} \tag{3.23}
$$

i 番目のデータに対しては，以下の関係が成り立ちます．

$$
\begin{aligned} \lambda_i &= \boldsymbol{x_i}\boldsymbol{\beta} \\ y_i &\sim \mathrm{Poiss}\left(\exp(\lambda_i)\right) \end{aligned} \tag{3.24}
$$

かなりスッキリしましたね．

本書ではなるべく行列の表記を使わないようにします．「$\beta_0 + \beta_1 x_{i1} + \beta_2 x_{i2} + \beta_3 x_{i3}$」のような展開された形の方が，初学者の方にとって理解がしやすいと思うからです．しかし，行列表記は見た目が簡潔になるだけでなく，Stan で複雑なモデルを構築する際に必要となります．

線形代数の深い知識は本書では使いません．行列の掛け算の定義だけ理解しておけば十分です．

第 1 章 一般化線形モデルの基本

1.11 補足：データの表記とベクトル・行列

行列の足し算や掛け算に不安がある (あるいは習っていない) 方のために，行列演算の方法を補足します．

行列の演算などは線形代数という分野で学びます．線形代数は「たくさんの数値を,効率よく扱う」ことに長けた枠組みです．行列の掛け算は単なる「計算の方法」です．この計算は先人たちが「都合の良い計算結果が得られるように」決めました．例えば行列の掛け算を使うと，線形予測子を短く表記できましたね．

本書で線形代数を完全に理解することは難しいでしょうが，行列の掛け算という計算方法を学ぶことくらいは可能です．「数式を短く簡潔に書ける表記法があるのか」くらいの気軽な気持ちで読んでください．

掛け算に移る前に，本節では行列の用語を整理しておきます．

得られたデータを，右下に添え字を付けて以下のように表記することがあります．ただしサンプルサイズは N（Number の頭文字）です．

$$y_1, y_2, \ldots, y_N \tag{3.25}$$

例えば N 回調査して，釣獲尾数を調べた，という場合はベクトルを使うときれいに表記できます．**ベクトル**とは，複数の値がまとめられたものと考えればよいでしょう．ベクトルと対比させるため，1 つの要素しか持たないものを**スカラー**と呼びます．

本書では確率変数かどうかによらず，$\boldsymbol{x}$ や $\boldsymbol{y}$ のように太字のアルファベットの小文字で表されたものをベクトルとみなします．特に断りがない限りは列ベクトルとして扱います．要素 y_1, y_2, y_3 を持つ列ベクトル $\boldsymbol{y}$ は以下のように表記されます．

$$\boldsymbol{y} = \begin{bmatrix} y_1 \\ y_2 \\ y_3 \end{bmatrix} \tag{3.26}$$

また，行と列を入れ替える**転置**の記号を T として以下のように表記します．列ベクトルを転置すると行ベクトルとなります．

$$\boldsymbol{y} = \begin{bmatrix} y_1 & y_2 & y_3 \end{bmatrix}^T \tag{3.27}$$

気温と天気など 2 つ以上の変数を計測した場合には，**行列**の形式にまとめておくときれいに表記ができます．行列は大文字の太文字で表記することにします．3 行 2 列の行列 $\boldsymbol{A}$ は以下のように表記されます．

163

第 3 部 【実践編】一般化線形モデル

$$
A = \begin{bmatrix} a_{11} & a_{12} \\ a_{21} & a_{22} \\ a_{31} & a_{32} \end{bmatrix} \tag{3.28}
$$

添え字は [行番号，列番号] の順になっています．例えば a_{21} は 2 行 1 列目の要素となります．

行列の用語を整理しておきます．

縦に m 個，横に n 個の実数を並べて括弧 [ ] でくくったものを「m 行 n 列の行列」と呼びます (複素数であっても良いのですが，本書では実数しか扱いません)．先ほどのポアソン回帰モデルのデザイン行列 X は 5 行 4 列の行列となります．これは「5×4 行列」とか「$(5, 4)$ 型行列」とか呼ばれることもあります．

1.12 補足：行列の基本的な演算

行列演算の基本的な公式を整理しておきます．

行列 A, B を以下のように定めます．

$$
A = \begin{bmatrix} a_{11} & a_{12} \\ a_{21} & a_{22} \\ a_{31} & a_{32} \end{bmatrix}, \qquad B = \begin{bmatrix} b_{11} & b_{12} \\ b_{21} & b_{22} \\ b_{31} & b_{32} \end{bmatrix} \tag{3.29}
$$

このとき，行列の和 $A + B$ は以下のようになります．

$$
A + B = \begin{bmatrix} a_{11} + b_{11} & a_{12} + b_{12} \\ a_{21} + b_{21} & a_{22} + b_{22} \\ a_{31} + b_{31} & a_{32} + b_{32} \end{bmatrix} \tag{3.30}
$$

行列 A のスカラー倍は以下のようになります．

$$
kA = \begin{bmatrix} ka_{11} & ka_{12} \\ ka_{21} & ka_{22} \\ ka_{31} & ka_{32} \end{bmatrix} \tag{3.31}
$$

数値を使って確かめてみます．行列 A, B を以下のように定めます．

$$
A = \begin{bmatrix} 1 & 4 \\ 2 & 5 \\ 3 & 6 \end{bmatrix}, \qquad B = \begin{bmatrix} 7 & 10 \\ 8 & 11 \\ 9 & 12 \end{bmatrix} \tag{3.32}
$$

164

第1章 一般化線形モデルの基本

このとき，行列の和 $A + B$ は以下のようになります．

$$A + B = \begin{bmatrix} 8 & 14 \\ 10 & 16 \\ 12 & 18 \end{bmatrix} \tag{3.33}$$

$k=3$ としたとき，行列 A のスカラー倍は以下のようになります．

$$3A = \begin{bmatrix} 3 & 12 \\ 6 & 15 \\ 9 & 18 \end{bmatrix} \tag{3.34}$$

1.13 補足：行列の掛け算

行列の掛け算は少し特殊で，$AB = BA$ が成り立つとは限りません．

AB という掛け算をするとき，A の列数と B の行数が一致している必要があります．

「$x \times y$ 行列 A」と「$y \times z$ 行列 B」の掛け算 AB は「$x \times z$ 行列」となります．

少々複雑ですが，行列の掛け算の公式を示します．ただし，この公式を覚える必要はありません．具体的な計算例を見た方が簡単です．

「要素 a_{ij} を持つ $x \times y$ 行列 A」と「要素 b_{ij} を持つ $y \times z$ 行列 B」の掛け算の結果に対して，$AB = C$ としたときの行列 C の i 行 j 列の各要素 c_{ij} は以下のように計算されます．

$$c_{ij} = \sum_{k=1}^{y} a_{ik} b_{kj} \tag{3.35}$$

C の i 行には A の i 行が，C の j 列には B の j 列が必ず関与してきます．

計算例を見てみます．行列 A, B を以下のように定めます．

$$A = \begin{bmatrix} a & b \\ c & d \end{bmatrix}, \qquad B = \begin{bmatrix} w & x \\ y & z \end{bmatrix} \tag{3.36}$$

このとき，AB は以下のように計算されます．色分けをしたのですが，A に関しては行（横）に対して，B に関しては列（縦）に対して規則的に計算がされていることに注目してください．

$$AB = \begin{bmatrix} aw + by & ax + bz \\ cw + dy & cx + dz \end{bmatrix} \tag{3.37}$$

165

少し変な感じがしますが，このように定義すると，計算が効率的になります．

例えば，先のポアソン回帰の例を再掲すると，1×4 行列の $\boldsymbol{x_i}$ と，4×1 行列 $\boldsymbol{\beta}$ を掛け合わせることで，線形予測子を短く表記できました．結果は 1×1 行列，すなわちスカラーとなります．

$$
\boldsymbol{x_i\beta} = \begin{bmatrix} 1 & x_{i1} & x_{i2} & x_{i3} \end{bmatrix} \begin{bmatrix} \beta_0 \\ \beta_1 \\ \beta_2 \\ \beta_3 \end{bmatrix} = \beta_0 + \beta_1 x_{i1} + \beta_2 x_{i2} + \beta_3 x_{i3} \tag{3.38}
$$

この計算は，デザイン行列を使って一般化線形モデルを実装する場合など，さまざまな場面で用いられます．高度な教科書だとほぼ確実に現れるので，数式を読めるようにはしておいてください．

1.14　一般化線形モデルのさまざまなトピック

本章では取り上げられなかった，一般化線形モデルのさまざまなトピックについて補足します．

第 3 部第 10 章では，線形予測子を複雑にしたものとして，説明変数同士が交互に影響を与え合う構造をモデルで表現します．これを**交互作用**と呼びます．線形予測子の工夫の方法はほかにも知られています．例えば説明変数の 2 乗をした項を加えてやったり，係数を 1 に固定したりする技法などがあります．後者は**オフセット項**と呼ばれます．

確率分布とリンク関数に関しても，本章で扱ったモデル以外にもさまざまな組合せがあります．例えば「商品 A，B，C」の中でどれが購入されやすいか，といった 3 つ以上のカテゴリを対象としてモデル化する場合は，**多項ロジスティック回帰**と呼ばれるモデルが用いられます．多項ロジスティック回帰は，確率分布としてカテゴリカル分布を，リンク関数としてソフトマックス関数を使います．

0 以上の連続型のデータを対象とする場合は，対数変換をしても構いませんが，**ガンマ回帰**を使うという選択肢もあります．ガンマ回帰は確率分布としてガンマ分布を用いた一般化線形モデルです．リンク関数には対数関数などが使われます．これらを含めた一般化線形モデルのさまざまな話題は Kruschke(2017) に詳しいです．

また，これらを含めたさまざまなモデルは，第 3 部第 5 章で紹介する brms パッケージを使うことで実装できます．brms パッケージについては Bürkner(2017) に詳しいですし，Web 上にも日本語で読める良質な情報があります (例えば，「brms パッケージを用いたベイズモデリング入門 | nora__goes__far」[URL: https://das-kino.hatenablog.com/entry/2018/12/15/230938])

第 **2** 章

単回帰モデル

2.1 本章の目的と概要

テーマ

本章では Stan を用いた単回帰モデルの推定方法を述べます.

目的

R と Stan を用いた一般化線形モデル推定のごく初歩を学ぶ目的で，本章を執筆しました．モデルを推定するコードの書き方だけではなく，説明変数によって応答変数の平均値が変化するモデルの解釈の仕方を学んでください.

概要

分析の準備 → データの読み込みと可視化 → モデルの構造
→ Stan ファイルの実装 → MCMC の実行 → 事後分布の可視化

2.2 分析の準備

分析の準備として，パッケージの読み込みと計算を高速化させるオプションを指定します．これはコピー & ペーストして使いまわしても良いでしょう．rstan は R から Stan を呼び出して MCMC を実行する際に使われます．bayesplot は事後分布などの可視化に使われます．ggplot2 パッケージも使いますが，これは rstan パッケージを読み込んだときに合わせて読み込まれるので指定しなくても良いです.

```
# パッケージの読み込み
library(rstan)
library(bayesplot)
# 計算の高速化
rstan_options(auto_write = TRUE)
options(mc.cores = parallel::detectCores())
```

2.3 データの読み込みと可視化

分析対象となるデータを読み込みます．架空のビール売り上げデータと気温のデータです．

```
> # 分析対象のデータ
> file_beer_sales_2 <- read.csv("3-2-1-beer-sales-2.csv")
> head(file_beer_sales_2, n = 3)
   sales temperature
1  41.68        13.7
2 110.99        24.0
3  65.32        21.5
> 
> # サンプルサイズ
> sample_size <- nrow(file_beer_sales_2)
> sample_size
[1] 100
```

売り上げと気温の関係を，散布図で確認します．

```
# 図示
ggplot(file_beer_sales_2, aes(x = temperature, y = sales)) +
  geom_point() +
  labs(title = "ビールの売り上げと気温の関係")
```

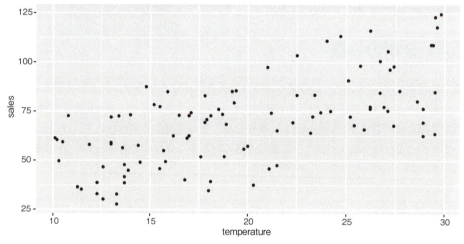

図 3.2.1　ビールの売り上げと気温の散布図

このグラフを見ると，気温が上がるとビールの売り上げも増えるように見えます．この構造を表現するモデルとして，単回帰モデルを今回は採用します．

2.4 モデルの構造

第3部第1章の復習もかねて，単回帰モデルの構造を整理します．単回帰モデルは以下のような構造をとります．正規分布に従う量的データが応答変数であり，量的データの説明変数が1つだけ用いられます．リンク関数は恒等関数であり，応答変数の平均値が説明変数によって変化することを想定しています．

$$\mu_i = \beta_0 + \beta_1 x_i$$
$$y_i \sim \mathrm{Normal}(\mu_i, \sigma^2) \tag{3.39}$$

このとき $\beta_0 + \beta_1 x_i$ が線形予測子です．β_0 を切片，β_1 を傾きと呼びます．平均値 μ_i は，説明変数 x が1変化すると β_1 だけ増減します．

応答変数としてビールの売り上げを用い，説明変数として気温を用いて単回帰モデルを構築します．これは「気温によって，ビールの売り上げの平均値が増減する」ということを想定したモデルです．気温とビールの売り上げの関係性を理解したい（解釈）．そして気温からビールの売り上げを予測したい（予測）という分析の目的をおいた場合に，単回帰モデルがその目的に合致する道具となることはしばしばあります．

(3.39) 式とまったく同じですが，変数名を合わせて，数式を書き直しておきます．こうしておくと Stan のコードを書くときに便利です．ただし切片が *Intercept*, 傾きが *beta*, 標準偏差が *sigma* です．また，リンク関数が恒等関数なので，わざわざ μ_i を別に切り出す必要が薄いです．1つの式にまとめました．

$$sales_i \sim \mathrm{Normal}(Intercept + beta \times temperature_i, sigma^2) \tag{3.40}$$

2.5 単回帰モデルのための Stan ファイルの実装

Stan ファイルを式 (3.40) に合わせて実装していきます．「3-2-1-simple-lm.stan」というファイルを作って，以下のように実装します．モデルの構造との対応を確認してください．

```
data {
  int N;                    // サンプルサイズ
  vector[N] sales;          // 売り上げデータ
  vector[N] temperature;    // 気温データ
}
parameters {
  real Intercept;           // 切片
  real beta;                // 係数
  real<lower=0> sigma;      // 標準偏差
}
```

第 3 部 【実践編】一般化線形モデル

```
model {
  // 平均 Intercept + beta*temperature
  // 標準偏差 sigma の正規分布に従ってデータが得られたと仮定
  for (i in 1:N) {
    sales[i] ~ normal(Intercept + beta*temperature[i], sigma);
  }
}
```

i 番目の売り上げデータである sales[i] は，平均が Intercept + beta*temperature[i] の正規分布に従っていると想定されています．添え字 [i] が変わることで「ある売り上げが得られた，そのときの気温」に合わせて平均値が変化することになります．

model ブロックはベクトル化することによって以下のように実装できます．これは「3-2-2-simple-lm-vec.stan」という Stan ファイルに実装します．model ブロックのみ記載します．

```
model {
  // 平均 Intercept + beta*temperature
  // 標準偏差 sigma の正規分布に従ってデータが得られたと仮定
  sales ~ normal(Intercept + beta*temperature, sigma);
}
```

2.6　MCMC の実行

データを list にまとめます．stan ファイルの data ブロックとの対応に注意してください．

```
# list にまとめる
data_list <- list(
  N = sample_size,
  sales = file_beer_sales_2$sales,
  temperature = file_beer_sales_2$temperature
)
```

MCMC を実施します．今回はベクトル化した stan コードを使用します．

```
# 乱数の生成
mcmc_result <- stan(
  file = "3-2-2-simple-lm-vec.stan", # stan ファイル
  data = data_list,                  # 対象データ
  seed = 1                           # 乱数の種
)
```

170

結果はこちら．余計な出力は一部削除しています．

```
> print(mcmc_result,  probs = c(0.025, 0.5, 0.975))
            mean se_mean   sd     2.5%      50%    97.5% n_eff Rhat
Intercept  20.92    0.15 5.91     9.37    20.96    32.85  1485    1
beta        2.47    0.01 0.28     1.91     2.48     3.03  1484    1
sigma      17.09    0.03 1.23    14.91    17.00    19.86  2004    1
lp__     -330.14    0.03 1.23  -333.43  -329.81  -328.74  1377    1
```

Rhat が 1 となっているので，収束は問題ないようです．切片はおよそ 21，傾きはおよそ 2.5 となりました．

後ほど事後分布を可視化をするために，MCMC サンプルを抽出しておきます．

```
# MCMC サンプルの抽出
mcmc_sample <- rstan::extract(mcmc_result, permuted = FALSE)
```

2.7　事後分布の可視化

収束に問題はなさそうですが，念のためトレースプロットを描きます．また，推定されたパラメータの事後分布もあわせて図示します．

```
# トレースプロットと事後分布
mcmc_combo(
  mcmc_sample,
  pars = c("Intercept", "beta", "sigma")
)
```

トレースプロットを見る限り，収束に問題はないようです．無事に事後分布が得られました．

気温の係数がおよそ 2.5 となっていたので，気温が 1 度上がるごとに，ビールの売り上げは 2.5 万円前後増えることが予想されます．

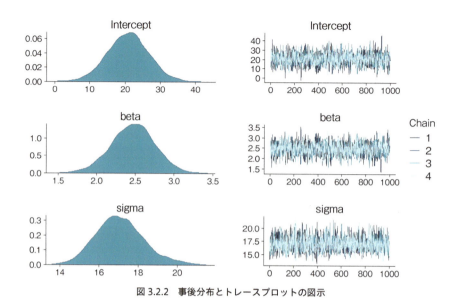

図 3.2.2 事後分布とトレースプロットの図示

2.8 まとめ

本章では，単回帰モデルの構造を復習したうえで，これを推定しました．分析の流れをまとめておきます．

1. R パッケージの読み込みなどの，分析の準備を行う
2. データを読み込み，その特徴をグラフなどで確認する
    複雑な構造を持つモデルを構築する場合は特に，データの特徴を調べることが重要となります．
3. Stan ファイルを実装する
4. MCMC を実行する
5. 収束していることを確認する
6. 興味のあるパラメータなどの事後分布を確認して，結果の解釈などに活用する

次章以降では，単回帰モデルを使いこなす方法を解説します．第 3 部第 3 章では予測の方法を解説し，第 4 章ではデザイン行列を用いた効率的な実装の方法を解説します．第 5 章では，実装の負担を大幅に減らしてくれる便利なライブラリである brms を紹介し，その使い方を説明します．まずは単回帰モデルという単純なモデルの利用方法をしっかりと習得してください．ここで学んだ基本的な技術は，応用的なモデルを対象とする場合にも役立つはずです．

第3章 モデルを用いた予測

3.1 本章の目的と概要

> テーマ

本章では単回帰モデルを用いた予測の方法を解説します．

> 目的

モデルを用いた予測の方法の考え方を学ぶ目的で，本章を執筆しました．単回帰モデルを対象としますが，そのほかのモデルに対しても応用できるはずです．

> 概要

分析の準備 → 予測のためのデータの整理
→ 予測のための Stan ファイルの修正 → MCMC の実行 → 予測分布の可視化

3.2 分析の準備

パッケージの読み込みから，データの読み込みまでを行います．第3部第2章と同じデータを使います．

```
# パッケージの読み込み
library(rstan)
library(bayesplot)
# 計算の高速化
rstan_options(auto_write = TRUE)
options(mc.cores = parallel::detectCores())

# 分析対象のデータ
file_beer_sales_2 <- read.csv("3-2-1-beer-sales-2.csv")
# サンプルサイズ
sample_size <- nrow(file_beer_sales_2)
```

173

第3部 【実践編】一般化線形モデル

3.3　単回帰モデルにおける予測の考え方

単回帰モデルにおける予測は，第2部第5章の事後予測チェックのときと同様に進めることになります．説明変数が追加されて，モデルの構造がやや複雑になったことだけ注意します．復習もかねて予測の考え方を整理します．予測分布を得る作業はなかなか難しいので，後ほど第3部第5章においても再度復習します．

まずは，モデルの構造を再掲します．

$$sales_i \sim \mathrm{Normal}(Intercept + beta \times temperature_i, sigma^2)$$

例えば「$Intercept = 21$であり，$beta = 2.5$であり，$sigma = 17$である」とモデルの推定結果が示していたとしましょう．それならば，例えば気温が30度のときのビールの売り上げの平均値は$21 + 2.5 \times 30 = 96$だと計算されます．「平均96で，標準偏差17の正規分布」は予測分布として使えそうです．

しかし，"$Intercept = 21$"などというのは例え話で，実際にはパラメータの事後分布に従うMCMCサンプルが得られているのみです．この観点から整理しなおします．例えば，iter=2000でwarmup=1000，chains=4ならば，$(2000 - 1000) \times 4 = 4000$個のMCMCサンプルが得られているはずです．$Intercept$のMCMCサンプルが4000個あり，$beta$のMCMCサンプルも4000個，$sigma$のMCMCサンプルも同じく4000個あります．

気温が30度のときの売り上げの予測分布を得ることを考えます．まずは「$mu\_pred = Intercept + beta \times 30$」と「$sigma$」のMCMCサンプルを得ます．$mu\_pred$も$sigma$も4000個のMCMCサンプルがあることに注意してください．そしてmu_predを平均値，$sigma$を標準偏差とする正規分布から乱数を生成します．この乱数を仮に$sales\_pred$と呼ぶことにしましょう．4000パターンの「mu_predと$sigma$のセット」を使って乱数を生成するので，$sales\_pred$も4000個得られていることに注意してください．$sales\_pred$の分布が予測分布となります．

3.4　予測のためのデータの整理

続いて，予測を実行するための，データの整理を行います．気温が11度から30度まで変化したとき，売り上げがどのように変化するかを調べます．

```
> # 気温を11度から30度まで変化させて，そのときの売り上げを予測する
> temperature_pred <-11:30
> temperature_pred
 [1] 11 12 13 14 15 16 17 18 19 20 21 22 23 24 25 26 27 28 29 30
```

Stanに渡すデータを`list`形式で用意します．

第 3 章　モデルを用いた予測

```r
# list にまとめる
data_list_pred <- list(
  N = sample_size,
  sales = file_beer_sales_2$sales,
  temperature = file_beer_sales_2$temperature,
  N_pred = length(temperature_pred),
  temperature_pred = temperature_pred
)
```

3.5　予測のための Stan ファイルの修正

　続いて，Stan ファイルも修正します．予測には，`generated quantities` ブロックを活用します．以下のコードを「3-3-1-simple-lm-pred.stan」という名称で保存します．

```stan
data {
  int N;                   // サンプルサイズ
  vector[N] sales;         // 売り上げデータ
  vector[N] temperature;   // 気温データ

  int N_pred;                        // 予測対象データの大きさ
  vector[N_pred] temperature_pred;   // 予測対象となる気温
}
parameters {
  real Intercept;          // 切片
  real beta;               // 係数
  real<lower=0> sigma;     // 標準偏差
}
model {
  // 平均 Intercept + beta*temperature
  // 標準偏差 sigma の正規分布に従ってデータが得られたと仮定
  for (i in 1:N) {
    sales[i] ~ normal(Intercept + beta*temperature[i], sigma);
  }
}
generated quantities {
  vector[N_pred] mu_pred;          // ビールの売り上げの期待値
  vector[N_pred] sales_pred;       // ビールの売り上げの予測値

  for (i in 1:N_pred) {
    mu_pred[i] = Intercept + beta*temperature_pred[i];
    sales_pred[i] = normal_rng(mu_pred[i], sigma);
  }
}
```

3

実践編

175

第 3 部 【実践編】一般化線形モデル

parameters ブロックと model ブロックは第 3 部第 2 章のコード「3-2-1-simple-lm.stan」と変化ありません．data ブロックは少し変更しました．予測対象となる気温 (11 度から 30 度) と，そのデータの大きさ (20) を data ブロックで宣言します．

最も重要なのは generated quantities ブロックです．ここで，「気温によって変化するビールの売り上げの期待値」mu_pred と，「" 平均が mu_pred で，標準偏差が sigma である正規分布 " から得られた売り上げ予測値」sales_pred を MCMC によりサンプリングします．sales_pred は売り上げデータのもつばらつき sigma のため，mu_pred よりもさらにばらつきが大きくなる（例えば 95% 区間がより広くなる）というイメージとなります．sales_pred の 95% 区間が，95% ベイズ予測区間となります．

i 番目の mu_pred は，モデルの線形予測子を使って「Intercept + beta*temperature_pred[i]」と指定するだけでよいです．これで mu_pred の MCMC サンプルが得られます．

sales_pred は「mu_pred を平均値とした正規分布から，さらに乱数を生成する」ことによって，MCMC サンプルが得られます．normal_rng(μ, σ) とすることで，平均 μ，標準偏差 σ の正規分布に従う乱数を生成しています．

3.6　MCMC の実行

MCMC を実行します．

```
mcmc_result_pred <- stan(
  file = "3-3-1-simple-lm-pred.stan",
  data = data_list_pred,
  seed = 1
)
```

結果はこちら (一部抜粋).

```
> print(mcmc_result_pred, probs = c(0.025, 0.5, 0.975))
                mean se_mean    sd     2.5%      50%    97.5% n_eff Rhat
Intercept      21.10    0.15  5.90     9.34    21.18    32.99  1525    1
beta            2.46    0.01  0.29     1.89     2.46     3.03  1556    1
sigma          17.05    0.03  1.21    14.94    17.00    19.58  2066    1
mu_pred[1]     48.19    0.07  3.03    42.29    48.20    54.28  1690    1
・・・中略・・・
mu_pred[20]    94.99    0.07  3.37    88.40    94.98   101.48  2088    1
sales_pred[1]  48.64    0.29 17.80    13.94    48.84    82.85  3857    1
・・・中略・・・
sales_pred[20] 95.10    0.29 17.63    60.66    95.12   129.34  3814    1
lp__         -330.11    0.04  1.23  -333.29  -329.79  -328.74  1216    1
```

176

第 3 章　モデルを用いた予測

売り上げの期待値 mu_pred も，売り上げ sales_pred もともに気温 11 度から 30 度まで 1 度刻みで変化させた 20 個の予測値が得られました．気温が 11 度のときの売り上げの予測値はおよそ 48 であり，気温が 30 度になると 95 前後まで増えることが見てとれます．mu_pred の MCMC サンプルの 95% 区間よりも sales_pred の MCMC サンプルの 95% 区間の方が広くなっていることにも注目してください．気温 11 度のときの mu_pred の 95% 区間は 42.29 から 54.28 ですが，sale_pred の 95% 区間は 13.94 から 82.85 とかなり広くなっています．

3.7　予測分布の可視化

予測結果を図示して確認していきましょう．MCMC サンプルを抽出してから bayesplot パッケージの関数を使って図示する方針で進めます．まずは extract 関数を使って，MCMC サンプルを抽出します．

```
# MCMC サンプルの抽出
mcmc_sample_pred <- rstan::extract(mcmc_result_pred,
                                   permuted = FALSE)
```

気温を 11 度から 30 度まで変化させたときの 95% ベイズ予測区間を，mcmc_intervals 関数を使って図示します．先述の通り，95% ベイズ予測区間は sale_pred の 95% 区間となります．引数に「pars」ではなく「regex_pars」を使っていることに注意してください．こうすることで**正規表現**を使うことができます．本来ならば「sales_pred[1]」や「sales_pred[2]」と添え字を付けて指定する必要があったのが，正規表現という便利な表現を使うことで，短いコードで実装できます．「sales_pred.」と指定することで sales_pred[1] から sales_pred[20] まで，すべての sales_pred を対象としてグラフを描くことができます（図 3.3.1）．

```
mcmc_intervals(
  mcmc_sample_pred,
  regex_pars = c("sales_pred."),  # 正規表現を用いて名称を指定
  prob = 0.8,            # 太い線の範囲
  prob_outer = 0.95  # 細い線の範囲
)
```

3
実践編

177

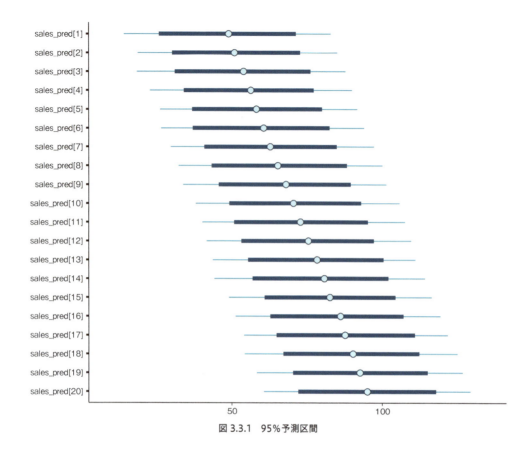

図 3.3.1　95％予測区間

　mu_pred の 95％区間と sales_pred の 95％区間を比較すると，その差がよくわかります．図 3.3.2 では気温を 11 度と設定したときの 95％区間を比較しています．予測区間は，データの持つばらつきのため，平均値の信用区間よりも広くなるのです．予測結果に基づく意思決定を行う際には，この点に注意が必要です．

```
# 95%区間の比較
mcmc_intervals(
  mcmc_sample_pred,
  pars = c("mu_pred[1]", "sales_pred[1]"),
  prob = 0.8,          # 太い線の範囲
  prob_outer = 0.95    # 細い線の範囲
)
```

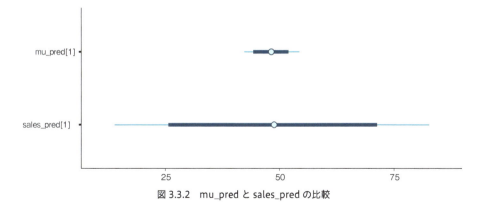

図 3.3.2　mu_pred と sales_pred の比較

　95％予測区間だけでなく，予測分布そのものを図示することも難しくありません．気温が 11 度のときの売り上げ予測 sales_pred[1] と，30 度のときの売り上げ予測 sales_pred[20] を比較します．

```
mcmc_areas(
  mcmc_sample_pred,
  pars = c("sales_pred[1]", "sales_pred[20]"),
  prob = 0.6,          # 薄い青色で塗られた範囲
  prob_outer = 0.99    # 細い線が描画される範囲
)
```

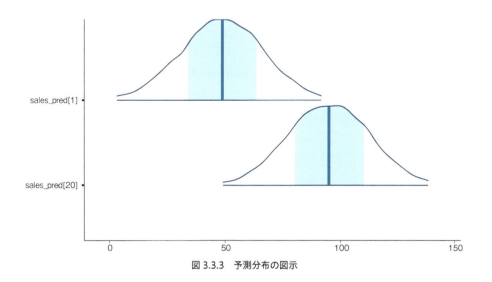

図 3.3.3　予測分布の図示

　ベイズ統計モデリングは，こういった分布の情報を，MCMC サンプルから簡単に得られるのが大きな強みです．

第4章

デザイン行列を用いた
一般化線形モデルの推定

4.1 本章の目的と概要

テーマ

本章ではデザイン行列を用いて一般化線形モデルを表現したうえで，Stan による推定を試みます．

目的

次章から，brms パッケージを用います．このパッケージは，formula 構文に対応しています．formula 構文を用いることで，驚くほど簡潔にモデルを実装できます．しかし，あまりにも簡潔すぎて，内部の構造が理解しにくく感じられるかもしれません．formula 構文と一般化線形モデルの構造との対応付けができるようになってほしいと考えて，本章を執筆しました．

概要

分析の準備 → デザイン行列を使ったモデルの数学的な表現
→ formula 構文を用いたデザイン行列の作成
→ デザイン行列を使うための Stan ファイルの修正 → MCMC の実行

4.2 分析の準備

パッケージの読み込みから，データの読み込みまでを行います．第3部第2章と同じデータを使います．

```
# パッケージの読み込み
library(rstan)
library(bayesplot)
# 計算の高速化
rstan_options(auto_write = TRUE)
options(mc.cores = parallel::detectCores())

# 分析対象のデータ
file_beer_sales_2 <- read.csv("3-2-1-beer-sales-2.csv")
# サンプルサイズ
sample_size <- nrow(file_beer_sales_2)
```

4.3　デザイン行列を使ったモデルの数学的な表現

※行列演算に明るくない読者は第 3 部第 1 章 1.11 節から 1.13 節も参照してください.

　R を使ってデザイン行列を作成する前に，デザイン行列と単回帰モデルの対応を復習しておきましょう.

　デザイン行列で表現する対象となるのは，第 3 部第 2 章から使い続けている，以下の単回帰モデルです. 売り上げ y の期待値が，気温 x によって変化することを想定しています. モデルのパラメータは，切片 β_0 と傾き β_1，そして正規分布の分散 σ^2 の 3 つです.

$$\begin{aligned} \mu_i &= \beta_0 + \beta_1 x_i \\ y_i &\sim \mathrm{Normal}(\mu_i, \sigma^2) \end{aligned} \tag{3.41}$$

　このくらい単純なモデルだと，行列ではなくてスカラーで表現したほうが簡単なのですが，行列表現の勉強としてはちょうどよい題材でしょう.

　今回の単回帰モデルの場合は，説明変数の行列に，"すべて 1"の列を付け加えることでデザイン行列が得られます. "すべて 1"の列が切片を表します.

　仮に，サンプルサイズが 5 のデータがあったとします. 説明変数のベクトルを x とします. 気温のデータが 5 つあると思ってください.

$$\boldsymbol{x} = \begin{bmatrix} 13.7 \\ 24.0 \\ 21.5 \\ 13.4 \\ 28.9 \end{bmatrix} \tag{3.42}$$

1 列目に"すべて 1"の列が追加されたデザイン行列 $\boldsymbol{X}$ は以下のようになります.

$$\boldsymbol{X} = \begin{bmatrix} 1 & 13.7 \\ 1 & 24.0 \\ 1 & 21.5 \\ 1 & 13.4 \\ 1 & 28.9 \end{bmatrix} \tag{3.43}$$

　説明変数をデザイン行列で表現する場合は，モデルのパラメータもベクトルとしてまとめます. パラメータベクトルは以下の通りです. ただし β_0 は切片を β_1 は気温の係数を表します.

$$\boldsymbol{\beta} = \begin{bmatrix} \beta_0 \\ \beta_1 \end{bmatrix} \tag{3.44}$$

第3部 【実践編】一般化線形モデル

応答変数の期待値のベクトルを $\boldsymbol{\mu}$，係数のベクトルを $\boldsymbol{\beta}$，デザイン行列を $\boldsymbol{X}$ とすると，以下の関係が成り立ちます．

$$\boldsymbol{\mu} = \boldsymbol{X}\boldsymbol{\beta} \tag{3.45}$$

期待値のベクトル $\boldsymbol{\mu}$ は以下のように計算されるので，スカラーで表現したときと同じ結果になっていることがわかります．

$$\boldsymbol{\mu} = \boldsymbol{X}\boldsymbol{\beta} = \begin{bmatrix} 1 & 13.7 \\ 1 & 24.0 \\ 1 & 21.5 \\ 1 & 13.4 \\ 1 & 28.9 \end{bmatrix} \begin{bmatrix} \beta_0 \\ \beta_1 \end{bmatrix} = \begin{bmatrix} \beta_0 + \beta_1 \times 13.7 \\ \beta_0 + \beta_1 \times 24.0 \\ \beta_0 + \beta_1 \times 21.5 \\ \beta_0 + \beta_1 \times 13.4 \\ \beta_0 + \beta_1 \times 28.9 \end{bmatrix} \tag{3.46}$$

デザイン行列を使うと，スカラー表記よりも簡潔にモデルを表現できます．また，モデルの構造が多少変わっても(例えば説明変数の数が増えても)デザイン行列を変更するだけで対応が可能です．すなわち，stan ファイルをいちいち書き換えなくて済むというメリットがあります．

4.4 formula 構文を用いたデザイン行列の作成

デザイン行列 $\boldsymbol{X}$ は formula と呼ばれる特殊な記法を用いて作成します．formula では，チルダ記号（~）の左側に応答変数を，右側に説明変数を配置します．作成された formula と元となる data.frame を引数に model.matrix という関数を使うことで，デザイン行列が得られます．

```
# formula の作成
formula_lm <- formula(sales ~ temperature)
# デザイン行列の作成
X <- model.matrix(formula_lm, file_beer_sales_2)
```

結果はこちら．デザイン行列が作成できました．

```
> # formula と model.matrix を使ったデザイン行列
> head(X, n = 5)
  (Intercept) temperature
1           1        13.7
2           1        24.0
3           1        21.5
4           1        13.4
5           1        28.9
```

第 4 章　デザイン行列を用いた 一般化線形モデルの推定

4.5　デザイン行列を使うための Stan ファイルの修正

　デザイン行列を用いた stan ファイルは以下のようになります．「3-4-1-lm-design-matrix.stan」
という名称で保存します．model に記述された線形予測子は「mu = X * b」と，式 (3.45) のそのま
まに実装できます．

```
data {
  int N;                  // サンプルサイズ
  int K;                  // デザイン行列の列数 ( 説明変数の数＋ 1 )
  vector[N] Y;            // 応答変数
  matrix[N, K] X;        // デザイン行列
}
parameters {
  vector[K] b;            // 切片を含む係数ベクトル
  real<lower=0> sigma;   // データのばらつきを表す標準偏差
}
model {
  vector[N] mu = X * b;
  Y ~ normal(mu, sigma);
}
```

4.6　MCMC の実行

　デザイン行列などを list にまとめてから，MCMC を実行します．

```
# サンプルサイズ
N <- nrow(file_beer_sales_2)
# デザイン行列の列数 ( 説明変数の数＋ 1 )
K <- 2
# 応答変数
Y <- file_beer_sales_2$sales
# list にまとめる
data_list_design <- list(N = N, K = K, Y = Y, X = X)

# MCMC の実行
mcmc_result_design <- stan(
  file = "3-4-1-lm-design-matrix.stan",
  data = data_list_design,
  seed = 1
)
```

　結果は以下の通りです (一部抜粋)．

183

第 3 部 【実践編】一般化線形モデル

```
> print(mcmc_result_design,  probs = c(0.025, 0.5, 0.975))
          mean se_mean   sd    2.5%     50%    97.5% n_eff Rhat
b[1]     21.14    0.15 5.90    9.88   21.21   32.62  1578 1.01
b[2]      2.46    0.01 0.28    1.89    2.46    3.01  1571 1.01
sigma    17.04    0.03 1.19   14.87   16.99   19.48  2186 1.00
lp__   -330.10    0.03 1.15 -333.01 -329.81 -328.75  1521 1.00
```

b[1] が切片で，b[2] が傾き（気温の係数）です．デザイン行列を変えるだけでさまざまなモデル
に対応できるので，Stan ファイルを書き換える必要がなくなります．次章で説明する brms パッケー
ジはこれと似たような方法を使っています．

第 **5** 章

brms の使い方

5.1　本章の目的と概要

テーマ

本章では brms という，一般化線形モデルなどを簡単に推定できる R 言語のパッケージの使い方を解説します．brms version 2.8.0 および 2.9.0 を用いて動作確認をしました．

目的

brms を使うことで，ベイズ統計モデリングを行うハードルを下げることを目的として，本章を執筆しました．ただし「brms でできることが，自分ができることのすべて」とならないようにするため，brms の結果を Stan で再現したり，事前分布などの設定を変えたうえで brms を実行したり，といったやや応用的な面も扱います．

brms の仕組みを理解するための節は，タイトルに「補足」と入れてあります．brms の仕組みを理解するのには役立ちますが，必須ではありません．R 言語に詳しくない方などは，飛ばしてもらっても大丈夫です．

概要

● **brms の基本事項**

brms とは → 本書での実装の方針

● **brms を用いたモデルの推定手順**

分析の準備 → brms による単回帰モデルの推定 → brms の基本的な使い方 → 事前分布の変更

● **（補足）brms の仕組み**

brms の仕組み → Stan コードの自動生成 → Stan に渡すデータの自動生成 → rstan による再現

● **brms の活用**

brms による事後分布の可視化 → brms による予測 →（補足）`predict` 関数を使わない予測の実装 → 回帰直線の図示

第3部 【実践編】一般化線形モデル

5.2　brms とは

brms は Bayesian Regression Models using 'Stan' の略です．一般化線形モデルなどの，いわゆる回帰と呼ばれるモデルを，Stan を使って推定するパッケージです．Stan コードを書く必要がないので，とても簡単に実装できます．第3部で紹介する一般化線形モデルだけでなく，第4部で紹介する一般化線形混合モデルなどの応用的なモデルも推定できます．

Stan コードを書かないで，簡単にベイズ統計モデリングを行うことを目的としたパッケージでは，他にも rstanarm などがあります．パッケージの比較の結果を含む，brms のより詳細な内容はBürkner(2017) に詳しいです．

5.3　本書での実装の方針

本書では，単純なモデルである場合は積極的に brms パッケージを使用します．brms パッケージを使うことで，分析にかかるコストを大きく減らすことができるからです．ただし，内部の構造がブラックボックスとなってしまうこともあるので，stan ファイルの書き方もあわせて記す場合があります．このときは節のタイトルに「補足」と入れてあります．また，第5部で紹介する状態空間モデルは，brms では現状サポートされていないため，これに関しては今まで通り stan ファイルを記述することにします．

5.4　分析の準備

まずは分析の準備として，パッケージやデータの読み込みなどを行います．パッケージはすでにインストール済みであることを想定します．データは第3部第2章でも使った，ビールの売り上げと気温のデータを再度用います．

```r
# パッケージの読み込み
library(rstan)
library(brms)
# 計算の高速化
rstan_options(auto_write = TRUE)
options(mc.cores = parallel::detectCores())

# 分析対象のデータ
file_beer_sales_2 <- read.csv("3-2-1-beer-sales-2.csv")
```

5.5　brms による単回帰モデルの推定

brmsパッケージを使って，単回帰モデルを推定するコードは以下の通りです．brm関数を使います．

第 5 章　brms の使い方

```
# 単回帰モデルを作る
simple_lm_brms <- brm(
  formula = sales ~ temperature,        # model の構造を指定
  family = gaussian(link = "identity"),  # 正規分布を使う
  data = file_beer_sales_2,             # データ
  seed = 1                              # 乱数の種
)
```

　内部では Stan が使われていますが，たった数行のコードで実装が終わってしまいます．Stan ファイルを実装する必要はありません．

　一般化線形モデルの場合は，線形予測子・確率分布・リンク関数の 3 つを指定することでモデルの構造を決めます．逆に言えば，Stan コードを自分で書かなくても，この 3 点だけを指定すれば，Stan コードの自動生成が可能ということです．線形予測子は formula，確率分布とリンク関数は family という引数で指定しました．少し待つと推定結果が得られます．

```
> simple_lm_brms
 Family: gaussian
  Links: mu = identity; sigma = identity
Formula: sales ~ temperature
   Data: file_beer_sales_2 (Number of observations: 100)
Samples: 4 chains, each with iter = 2000; warmup = 1000; thin = 1;
         total post-warmup samples = 4000

Population-Level Effects:
            Estimate Est.Error l-95% CI u-95% CI Eff.Sample Rhat
Intercept      21.19      5.90     9.41    32.69       3719 1.00
temperature     2.46      0.29     1.91     3.03       3819 1.00

Family Specific Parameters:
      Estimate Est.Error l-95% CI u-95% CI Eff.Sample Rhat
sigma    17.01      1.24    14.78    19.63       3414 1.00

Samples were drawn using sampling(NUTS). For each parameter, Eff.Sample
is a crude measure of effective sample size, and Rhat is the potential
scale reduction factor on split chains (at convergence, Rhat = 1).
```

　Intercept が切片で，temperature が気温の係数です．点推定値である Estimate は事後期待値です．ほとんど第 3 部第 2 章で推定された結果と同じになりました．収束も問題ないようです．

　MCMC サンプルは as.mcmc 関数を用いることで取得できます．本書では紹介しませんが coda というパッケージで使用しやすい形式になっています．また，この MCMC サンプルを使うことで，後ほど説明する事後分布のグラフや予測値の計算などを行うこともできます．

3
実
践
編

187

```
as.mcmc(simple_lm_brms, combine_chains = TRUE)
```

トレースプロットと事後分布をまとめて図示します．plot 関数 1 つで終わるので簡単です．

```
# 事後分布の図示
plot(simple_lm_brms)
```

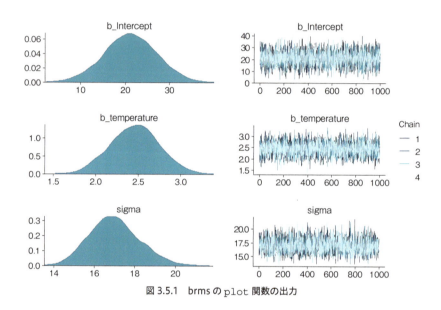

図 3.5.1　brms の plot 関数の出力

5.6　brms の基本的な使い方

見ていただいたように，brms を使うと，とても短いコードで実装が完了します．本節では，brms の基本的な使い方を整理します．

線形予測子は formula，確率分布とリンク関数は family という引数で指定しました．この 2 つを指定することで，一般化線形モデルの構造を表すことができます．

formula は brm 関数の中で直接指定しても構いませんが，以下のように bf 関数を使って外だしできます．複雑なモデルを推定する場合は，この bf 関数の使用が必要となります．

```
# 複雑な formula は bf 関数で作成
simple_lm_formula <- bf(sales ~ temperature)
```

formula はチルダ記号の左側が応答変数で，右側が説明変数となります．今回はとても単純な構造でした．説明変数を増やす場合は，「bf(y ~ x_1 + x_2 + x_3)」のようにプラス記号でつなげていきます．

family は，正規分布を表す gaussian 以外にもさまざまなものを選ぶことが可能です．また，確率分布にはあらかじめリンク関数が指定されています．標準値のままで使用する場合は，リンク関数を指定する必要はありません．

例えば，正規分布，二項分布，ポアソン分布は以下のように family を指定します．

```
> # 正規分布
> gaussian()
Family: gaussian
Link function: identity
> # 二項分布
> binomial()
Family: binomial
Link function: logit
> # ポアソン分布
> poisson()
Family: poisson
Link function: log
```

MCMC を実行する際は brm 関数を使います．このとき，引数を追加することで，チェーン数や，繰り返し数，バーンイン期間，間引き数なども指定できます．これらを指定しない場合は，標準の設定がそのまま使われます．以下のコードは，標準で指定されていたチェーン数などを明示的に指定したものです．前節で推定された simple_lm_brms とまったく同じ結果となります．

```
simple_lm_brms_2 <- brm(
  formula = simple_lm_formula, # bf 関数で作成済みの formula を指定
  family = gaussian(),         # 正規分布を使う（リンク関数省略）
  data = file_beer_sales_2,    # データ
  seed = 1,                    # 乱数の種
  chains = 4,                  # チェーン数
  iter = 2000,                 # 乱数生成の繰り返し数
  warmup = 1000,               # バーンイン期間
  thin = 1                     # 間引き数（1 なら間引き無し）
)
```

5.7 事前分布の変更

brms を用いてモデルを推定したとき，あらかじめ弱情報事前分布が指定されています．どのような事前分布が指定されているかは，prior_summary 関数を実行することでわかります．

第3部 【実践編】一般化線形モデル

```
> prior_summary(simple_lm_brms)
                 prior      class         coef group resp dpar nlpar bound
1                             b
2                             b temperature
3 student_t(3, 71, 20) Intercept
4  student_t(3, 0, 20)     sigma
```

prior の列が事前分布の一覧を表しています．「student_t(nu, mu, sigma)」という設定で，自由度 nu，分布の中心位置 mu，分布の裾の広さ sigma を指定しています．

class の列は，当該パラメータの役割を示した列です．b ならば係数を意味します．さらに coef 列を見ると，どの説明変数にかかわる係数なのかがわかります．

Intercept は切片，sigma はデータのばらつきの大きさです．この2つにだけ事前分布が指定されているようです．

今までの分析に合わせて，幅の広い一様分布を無情報事前分布として使いたい場合は，以下のようにして MCMC を実行します．

```
# 事前分布を無情報事前分布にする
simple_lm_brms_3 <- brm(
  formula = sales ~ temperature,
  family = gaussian(),
  data = file_beer_sales_2,
  seed = 1,
  prior = c(set_prior("", class = "Intercept"),
            set_prior("", class = "sigma"))
)
```

引数 prior を指定することで，任意の事前分布を指定できます．空文字を入れてやると，事前分布を指定しないことになるので，Stan の標準設定である，幅の広い一様分布が使われます．

参考までに記すと，例えば気温の係数の事前分布を「平均 0，標準偏差 1000000 の正規分布」にしたい場合は以下のように指定します「set_prior("normal(0,100000)", class = "b", coef = "temperature")」．

prior_summary 関数は，推定された後のモデルに対して適用される関数です．モデルを推定する前に，どのような事前分布が指定されるのかをあらかじめ知っておきたい場合には，get_prior 関数を使います．引数にモデルの構造 (formula など) を指定すると「そのような構造のモデルを推定する場合には，以下のような事前分布が適用されますよ」ということを教えてくれます．

```
> get_prior(
+   formula = sales ~ temperature,
+   family = gaussian(),
```

第5章 brms の使い方

```
+   data = file_beer_sales_2
+ )
                prior     class        coef group resp dpar nlpar bound
1                             b
2                             b temperature
3 student_t(3, 71, 20) Intercept
4  student_t(3, 0, 20)     sigma
```

brms は内部で Stan を使っています．実行された際の Stan ファイルと Stan に渡したデータは，以下のコードで確認できます．stancode を見ることでも，事前分布の設定を確認できます．

```
# 参考：stan コードの抽出
stancode(simple_lm_brms_3)
# 参考：Stan に渡すデータの抽出
standata(simple_lm_brms_3)
```

5.8　補足：brms の基本的な仕組み

Bürkner(2017) を参考にして，brms の仕組みを簡単に説明します．

brms は，brm 関数を提供してくれます．私たちは，brm 関数に「モデルを構築するのに必要な情報」をすべて渡してやります．一般化線形モデルの場合は，線形予測子・確率分布・リンク関数の3セットと，データ(標本)，MCMC 実行の際のオプション(事前分布や seed)を渡します．

brms は内部で Stan を利用しています．前章までで何度も Stan を用いたモデリングを体験していただきましたが，このとき Stan ファイルと Stan に渡すデータの2つが最低限必要でした．brms では，make_stancode 関数を使って Stan ファイルに実装するコードを生成し，make_standata 関数を使ってデータを作成します．これらの結果がどのようなものになるかは，次節以降で確認します．

続いて，brms から呼び出された Stan が，MCMC を実行します．

MCMC の実行結果を brms 側が受け取り，我々が扱いやすい形式で出力してくれます．

5.9　補足：make_stancode 関数による，Stan コードの作成

brms は内部で Stan を使用しています．そこで，brms を介さずに，Stan ファイルに直接コードを書いて，brms と同じ結果を出すことを試みます．

無情報事前分布を用いたモデル simple_lm_brms_3 の再現を試みます．

Stan コードは make_stancode 関数を使うことで作成できます．引数には，モデルの構造を指定するのに必要な情報，すなわち線形予測子(formula)，確率分布とリンク関数(family)，データ(data)，

第 3 部 【実践編】一般化線形モデル

そして事前分布 (prior) をすべて指定します.

8 行目の「// generated with brms 2.9.0」以降を「3-5-1-brms-stan-code.stan」というファイルにコピー & ペーストして保存します.

```
> stancode(simple_lm_brms_3)
// generated with brms 2.9.0
functions {
}
data {
  int<lower=1> N;  // number of observations
  vector[N] Y;     // response variable
  int<lower=1> K;  // number of population-level effects
  matrix[N, K] X;  // population-level design matrix
  int prior_only;  // should the likelihood be ignored?
}
transformed data {
  int Kc = K - 1;
  matrix[N, Kc] Xc;    // centered version of X
  vector[Kc] means_X;  // column means of X before centering
  for (i in 2:K) {
    means_X[i - 1] = mean(X[, i]);
    Xc[, i - 1] = X[, i] - means_X[i - 1];
  }
}
parameters {
  vector[Kc] b;          // population-level effects
  real temp_Intercept;  // temporary intercept
  real<lower=0> sigma;  // residual SD
}
transformed parameters {
}
model {
  vector[N] mu = temp_Intercept + Xc * b;
  // priors including all constants
  // likelihood including all constants
  if (!prior_only) {
    target += normal_lpdf(Y | mu, sigma);
  }
}
generated quantities {
  // actual population-level intercept
  real b_Intercept = temp_Intercept - dot_product(means_X, b);
}
```

第 3 部第 2 章や第 4 章で紹介した Stan コードと比べてかなり長いですね. このコードは, さまざまなデータや目的に対してモデルを構築できるように工夫されています. そのため, 今回のような単純なモデルの場合には冗長なコードが含まれているわけです. 以下で少し内容を補足します.

192

data ブロックはコメントを見ればある程度理解できるかと思います. design matrix が第3部第4章で紹介したデザイン行列です. 説明変数だけではなく, すべてが「1」である列が1列目に追加されます. そのため number of population-level effects は, 2となります. prior_only には常に「0」をデータとして送ります. もしもここで「1」を渡すと, 「データを活用して事後分布を推定する」という作業をやらなくなってしまいます. 具体的にどのようなデータが list 形式で渡されるのかは, 後述します.

transformed data ブロックでは, 説明変数の平均値が 0 となるように標準化する作業が行われています. HMC 法によるサンプリングを行う場合は必須ではありませんが, こうすることで効率的にモデルが推定できることもあります.

parameters ブロックでは, 係数と切片, データのばらつきの大きさを指定します. ただし, データを平均0に標準化しているため, 切片を直接得ることができません. 「temp_Intercept」という変わった名前がついているのはそのためです. 正しい切片は generated quantities ブロックで計算します.

model ブロックでは, ベクトル化したうえで, 線形予測子を表現しています. また, チルダ記号を使うサンプリング文ではなく, 対数密度加算文 (第2部第6章参照) が用いられています. prior_only に 0 を指定したときに対数密度加算文が実行されます. なので, データから事後分布を推定したいという目的 (ようするに, ほぼすべての場合) のときには prior_only は「0」を指定しなければなりません.

generated quantities ブロックでは, 正しい切片を得るためのコードが実装されています.
例えば, 説明変数の平均値, すなわち平均気温が 20 度で, 推定された気温の係数が2だったとします. 説明変数が標準化されたうえでモデルが組まれているので, 切片の値がずれています. ずれの大きさは $20 \times 2 = 40$ と計算されるので, それを引いて補正します.

モデルが推定しやすくなるように標準化したり, データを行列で表現することでさまざまなデータに適用できるようにしたり, といった工夫が行われているのがわかります.

5.10 補足：make_standata 関数による, Stan に渡すデータの作成

続いて, stan に渡すデータを作成します. これは make_standata 関数を使うことで得られます.

第 3 部 【実践編】一般化線形モデル

```
standata_brms <- make_standata(
  formula = sales ~ temperature,
  family = gaussian(),
  data = file_beer_sales_2
)
```

以下のような結果になっています (一部抜粋).

```
> standata_brms
$N
[1] 100

$Y
  [1]   41.68 110.99  65.32  72.64  76.54  62.76  46.66 100.79  85.59
・・・中略・・・
 [100]   52.04

$K
[1] 2

$X
    Intercept temperature
1           1        13.7
・・・中略・・・
100         1        18.8
attr(,"assign")
[1] 0 1

$prior_only
[1] 0

attr(,"class")
[1] "standata"
```

Y が応答変数で, X はデザイン行列です. X の 2 列目が説明変数となります. formula 構文はあまりにも便利すぎて魔法のようにも見えるのですが, 一般化線形モデルの場合, やっていることはデザイン行列を生成しているだけとなります.

5.11　補足：rstan で brms の結果を再現する

make_stancode 関数で得られた Stan コードと, make_standata 関数を使って得られたデータを使って MCMC を実行します.

第 5 章　brms の使い方

```
simple_lm_brms_stan <- stan(
  file = "3-5-1-brms-stan-code.stan",
  data = standata_brms,
  seed = 1
)
```

結果はこちら (一部抜粋).

```
> # rstan を使ったときの実行結果
> print(simple_lm_brms_stan,
+        pars = c("b_Intercept", "b[1]", "sigma"),
+        probs = c(0.025, 0.5, 0.975))
              mean se_mean    sd  2.5%    50% 97.5% n_eff Rhat
b_Intercept 21.02    0.10  6.06  9.10  21.00 32.94  3943    1
b[1]         2.47    0.00  0.29  1.89   2.47  3.04  3950    1
sigma       17.08    0.02  1.24 14.81  16.99 19.72  3366    1
```

参考までに, brms を使った実行結果である simple_lm_brms_3 を載せておきます.

```
> # brms を使ったときの実行結果
> simple_lm_brms_3
Population-Level Effects:
            Estimate Est.Error l-95% CI u-95% CI Eff.Sample Rhat
Intercept      21.02      6.06     9.10    32.94       3943 1.00
temperature     2.47      0.29     1.89     3.04       3950 1.00

Family Specific Parameters:
      Estimate Est.Error l-95% CI u-95% CI Eff.Sample Rhat
sigma    17.08      1.24    14.81    19.72       3366 1.00
```

パラメータの名称が変わっていますが, それ以外は同じ結果になっていることが確認できます.

5.12　brms による事後分布の可視化

5.5 節でみたように「plot(simple_lm_brms)」と実行することで事後分布とトレースプロットが得られますが, これ以外にもさまざまなグラフを描画できます.

例えば係数の 95% ベイズ信用区間を得るコードは以下の通りです. type でグラフの種類を, pars で描画対象となるパラメータを指定します.「^b_」は頭が b_ から始まるパラメータという意味であり, 傾きや切片といった係数の一覧を描画するのに便利です.

```
stanplot(simple_lm_brms,
         type = "intervals",
         pars = "^b_",
         prob = 0.8,         # 太い線の範囲
         prob_outer = 0.95)  # 細い線の範囲
```

グラフは stanplot 関数で統一的に描画できます．

type は bayesplot パッケージの「mcmc_xx」関数における「xx」に当たる名称を指定します．例えば先ほど描画した「パラメータの信用区間のグラフ」は bayesplot では mcmc_intervals 関数を使っていましたね．

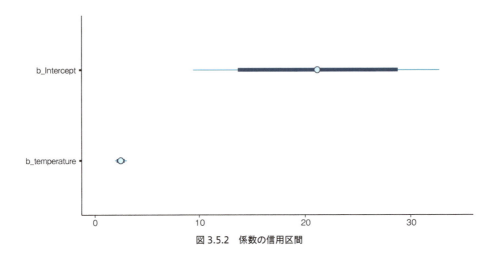

図 3.5.2　係数の信用区間

5.13　brms による予測

brms を使うことで，モデルの当てはめ値を取得したり，特定の気温のときの売り上げを予測したりできます．今回は，気温が 20 度のときの売り上げの予測を試みます．new_data というデータフレームに，20 度の気温を格納しておきます．

```
# 予測のための説明変数
new_data <- data.frame(temperature = 20)
```

fitted 関数を使うことで，モデルの予測値を回帰直線の 95% ベイズ信用区間と合わせて出力できます．Estimate は (事後中央値ではなく) 事後平均値をもとにして計算されています．

```
> # 回帰直線の信用区間付きの予測値
> fitted(simple_lm_brms, new_data)
     Estimate Est.Error      Q2.5     Q97.5
[1,] 70.37143  1.657093  67.15494  73.66417
```

predict 関数を使うことで，モデルの予測値を 95% ベイズ予測区間と合わせて出力できます．こちらも Estimate は事後平均値に基づいて計算されています．

第 5 章 brms の使い方

```
> # 予測区間付きの予測値
> set.seed(1)
> predict(simple_lm_brms, new_data)
     Estimate Est.Error     Q2.5    Q97.5
[1,] 70.40232  17.68526 34.51707 104.6947
```

fitted で得られた Q2.5 から Q97.5 の幅と比べると，predict の幅の方が広くなっていることが
わかります．

予測区間を出すときは，内部で「正規乱数を発生させる関数」である rnorm 関数が用いられています．
実行するたびに微妙に 95% 予測区間が変わるため，乱数の種を set.seed(1) として指定しました．
このあたりの詳細は次節で見ていきます．

5.14 補足：predict 関数を使わない予測の実装

第 3 部第 3 章では，Stan ファイルにおいて generated quantities ブロックを追記することで予
測分布を得ていました．しかし brms でこの方法は使われていません．95% ベイズ予測区間を得るコー
ドを実装することは理解にも役立つと思うので，本節では brms の関数を使わずに，この結果を再現
することを試みます．

まずは as.mcmc 関数を使って，MCMC サンプルを取り出します．これは 4000 行あるので，b_
Intercept などのパラメータの MCMC サンプルは各々 4000 個ずつあることになります．

```
> # MCMC サンプルを取り出す
> mcmc_sample <- as.mcmc(simple_lm_brms, combine_chains = TRUE)
> head(mcmc_sample, n = 2)
          parameters
iterations b_Intercept b_temperature     sigma       lp__
      [1,]    17.03788      2.722128 18.22636 -429.5087
      [2,]    25.69132      2.217568 15.71658 -429.0677
      [3,]    15.71822      2.754634 17.44645 -428.9627
```

計算に使いやすくするために，各々のパラメータの MCMC サンプルを個別に取り出しておきます．

```
# 推定されたパラメータ別に保存しておく
mcmc_b_Intercept   <- mcmc_sample[,"b_Intercept"]
mcmc_b_temperature <- mcmc_sample[,"b_temperature"]
mcmc_sigma         <- mcmc_sample[,"sigma"]
```

気温が 20 度のときの売り上げの予測値は「切片 + 20 × 傾き」で得られます．この結果も
MCMC サンプルの個数だけ (4000 個) あることに注意してください．

```
saigen_fitted <- mcmc_b_Intercept + 20 * mcmc_b_temperature
```

197

第3部 【実践編】一般化線形モデル

saigen_fitted の結果の要約統計量を計算すると，これは fitted 関数の結果に一致します．

```
> # fitted の再現
> mean(saigen_fitted)
[1] 70.37143
> quantile(saigen_fitted, probs = c(0.025, 0.975))
    2.5%     97.5%
67.15494 73.66417
> fitted(simple_lm_brms, new_data)
    Estimate Est.Error     Q2.5    Q97.5
[1,]  70.37143  1.657093 67.15494 73.66417
```

予測区間を得る場合は，さらにモデルの sigma で表現されたデータのばらつきも加味する必要があります．平均値が saigen_effect であり，標準偏差が mcmc_sigma である正規乱数を生成します．do.call 関数は，繰り返し計算をするための関数だと思ってください．引数に入れた rnorm 関数を 4000 回繰り返し実行してくれます．

```
# 予測分布の MCMC サンプルを得る
set.seed(1)
saigen_predict <- do.call(
  rnorm,
  c(4000, list(mean = saigen_fitted, sd = mcmc_sigma))
)
```

saigen_predict の結果の要約統計量を計算すると，これは predict 関数の結果に一致します．

```
> # predict の再現
> mean(saigen_predict)
[1] 70.40232
> quantile(saigen_predict, probs = c(0.025, 0.975))
    2.5%     97.5%
 34.51707 104.69472
> set.seed(1)
> predict(simple_lm_brms, data.frame(temperature = 20))
    Estimate Est.Error     Q2.5    Q97.5
[1,]  70.40232  17.68526 34.51707 104.6947
```

saigen_fitted を平均値とする正規分布から乱数を得て，saigen_predict を得る．この流れは第3部第3章で generated quantities を使った方法とよく似ています．「3-3-1-simple-lm-pred.stan」の一部を再掲すると，mu_pred を平均値とした正規分布から乱数を得て sales_pred を得ているのがわかります．

198

```
generated quantities {
  vector[N_pred] mu_pred;            // ビールの売り上げの期待値
  vector[N_pred] sales_pred;         // ビールの売り上げの予測値

  for (i in 1:N_pred) {
    mu_pred[i] = Intercept + beta*temperature_pred[i];
    sales_pred[i] = normal_rng(mu_pred[i], sigma);
  }
}
```

5.15　回帰直線の図示

brmsの推定結果をもとにして，気温が変わることによって変化するビールの売り上げの平均値を可視化することを試みます．このようなグラフを**回帰直線**と呼びます．95%ベイズ信用区間付きの回帰直線を引くためのコードは以下の通りです．`marginal_effects`関数を使うことで描画できます．青い太い線は事後中央値です．

```
# 回帰直線の95%ベイズ信用区間付きのグラフ
eff <- marginal_effects(simple_lm_brms)
plot(eff, points = TRUE)
```

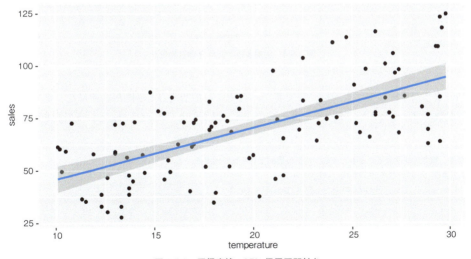

図 3.5.3　回帰直線：95%信用区間付き

続いて95%予測区間付きの回帰直線を描画します．「`method = "predict"`」を追記するだけです．ただし，乱数の種を指定するのが望ましいです．青い太い線は事後中央値です．

```
# 95%予測区間付きのグラフ
set.seed(1)
eff_pre <- marginal_effects(simple_lm_brms, method = "predict")
plot(eff_pre, points = TRUE)
```

推定されたモデルから得られた予測分布と実際のデータを比較することは，モデルの評価をするという意味でも有益です．例えば95%予測区間からデータが多くはみ出していた場合は，モデルの構造を修正するほうが良いかもしれません．

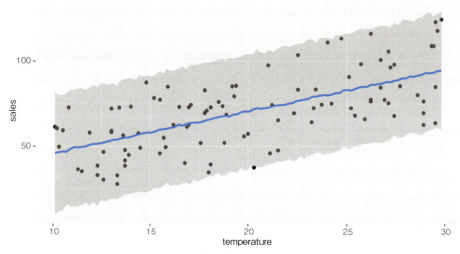

図 3.5.4　回帰直線：95%予測区間付き

今回のような単純なモデルでは不要ですが，説明変数が増えると描画が困難になります．ある特定の説明変数にフォーカスしてグラフを描く場合には，以下のように effects という引数を追加します．

```
# 参考：複数の説明変数があるときは，特定の要因だけを切り出せる
marginal_effects(simple_lm_brms,
                 effects = "temperature")
```

x1，x2 という2つの説明変数が応答変数にもたらす影響を同時にグラフに描画したい場合は，以下のようにコロン記号を使います．このコードは実装方法の説明のために載せたものであり，動作しないことに注意してください．実際に動く例は第3部第7章で確認します．

```
# 参考：複数の説明変数を同時に図示（このコードは動きません）
# marginal_effects(brms_model,
#                  effects = "x1:x2")
```

第6章

ダミー変数と分散分析モデル

6.1 本章の目的と概要

テーマ

本章ではダミー変数について学び，これを用いた分散分析モデルを brms や rstan で推定します．

目的

説明変数として質的データを用いたモデリングの方法を学んでいただくために，本章を執筆しました．分散分析モデルを対象としますが，他のさまざまなモデルでも，ダミー変数を活用することは可能です．

概要

モデルの構造 → 分析の準備 → データの読み込みと可視化 → brms による分散分析モデルの推定 →（補足）分散分析モデルのデザイン行列 →（補足）brms を使わない分散分析モデルの推定

6.2 モデルの構造

説明変数として質的データを使う場合は，ダミー変数を用いてモデル化するのがセオリーです．第3部第1章の復習もかねて，モデルの構造を以下に記します．

例えば，曇り・晴れ・雨の3種類の天気があるとしましょう．ビールの売り上げ y_i が天気によって変わることを想定した一般化線形モデルは以下のようになります．ただし x_{i1} は「晴れの日に1を，それ以外は0をとるダミー変数」であり，x_{i2} は「雨の日に1を，それ以外は0をとるダミー変数」です．ビールの売り上げ y_i は正規分布に従うと仮定します．正規分布の期待値は μ_i，標準偏差は σ とおきます．

$$
\begin{aligned}
\mu_i &= \beta_0 + \beta_1 x_{i1} + \beta_2 x_{i2} \\
y_i &\sim \text{Normal}(\mu_i, \sigma^2)
\end{aligned}
\tag{3.47}
$$

応答変数の平均値 μ_i が天気によって変化すると想定したモデルです．説明変数に質的データを用いて確率分布に正規分布を仮定したモデルを分散分析モデルと呼びます．

例えば曇りだった場合には x_1 も x_2 もともに値は0です．そのため，曇りの日の売り上げの期待値

第 3 部 【実践編】一般化線形モデル

は β_0 となります．晴れていれば x_1 が 1 になるので，晴れの日の売り上げの期待値は $\beta_0+\beta_1$ です．雨の日の売り上げの期待値は $\beta_0+\beta_2$ です．

6.3　分析の準備

分析の準備として，パッケージの読み込みと計算を高速化させるオプションを指定します．

```
# パッケージの読み込み
library(rstan)
library(brms)
# 計算の高速化
rstan_options(auto_write = TRUE)
options(mc.cores = parallel::detectCores())
```

6.4　データの読み込みと可視化

分析対象となるデータを読み込みます．架空のビールの売り上げデータと天気のデータである「3-6-1- beer -sales-3.csv」を用います．summary 関数を使うことで，データの要約統計量が計算できます．天気は曇り・雨・晴れの 3 種類あり，各々 50 のデータがあることがわかります．

```
> # 分析対象のデータ
> sales_weather <- read.csv("3-6-1-beer-sales-3.csv")
> head(sales_weather, 3)
  sales weather
1  48.5  cloudy
2  64.8  cloudy
3  85.8  cloudy
> # データの要約
> summary(sales_weather)
     sales          weather
 Min.    : 25.20   cloudy:50
 1st Qu.: 56.12    rainy :50
 Median : 68.85    sunny :50
 Mean    : 69.59
 3rd Qu.: 79.95
 Max.    :116.00
```

売り上げと天気の関係を，バイオリンプロットと散布図の組合せを使って図示します．

```
ggplot(data = sales_weather, mapping = aes(x = weather, y = sales)) +
  geom_violin() +
  geom_point(aes(color = weather)) +
  labs(title = "ビールの売り上げと天気の関係")
```

散布図の色を，天気ごとに変えておきました．グラフを見ると，雨と曇りのときはあまり売り上げに変化はなく，晴れのときには売り上げが増えているように見えます．

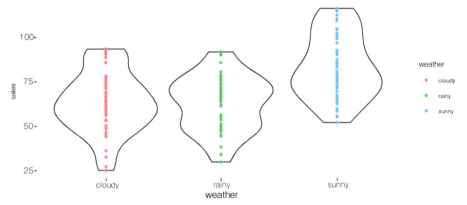

図 3.6.1　ビールの売り上げと天気のバイオリンプロット

6.5　brms による分散分析モデルの推定

brms を使って，モデルを推定します．実装の方法は単回帰モデルとほとんど変わりません．formula で指定する説明変数が weather に変わっただけの違いです．

```
# 分散分析モデルを作る
anova_brms <- brm(
  formula = sales ~ weather,   # model の構造を指定
  family = gaussian(),         # 正規分布を使う
  data = sales_weather,        # データ
  seed = 1,                    # 乱数の種
  prior = c(set_prior("", class = "Intercept"),
            set_prior("", class = "sigma"))
)
```

推定結果はこちらです (一部抜粋)．2 つの係数 weatherrainy と weathersunny は，曇りとの違いを表していることに注意してください．

```
> anova_brms
Population-Level Effects:
              Estimate Est.Error l-95% CI u-95% CI Eff.Sample Rhat
Intercept        63.04      2.43    58.37    67.94       3478 1.00
weatherrainy     -0.34      3.39    -7.12     6.13       3740 1.00
weathersunny     20.06      3.47    13.09    26.65       3318 1.00
```

```
Family Specific Parameters:
      Estimate Est.Error l-95% CI u-95% CI Eff.Sample Rhat
sigma    16.91      0.98    15.14    18.99       3263 1.00
```

weatherrainy すなわち雨の効果を表す係数の 95% ベイズ信用区間が −7.12 から 6.13 と 0 を含んでいます．やはり雨のときと曇りのときでは，売り上げに大きな違いはなさそうです．一方で晴れのときは，曇りのときと比べて，売り上げが平均して 20 万円 (95% ベイズ信用区間は 13.09 から 26.65) 増えることがわかります．

この結果は，推定された天気別の平均売り上げを図示することでより明瞭となります．バーの長さは 95% ベイズ信用区間を表します．

```
# 推定された天気別の平均売り上げのグラフ
eff <- marginal_effects(anova_brms)
plot(eff, points = FALSE)
```

このグラフは，係数そのものではないことに注意してください．以下の結果が図示されています．

曇りの時　　　　：Intercept
雨の時　　　　　：Intercept + weatherrainy
晴れの時　　　　：Intercept + weathersunny

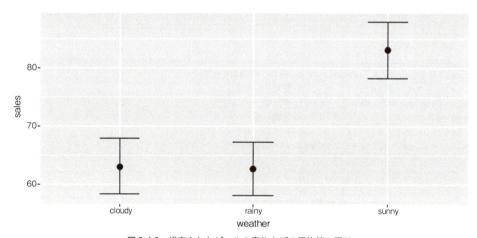

図 3.6.2　推定されたビールの売り上げの平均値の図示

6.6　補足：分散分析モデルのデザイン行列

brms を用いないで同様のモデルを推定することは難しくありません．デザイン行列を含む，Stan に渡すデータを作成します (出力は一部抜粋)．ダミー変数を使う場合でも，デザイン行列は一貫し

第6章　ダミー変数と分散分析モデル

て model.matrix 関数を使うことで作成できます．

```
> # デザイン行列の作成
> formula_anova <- formula(sales ~ weather)
> design_mat <- model.matrix(formula_anova, sales_weather)
>
> # stan に渡す list の作成
> data_list <- list(
+    N = nrow(sales_weather),  # サンプルサイズ
+    K = 3,                     # デザイン行列の列数
+    Y = sales_weather$sales,  # 応答変数
+    X = design_mat            # デザイン行列
+ )
> # Stan に渡すデータの表示
> data_list
$`N`
[1] 150
$K
[1] 3
$Y
   [1]   48.5  64.8  85.8  45.0  60.8  64.0  72.6  58.4  91.8  59.9  68.3
・・・中略・・・
[144]   61.3  71.2  50.2  69.9  68.2  47.9  45.0
$X
     (Intercept) weatherrainy weathersunny
1              1            0            0
・・・中略・・・
50             1            0            0
51             1            0            1
・・・中略・・・
100            1            0            1
101            1            1            0
・・・中略・・・
150            1            1            0
```

　デザイン行列の1列目は切片で「すべて1」となっています．2行目が「雨の日に1をとるダミー変数」であり，3行目が「晴れの日に1をとるダミー変数」となっています．ダミー変数がともに0である1~50行目のデータは曇りとなります．このデザイン行列を使うことで，モデルの線形予測子を表現できます．

6.7　補足：brms を使わない分散分析モデルの推定

　第3部第4章で実装した「3-4-1-lm-design-matrix.stan」をそのまま使って，分散分析モデルを推定することが可能です．やってみます．

第3部 【実践編】一般化線形モデル

```
# rstan で brms のモデルを実行
anova_stan <- stan(
  file = "3-4-1-lm-design-matrix.stan",
  data = data_list,
  seed = 1
)
```

結果はこちら (一部抜粋).

```
> print(anova_stan, probs = c(0.025, 0.5, 0.975))
         mean se_mean   sd    2.5%     50%    97.5% n_eff Rhat
b[1]    63.03    0.05 2.37   58.51   62.99    67.85  1898    1
b[2]    -0.38    0.08 3.41   -7.04   -0.36     6.05  2016    1
b[3]    20.10    0.07 3.34   13.35   20.15    26.58  2058    1
sigma   16.94    0.02 1.02   15.09   16.90    19.19  3225    1
lp__  -495.72    0.03 1.41 -499.25 -495.38 -493.95  1891    1
```

brms とよく似た結果になりました.

説明変数が質的データに変わる場合は, ダミー変数を使うことにより対応します. ダミー変数さえ用意してしまえば, 単回帰モデルと同様の手順で, 質的データを使ったモデル化ができます.

第7章 正規線形モデル

7.1 本章の目的と概要

テーマ

本章では量的データや質的データを問わず，複数の説明変数を持ち，応答変数が正規分布に従うモデルについて解説します．これは正規線形モデルとも呼ばれます．第3部第2章から単回帰モデルを学び始めて，本章が1つのまとめとなります．

目的

簡単な構造を組み合わせて複雑なモデルを構築する考え方を学んでいただくために，本章を執筆しました．本章で新たに登場する概念はありません．今まで学んできた構造だけを組み合わせて，複雑なモデルを推定します．

概要

モデルの構造 → 分析の準備 → データの読み込みと可視化
→ brms による正規線形モデルの推定 → （補足）正規線形モデルのデザイン行列

7.2 モデルの構造

ある商品の売り上げモデルにおいて，気温と天気という2つの要因をともに組み込むことを考えます．このときの一般化線形モデルは以下のようになります．ただし x_{i1} は「晴れの日に1を，それ以外は0をとるダミー変数」であり，x_{i2} は「雨の日に1を，それ以外は0をとるダミー変数」であり，x_{i3} は気温データです．

$$\begin{aligned} \mu_i &= \beta_0 + \beta_1 x_{i1} + \beta_2 x_{i2} + \beta_3 x_{i3} \\ y_i &\sim \mathrm{Normal}(\mu_i, \sigma^2) \end{aligned} \quad (3.48)$$

量的データや質的データを問わず，複数の説明変数が線形予測子に用いられ，恒等関数がリンク関数であり，正規分布を確率分布に用いるモデルは総じて**正規線形モデル**と呼ばれます．

第3部　【実践編】一般化線形モデル

7.3　分析の準備

分析の準備として，パッケージの読み込みと計算を高速化させるオプションを指定します．

```
# パッケージの読み込み
library(rstan)
library(brms)
# 計算の高速化
rstan_options(auto_write = TRUE)
options(mc.cores = parallel::detectCores())
```

7.4　データの読み込みと可視化

分析対象となるデータを読み込みます．架空のビールの売り上げデータと天気・気温のデータです．第3部第6章のデータに，気温という量的データが加わったものといえます．

```
> # 分析対象のデータ
> sales_climate <- read.csv("3-7-1-beer-sales-4.csv")
> head(sales_climate, 3)
     sales weather temperature
1 40.64334  cloudy        13.7
2 99.55268  cloudy        24.0
3 85.32685  cloudy        21.5
> # データの要約
> summary(sales_climate)
     sales           weather     temperature
 Min.   : 26.06   cloudy:50   Min.   :10.10
 1st Qu.: 61.19   rainy :50   1st Qu.:14.82
 Median : 80.55   sunny :50   Median :19.00
 Mean   : 79.58               Mean   :19.91
 3rd Qu.: 96.11               3rd Qu.:25.35
 Max.   :137.57               Max.   :29.80
```

売り上げと天気の関係を，散布図を使って確認します．散布図は天気別に色を分けました．グラフを見ることで，気温が上がると売り上げが増えること，晴れの日には売り上げが多くなりそうなことがわかります．

```
ggplot(data = sales_climate,
       mapping = aes(x = temperature, y = sales)) +
  geom_point(aes(color = weather)) +
  labs(title = "ビールの売り上げと気温・天気の関係")
```

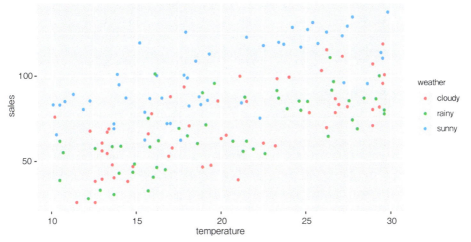

図 3.7.1　ビールの売り上げと天気・気温の散布図

7.5　brms による正規線形モデルの推定

brms を使って，モデルを推定します．実装の方法はほとんど変わりません．複数の説明変数を使う場合は formula において，プラス記号を使って変数をつなげます．

```
# 正規線形モデルを作る
lm_brms <- brm(
  formula = sales ~ weather + temperature,  # model の構造を指定
  family = gaussian(),                       # 正規分布を使う
  data = sales_climate,                      # データ
  seed = 1,                                  # 乱数の種
  prior = c(set_prior("", class = "Intercept"),
            set_prior("", class = "sigma"))
)
```

推定結果はこちらです (一部抜粋)．

```
> # MCMC の結果の確認
> lm_brms
 Family: gaussian
  Links: mu = identity; sigma = identity
Formula: sales ~ weather + temperature
   Data: sales_climate (Number of observations: 150)
Samples: 4 chains, each with iter = 2000; warmup = 1000; thin = 1;
         total post-warmup samples = 4000
```

209

```
Population-Level Effects:
          Estimate Est.Error l-95% CI u-95% CI Eff.Sample Rhat
Intercept    20.07      5.13    10.20    30.13       4343 1.00
weatherrainy -3.49      3.14    -9.49     2.57       4149 1.00
weathersunny 29.51      3.13    23.48    35.48       4252 1.00
temperature   2.55      0.23     2.10     2.99       4376 1.00

Family Specific Parameters:
      Estimate Est.Error l-95% CI u-95% CI Eff.Sample Rhat
sigma    16.04      0.93    14.27    17.91       4690 1.00
```

推定されるパラメータが増えただけであり，解釈は今まで通りです．weatherrainyの95％ベイズ信用区間が0を含んでいるので，曇りのときと雨のときとでは，売り上げがあまり変わらないことがうかがえます．一方で晴れのときには，売り上げがおよそ30万円増加します．

最後に95％ベイズ信用区間付きの回帰直線を描きます．

```
# 回帰直線
eff <- marginal_effects(lm_brms, effects = "temperature:weather")
plot(eff, points = TRUE)
```

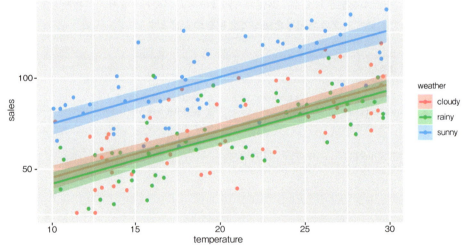

図 3.7.2 正規線形モデルから得られた回帰直線

7.6 補足：正規線形モデルのデザイン行列

brmsによって作成されるStanコードは，単回帰モデルのときも分散分析モデルのときも，そして今回のような複雑なモデルのときも，まったく変わりません．また，第3部第4章で作成された「3-4-1-lm-design-matrix.stan」すなわちデザイン行列を用いたバージョンのStanファイルを流用してモデルの推定が可能です．

第7章　正規線形モデル

今回のモデルのデザイン行列は以下のようになります.

```
> # デザイン行列の作成
> formula_lm <- formula(sales ~ weather + temperature)
> design_mat <- model.matrix(formula_lm, sales_climate)
>
> design_mat
    (Intercept) weatherrainy weathersunny temperature
1             1            0            0        13.7
・・・中略・・・
50            1            0            0        26.2
51            1            0            1        10.1
・・・中略・・・
100           1            0            1        18.8
101           1            1            0        14.0
・・・中略・・・
150           1            1            0        15.8
```

デザイン行列において，1列目に切片，2列目に「雨のときに1となるダミー変数」，3列目に「晴れのときに1となるダミー変数」そして4列目に気温が入っています．これだけの工夫で，説明変数を増やすことが簡単にできます．予測の出し方なども，単回帰モデルとまったく同様に行うことが可能です．

モデルの構造をイメージすることさえできれば，それを実装することは，現代においてあまり難しくありません．極端な話，デザイン行列をイメージできなくても「sales ~ weather + temperature」というformulaをイメージできれば，結果を出すことは可能です．それでも，自分がどのような仮定をおいてモデル化しているのかを理解するために，内部で何が行われているかは知っておいた方が良いでしょう．

本章まで，Stanとbrmsを用いて，「応答変数が正規分布に従うと想定したモデル」の構築の方法を学びました．正規線形モデルはこれだけでも十分に実用的ですが，さらなる工夫とモデルの発展の方法を次章以降で述べます．

3
実践編

211

第**8**章

ポアソン回帰モデル

8.1　本章の目的と概要

テーマ

本章ではポアソン回帰モデルの推定を行います.

目　的

　一般化線形モデルにおいて,線形予測子をいろいろと変えていく手順は,第2章の単回帰モデルから第6章の分散分析モデル(ダミー変数),そして第7章の正規線形モデルで説明しました.続いて本章では,確率分布とリンク関数を変更する手続きを体験していただきます.

概　要

モデルの構造 → 分析の準備 → データの読み込みと可視化
→ brms によるポアソン回帰モデルの推定 → 推定されたモデルの解釈 → 回帰曲線の図示
→（補足）Stan ファイルの実装 →（補足）デザイン行列を使った Stan ファイルの実装

8.2　モデルの構造

　生き物の個体数やビールの売り上げ数など,0以上の整数をとる離散型のデータを対象とする場合は,正規分布ではなくポアソン分布がしばしば用いられます.ポアソン分布のパラメータは,強度 λ のみです.λ が期待値とも分散とも等しくなります.リンク関数には対数関数が用いられます.

　例えばある湖における魚の釣獲尾数のモデル化を試みます.湖で1時間釣りをしたときの釣獲尾数と,その日の気温と天気を一般化線形モデルで表現します.釣獲尾数はポアソン分布に従い,ポアソン分布の強度 λ が気温と天気によって変化すると想定します.ただし,雨の日は釣りができなかったので,曇りの日と晴れの日の2種類の天候だけを持ちます.

　ポアソン回帰モデルは以下のようになります.ただし x_{i1} は「晴れの日に1を,それ以外は0をとるダミー変数」であり,x_{i2} は気温データです.

$$\log(\lambda_i) = \beta_0 + \beta_1 x_{i1} + \beta_2 x_{i2}$$
$$y_i \sim \text{Poiss}(\lambda_i) \tag{3.49}$$

このとき $\beta_0 + \beta_1 x_{i1} + \beta_2 x_{i2}$ が線形予測子で，対数関数がリンク関数となります．

これは，対数関数の逆関数である exp，すなわちネイピア数の指数関数を使って，以下のように書き換えできます．指数関数を適用することで，ポアソン分布の強度が負の値をとらなくなります．

$$\lambda_i = \beta_0 + \beta_1 x_{i1} + \beta_2 x_{i2}$$
$$y_i \sim \text{Poiss}\left(\exp(\lambda_i)\right) \tag{3.50}$$

8.3　分析の準備

分析の準備として，パッケージの読み込みと計算を高速化させるオプションを指定します．

```
# パッケージの読み込み
library(rstan)
library(brms)
# 計算の高速化
rstan_options(auto_write = TRUE)
options(mc.cores = parallel::detectCores())
```

8.4　データの読み込みと可視化

分析対象となるデータを読み込みます．架空の魚の釣獲尾数データと天気・気温のデータです．釣獲尾数は 0 または正の整数しかとらないことに注意します．

```
> # 分析対象のデータ
> fish_num_climate <- read.csv("3-8-1-fish-num-1.csv")
> head(fish_num_climate, 3)
  fish_num weather temperature
1        0  cloudy         5.5
2        2  cloudy        21.1
3        5  cloudy        17.2
> # データの要約
> summary(fish_num_climate)
    fish_num       weather     temperature
 Min.   :0.0   cloudy:50   Min.   : 0.20
 1st Qu.:0.0   sunny :50   1st Qu.: 6.75
 Median :1.0               Median :13.25
 Mean   :1.6               Mean   :14.75
 3rd Qu.:2.0               3rd Qu.:23.23
 Max.   :8.0               Max.   :29.70
```

釣獲尾数と気温の関係を，散布図で確認します．散布図は天気別に色を分けました．

```
# 図示
ggplot(data = fish_num_climate,
       mapping = aes(x = temperature, y = fish_num)) +
  geom_point(aes(color = weather)) +
  labs(title = " 釣獲尾数と気温・天気の関係 ")
```

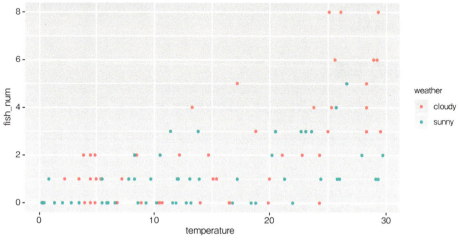

図 3.8.1　釣獲尾数と天気・気温の散布図

気温が上がるにつれて，釣獲尾数の平均値と分散が増えていくことがわかります．この特徴はポアソン分布と良く合致するので，ポアソン回帰モデルが適用できそうです．天気の影響は微妙なところですが，晴れているときの方がやや釣獲尾数が少なく見えます．

8.5　brms によるポアソン回帰モデルの推定

brms を使って，モデルを推定します．実装の方法は正規線形モデルとほとんど変わりません．family を poisson に変えるだけです．正規分布と異なり，データのばらつきの大きさ (sigma) を推定する必要がないことに注意して，無情報事前分布を指定します．

```
# ポアソン回帰モデルを作る
glm_pois_brms <- brm(
  formula = fish_num ~ weather + temperature,    # model の構造を指定
  family = poisson(),                            # ポアソン分布を使う
  data = fish_num_climate,                       # データ
  seed = 1,                                      # 乱数の種
  prior = c(set_prior("", class = "Intercept"))  # 無情報事前分布にする
)
```

第 8 章　ポアソン回帰モデル

推定結果はこちらです (一部抜粋).

```
> # MCMC の結果の確認
> glm_pois_brms
 Family: poisson
  Links: mu = log
Formula: fish_num ~ weather + temperature
   Data: fish_num_climate (Number of observations: 100)
Samples: 4 chains, each with iter = 2000; warmup = 1000; thin = 1;
         total post-warmup samples = 4000

Population-Level Effects:
             Estimate Est.Error l-95% CI u-95% CI Eff.Sample Rhat
Intercept       -0.80      0.24    -1.28    -0.34       2403 1.00
weathersunny    -0.59      0.17    -0.94    -0.26       2496 1.00
temperature      0.08      0.01     0.06     0.10       2664 1.00
```

Rhat は 1 であり, 収束に問題はないようです.

weathersunny は, 晴れのときの影響の大きさです. 係数の 95% ベイズ信用区間は -0.94 から -0.26 と負の値になっています. やはり曇りのときよりも晴れている方が釣れにくいようです. 魚が日光を嫌うのかもしれません.

temperature の係数の 95% 信用区間は 0.06 から 0.10 であり, 正の値となっています. このため, 気温が高いときの方が多く釣れると解釈されます.

8.6　推定されたモデルの解釈

ポアソン回帰モデルは, 対数関数をリンク関数として用いているため, 係数の解釈が変わることに注意が必要です.

weathersunny の係数の点推定値は -0.59 となりました. このとき, 「天気が晴れになると, 釣獲尾数は exp(-0.59) 倍になる」と解釈されます. exp(−0.59) はおよそ 0.55 です. 天気が晴れになると, 釣獲尾数は曇りのときと比べて半分ほどになると解釈されます.

temperature の係数の点推定値は 0.08 でした. このとき「気温が 1 度上がると, 釣獲尾数は exp(0.08) 倍になる」と解釈されます. exp(0.08) はおよそ 1.08 です. 気温が 1 度上がるたびに, 釣獲尾数は 1.08 倍ずつ増えていくと解釈されます. このため, 気温に対して指数関数的に釣獲尾数が変化していくこととなります. 後ほどポアソン回帰モデルの予測結果を図示しますが, その結果と実際のデータがよく合っていることを確認するのは良い習慣だといえるでしょう.

8.7　回帰曲線の図示

回帰曲線を図示します. まずは 95% ベイズ信用区間付きのグラフです.

3
実
践
編

215

第3部【実践編】一般化線形モデル

```
eff <- marginal_effects(glm_pois_brms,
                        effects = "temperature:weather")
plot(eff, points = TRUE)
```

リンク関数が対数関数なので，気温に対して指数関数的に釣獲尾数が増えていることがわかります．

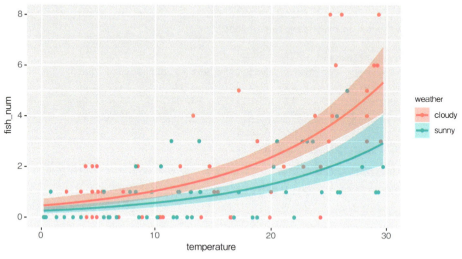

図 3.8.2　ポアソン回帰曲線：信用区間

モデルの結果を図示することは，現象の解釈にも役立ちます．

　続いて予測区間です．ポアソン分布は期待値も分散もともに単一のパラメータλによって決まります．そのため，ポアソン分布で想定しているときよりも実際のデータの分散の方が大きいという過分散の問題が生じることがあります．予測区間を描画して，予測区間内にデータが収まっていることを確認することで，過分散が生じているかどうかをチェックできます．今回は過分散のチェックという意味を込めて，99% ベイズ予測区間を図示しました．多くのデータがこの範囲外となっているようだと問題です．今回は支障ないようです．

```
set.seed(1)
eff_pre <- marginal_effects(glm_pois_brms,
                            method = "predict",
                            effects = "temperature:weather",
                            probs = c(0.005, 0.995))
plot(eff_pre, points = TRUE)
```

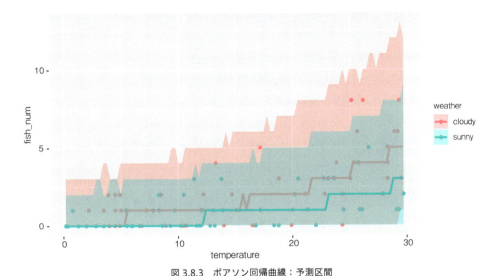

図 3.8.3　ポアソン回帰曲線：予測区間

ところで，予測区間は信用区間と異なってギザギザとした線が引かれています．これは，予測区間を計算するために，ポアソン分布に従う乱数を使っているからです．ポアソン分布に従う乱数は 0 または正の整数しかとりません．そのため，飛び飛びの値をとることになります．

8.8　補足：ポアソン回帰モデルのための Stan ファイルの実装

brms を使わないで，ポアソン回帰モデルを推定してみます．Stan ファイルは以下のようになります．「3-8-1-glm-pois-1.stan」という名称で保存します．

```
data {
  int N;                  // サンプルサイズ
  int fish_num[N];        // 釣獲尾数
  vector[N] temp;         // 気温データ
  vector[N] sunny;        // 晴れダミー変数
}
parameters {
  real Intercept;    // 切片
  real b_temp;       // 係数（気温）
  real b_sunny;      // 係数（晴れの影響）
}
model {
  vector[N] lambda = exp(Intercept + b_temp*temp + b_sunny*sunny);
  fish_num ~ poisson(lambda);
}
```

第3部 【実践編】一般化線形モデル

正規線形モデルとほとんど変わりがありません．変更点は以下の通りです．

1 応答変数である釣獲尾数 fish_num が int の配列になった
2 ポアソン分布のパラメータ lambda に exp 関数をかませた
3 normal（正規分布）の代わりに poisson 関数を使った

一般化線形モデルの枠組みを理解していれば，実装するのは難しくないはずです．

なお，model のサンプリング文は，以下のように poisson_log 関数を使って，さらに効率的に実装することが可能です (3-8-2-glm-pois-2.stan)．わざわざ exp 関数を使う手間が省けました．このような関数があるならば，積極的に使うべきです．

```
model {
  vector[N] lambda = Intercept + b_temp*temp + b_sunny*sunny;
  fish_num ~ poisson_log(lambda);
}
```

MCMC の実行結果は brms とあまり変わらないので省略します．

8.9　補足：ポアソン回帰モデルのための Stan ファイルの実装（デザイン行列使用）

続いて，デザイン行列を使ってポアソン回帰モデルを実装します．全体のコードはこちらの方が少し短くなります．「3-8-3-glm-pois-design-matrix.stan」という名称で保存します．

```
data {
  int N;                 // サンプルサイズ
  int K;                 // デザイン行列の列数（説明変数の数＋1）
  int Y[N];              // 応答変数（整数型）
  matrix[N, K] X;        // デザイン行列
}
parameters {
  vector[K] b;           // 切片を含む係数ベクトル
}
model {
  vector[N] lambda = X * b;
  Y ~ poisson_log(lambda);
}
```

正規線形モデル（第3部第4章の「3-4-1-lm-design-matrix.stan」）と異なるのは，応答変数のデータ型を int の配列にしたことと poisson_log 関数を使っていることだけです．

218

第8章 ポアソン回帰モデル

デザイン行列は正規線形モデルとまったく同様の形になります (一部抜粋).

```
> # デザイン行列の作成
> formula_pois <- formula(fish_num ~ weather + temperature)
> design_mat <- model.matrix(formula_pois, fish_num_climate)
>
> design_mat
    (Intercept) weathersunny temperature
1             1            0         5.5
・・・中略・・・
50            1            0        24.3
51            1            1         0.2
・・・中略・・・
100           1            1        13.2
```

1列目が切片で, 2列目が「晴れのときに1をとるダミー変数」である, 3列目が気温です.
MCMCの実行結果は省略します.

　一般化線形モデルは, 線形予測子・確率分布・リンク関数の3つの部品からなります. 線形予測子はデザイン行列を使うことで, コードを変化させることなくさまざまな形に変化させることが可能です. そして, 確率分布とリンク関数を変えてやるだけで, さまざまなデータの種類に適用することが可能となるわけです. この発想は, 一般化線形モデル以外でも用いられます.

3 実践編

219

第9章 ロジスティック回帰モデル

9.1 本章の目的と概要

テーマ

本章ではロジスティック回帰モデルを推定します．

目的

一般化線形モデルの枠組みで「あり・なし」といった二値データを扱う標準的な手法を紹介することを目的として，本章を執筆しました．

概要

モデルの構造 → 分析の準備 → データの読み込みと可視化
→ brms によるロジスティック回帰モデルの推定 → 推定されたモデルの解釈
→（補足）Stan ファイルの実装 →（補足）試行回数が常に 1 の場合の実装

9.2 モデルの構造

ある植物の種子の発芽率のモデル化を試みます．植木鉢に 10 粒の種子をまき，そのうちの何粒が発芽したかを調査しました．

イメージとしては，コインを 10 回投げて何回の表が出たかを記録した結果とよく似ています．1 粒が 1 枚のコインのようなもので，10 枚とも表ならば 10 粒とも発芽して，裏ならば発芽しないことになります．これは試行回数が 10 回の二項分布で表現できそうです．二項分布の成功確率（発芽率）が日照の有無と栄養素の量によってどのように変化するのかを探ります．

発芽率 p の変化は，以下のように，確率分布に二項分布，リンク関数にロジット関数を用いた一般化線形モデルで表現できます．ただし p_i は種子が発芽する確率であり，y_i は「10 粒の種子のうち発芽した数」です．x_{i1} は「植木鉢に日が当たっていれば 1 を，当たっていなければ 0 をとるダミー変数」であり，x_{i2} は「栄養素の量（数量データ）」です．

第9章　ロジスティック回帰モデル

$$
\begin{aligned}
\text{logit}(p_i) &= \beta_0 + \beta_1 x_{i1} + \beta_2 x_{i2} \\
y_i &\sim \text{Binom}(10, p_i)
\end{aligned}
\tag{3.51}
$$

確率は 0 から 1 の範囲をとります．そのためロジット関数の逆関数であるロジスティック関数は，確率の変化を表現するのに便利です．ロジスティック関数は 0 から 1 の範囲しかとりません．

参考までに，ロジスティック関数を再掲します．Stan では inv_logit という名称の関数を使うことで実装できます．

$$
\text{logistic}(x) = \frac{1}{1 + \exp(-x)}
\tag{3.52}
$$

ロジスティック関数を用いると，モデルの構造は以下のように表記できます．

$$
\begin{aligned}
p_i &= \beta_0 + \beta_1 x_{i1} + \beta_2 x_{i2} \\
y_i &\sim \text{Binom}(10, \text{logistic}(p_i))
\end{aligned}
\tag{3.53}
$$

9.3　分析の準備

分析の準備として，パッケージの読み込みと計算を高速化させるオプションを指定します．

```
# パッケージの読み込み
library(rstan)
library(brms)
# 計算の高速化
rstan_options(auto_write = TRUE)
options(mc.cores = parallel::detectCores())
```

9.4　データの読み込みと可視化

分析対象となるデータを読み込みます．架空の種子の発芽数データです．germination が発芽数です．size は植木鉢にまいた種子の数です．今回は 10 粒で固定なのですが，変化しても構いません．solar が日照の有無を表していて，nutrition が栄養素の量です．

```
> # 分析対象のデータ
> germination_dat <- read.csv("3-9-1-germination.csv")
> head(germination_dat, n = 3)
  germination size solar nutrition
1           0   10 shade         1
2           0   10 shade         1
3           0   10 shade         1
> # データの要約
```

```
> summary(germination_dat)
  germination        size       solar      nutrition
 Min.   : 0.00   Min.   :10   shade   :50   Min.   : 1.0
 1st Qu.: 0.00   1st Qu.:10   sunshine:50   1st Qu.: 3.0
 Median : 1.00   Median :10                 Median : 5.5
 Mean   : 2.83   Mean   :10                 Mean   : 5.5
 3rd Qu.: 4.00   3rd Qu.:10                 3rd Qu.: 8.0
 Max.   :10.00   Max.   :10                 Max.   :10.0
```

発芽した数と日照・栄養素の関係を散布図で確認します．日が照っていて（solar=sunshine）栄養素の量が多いほど，発芽率が高そうに見えます．

```
ggplot(data = germination_dat,
       mapping = aes(x = nutrition, y = germination, color = solar)) +
  geom_point() +
  labs(title = " 種子の発芽数と，日照の有無・栄養素の量の関係 ")
```

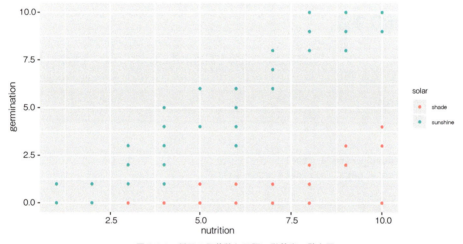

図 3.9.1　種子の発芽数と日照・栄養素の散布図

9.5　brms によるロジスティック回帰モデルの推定

brms を使って，モデルを推定します．実装の方法はポアソン回帰モデルとほとんど変わりません．size 個の種子のうち germination 個だけが発芽したことを示すために，formula において「germination | trials(size)」と指定しました．また family を binomial に変えます．

第 9 章 ロジスティック回帰モデル

```r
glm_binom_brms <- brm(
  germination | trials(size) ~ solar + nutrition,  # model の構造を指定
  family = binomial(),                             # 二項分布を使う
  data = germination_dat,                          # データ
  seed = 1,                                        # 乱数の種
  prior = c(set_prior("", class = "Intercept"))    # 無情報事前分布にする
)
```

推定結果はこちらです (一部抜粋).

```
> # MCMC の結果の確認
> glm_binom_brms
 Population-Level Effects:
               Estimate Est.Error l-95% CI u-95% CI Eff.Sample Rhat
Intercept         -8.01      0.50    -9.05    -7.07       1434 1.00
solarsunshine      4.04      0.29     3.50     4.64       1629 1.00
nutrition          0.72      0.05     0.62     0.83       1806 1.00
```

Rhat は 1 であり, 収束に問題はないようです.

solarsunshine の係数の 95% 信用区間は 3.50 から 4.64 となっています. 正の値をとっているので, 日照があると発芽率が高くなるようです.

nutrition の係数の 95% 信用区間は 0.62 から 0.83 となっています. 正の値をとっているので, 栄養素の量が多いほど, 発芽率は上がるようです.

9.6　推定されたモデルの解釈

ロジスティック回帰は, リンク関数としてロジット関数を使っているため, 係数の解釈がやや複雑です. 本節では用語をいくつか紹介したうえで, 回帰係数の解釈を試みます.

オッズとは「失敗するよりも何倍成功しやすいか」を表した指標で, 以下のように計算されます. ただし p は発芽率です.

$$オッズ = \frac{p}{1-p} \tag{3.54}$$

オッズの変化率は**オッズ比**と呼ばれます. ロジスティック回帰モデルの回帰係数に指数関数 exp を適用すると, オッズ比となります. そのため回帰係数は**対数オッズ比**であると解釈されます.

回帰係数とオッズ比の関係を R で確認します. 以下のような newdata_1 を用意します.

第3部 【実践編】一般化線形モデル

```
> # 説明変数を作る
> newdata_1 <- data.frame(
+    solar = c("shade", "sunshine", "sunshine"),
+    nutrition = c(2,2,3),
+    size = c(10,10,10)
+ )
> newdata_1
    solar nutrition size
1    shade         2   10
2 sunshine         2   10
3 sunshine         3   10
```

推定されたモデルを用いて，上記のデータが渡されたときの発芽率の予測値（の点推定値）を計算します．fitted 関数を使います．

```
> # 線形予測子の予測値
> linear_fit <- fitted(glm_binom_brms, newdata_1, scale = "linear")[,1]
> # ロジスティック関数を適用して，成功確率を計算
> fit <- 1 / (1 + exp(-linear_fit))
> fit
[1] 0.001395795 0.073659671 0.140251525
```

fitted 関数の引数に「scale = "linear"」を指定しました．こうすると，線形予測子，すなわち $\beta_0 + \beta_1 x_{i1} + \beta_2 x_{i2}$ の当てはめ値が得られます．表にして整理します．

表 3.9.1　日照（solar）と栄養素の量（nutorion）を変化させたときの当てはめ値の変化

No	solar	nutorion	当てはめ値
1	shade	2	$\beta_0 \qquad + \beta_2 \cdot 2$
2	sunshine	2	$\beta_0 + \beta_1 + \beta_2 \cdot 2$
3	sunshine	3	$\beta_0 + \beta_1 + \beta_2 \cdot 3$

この当てはめ値（コードの上では linear_fit）にロジスティック関数を適用することで，成功確率が得られます．これを変数 fit に格納しました．

上記の結果を用いてさらにオッズを計算します．

```
# オッズを計算
odds_1 <- fit[1] / (1 - fit[1])
odds_2 <- fit[2] / (1 - fit[2])
odds_3 <- fit[3] / (1 - fit[3])
```

モデルの係数を取得しておきます．fixef という関数を使うことで得られます．

第9章 ロジスティック回帰モデル

```
> # モデルの係数を取得
> coef <- fixef(glm_binom_brms)[,1]
> coef
   Intercept solarsunshine      nutrition
  -8.0100622     4.0411084      0.7185838
```

solar が shade から sunshine に変わったときのオッズ比は，solar の係数に exp をとったものと等しくなります．

```
> odds_2 / odds_1
[1] 56.88936
> exp(coef["solarsunshine"])
solarsunshine
     56.88936
```

nutrition が 2 から 3 に変わったときのオッズ比は，nutrition の係数に exp をとったものと等しくなります．

```
> odds_3 / odds_2
[1] 2.051526
> exp(coef["nutrition"])
nutrition
 2.051526
```

9.7 回帰曲線の図示

回帰曲線を図示します．95% ベイズ信用区間付きのグラフを描きます．なお，二項分布の試行回数が異なるときには，その中央値に基づいて回帰曲線が描かれることに注意してください．今回は常に試行回数が 10 で固定なので問題ありません．

```
eff <- marginal_effects(glm_binom_brms,
                        effects = "nutrition:solar")
plot(eff, points = TRUE)
```

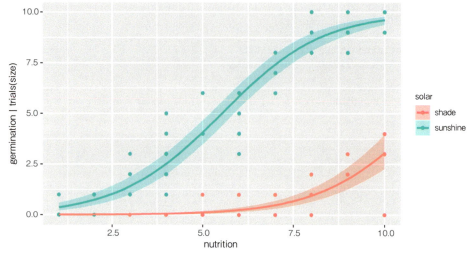

図 3.9.2　ロジスティック回帰モデルの回帰曲線：信用区間付き

9.8　補足：ロジスティック回帰モデルのためのStanファイルの実装

brmsを用いないでロジスティック回帰モデルを推定します．以下のStanファイルを「3-9-1-glm-binom-1.stan」という名称で保存します．サンプリング文に`binomial_logit`関数を使うことだけ気を付ければ，あとはポアソン回帰モデルとほぼ同様です．

```
data {
  int N;                    // サンプルサイズ
  int germination[N];       // 発芽数
  int binom_size[N];        // 二項分布の試行回数
  vector[N] solar;          // 1：日照あり
  vector[N] nutrition;      // 栄養量
}
parameters {
  real Intercept;           // 切片
  real b_solar;             // 係数（日照の有無）
  real b_nutrition;         // 係数（栄養量）
}
model {
  vector[N] prob = Intercept + b_solar*solar + b_nutrition*nutrition;
  germination ~ binomial_logit(binom_size, prob);
}
```

modelブロックでは，`binomial_logit`という便利な関数を使いました．しかし「`vector[N] prob = inv_logit(線形予測子)`」としてから「`germination ~ binomial(binom_size, prob)`」としても同様の結果が得られます．線形予測子・リンク関数・確率分布の対応を確認してください．

MCMC の実行方法は，他のモデルと同様なので省略します．

9.9　補足：試行回数が常に 1 の場合

　今回は試行回数が 10 である二項分布を用いてモデル化を行いました．しかし，試行回数が常に 1 となることもあります．すなわち，応答変数が 0 または 1 しかとらない場合です．このときは二項分布ではなくベルヌーイ分布を使った方が明快です．「family = bernoulli()」と指定します．

```
# 参考：0/1データの場合（このコードは実行できません）
# glm_bernoulli_brms <- brm(
#   formula = 0/1データ ~ 説明変数,              # modelの構造を指定
#   family = bernoulli(),                        # ベルヌーイ分布を使う
#   data = データ,                               # データ
#   seed = 1,                                    # 乱数の種
#   prior = c(set_prior("", class = "Intercept")) # 無情報事前分布にする
# )
```

第3部 【実践編】一般化線形モデル

第10章

交互作用

10.1 本章の目的と概要

テーマ

本章では，線形予測子をさらに複雑にして，説明変数同士が交互に影響を与え合う構造をモデルで表現します．これを交互作用と呼びます．

目 的

一般化線形モデルをさらに発展させる方法を学んでいただくために，本章を執筆しました．今までと異なり，やや応用的な内容となります．交互作用は一般化線形モデル以外でも，さまざまなモデルの部品として用いることが可能です．

概 要

● **交互作用の基本**

交互作用と主効果 → 一般化線形モデルにおける交互作用の取り扱い → 分析の準備

● **カテゴリ×カテゴリの交互作用**

モデル化 → 係数の解釈 → モデルの図示

● **カテゴリ×数量の交互作用**

モデル化 → 係数の解釈 → モデルの図示

● **数量×数量の交互作用**

モデル化 → 係数の解釈 → モデルの図示

10.2 交互作用と主効果

2つ以上の説明変数の組合せが応答変数にもたらす影響を調べる際に，**交互作用**と呼ばれる考え方が用いられます．交互作用と対比させる意味で，個別の変数がもたらす影響のことは**主効果**と呼びます．

第 10 章 交互作用

10.3 一般化線形モデルにおける交互作用の取り扱い

一般化線形モデルにおいては線形予測子に「説明変数同士の積」を説明変数として新たに追加することによって交互作用を表現します．本章では正規線形モデルを対象としますが，ポアソン回帰モデルやロジスティック回帰モデルなどでも同様に分析が可能です．

例えば，「宣伝があれば 1，なければ 0」と「安売りがあれば 1，なければ 0」という 2 つのダミー変数を説明変数として用いることを考えます．このとき，2 つの説明変数の積は「宣伝があって，かつ，安売りも行われているときだけ 1 をとるダミー変数」だとみなされます．

10.4 分析の準備

分析の準備として，パッケージの読み込みと計算を高速化させるオプションを指定します．

```
# パッケージの読み込み
library(rstan)
library(brms)
# 計算の高速化
rstan_options(auto_write = TRUE)
options(mc.cores = parallel::detectCores())
```

10.5 カテゴリ×カテゴリ：モデル化

交互作用のモデル化を試みます．最初に「カテゴリ×カテゴリ」の交互作用をモデル化します．宣伝の有無 (publicity) と安売りの有無 (bargen) を説明変数として，売り上げ (sales) を応答変数としてモデル化します．

```
> # 分析対象のデータ
> interaction_1 <- read.csv("3-10-1-interaction-1.csv")
> head(interaction_1, n = 3)
  sales publicity bargen
1  87.5       not    not
2 103.7       not    not
3  83.3       not    not
> # データの要約
> summary(interaction_1)
     sales            publicity          bargen
 Min.   : 55.7   not        :50   not        :50
 1st Qu.:108.8   to_implement:50   to_implement:50
 Median :124.3
 Mean   :127.2
 3rd Qu.:148.5
 Max.   :191.7
```

第3部 【実践編】一般化線形モデル

brms を使うことで交互作用を組み込んだモデルを構築することは簡単ですが，formula の構文には注意が必要です．

以下の2つの formula は同じ意味を持ちます．

パターン1：formula = sales ~ publicity * bargen
パターン2：formula = sales ~ publicity + bargen + publicity:bargen

パターン1のようにプラス記号ではなくアスタリスクを使うことで「publicity の主効果と，bargen の主効果と，両者の交互作用」を組み込んだモデルを推定することになります．パターン2のように主効果と交互作用を明示的に分けて formula に指定することも可能です．

model.matrix 関数に formula を指定することでデザイン行列が得られます．

```
# デザイン行列の作成
model.matrix(sales ~ publicity * bargen, interaction_1)
```

上記のコードの結果はやや見づらいので，デザイン行列を模式的に示します．

表 3.10.1　カテゴリ×カテゴリの交互作用をもつデザイン行列の例

切片	宣伝	安売り	交互作用
1	0	0	0
1	0	1	0
1	1	0	0
1	1	1	1

交互作用項は，宣伝も安売りもともに行われているときに限って「1」をとります．

上記のデータを用いて，brms によるモデル化を試みます．

```
# モデル化
interaction_brms_1 <- brm(
  formula = sales ~ publicity * bargen,
  family = gaussian(link = "identity"),
  data = interaction_1,
  seed = 1,
  prior = c(set_prior("", class = "Intercept"),
            set_prior("", class = "sigma"))
)
```

推定結果は以下の通りです (一部抜粋).

第 10 章　交互作用

```
> interaction_brms_1
Population-Level Effects:
                                             Estimate Est.Error l-95% CI
Intercept                                      103.22      3.73    95.83
publicityto_implement                           10.16      5.18    -0.26
bargento_implement                              27.53      5.14    17.16
publicityto_implement:bargento_implement        20.34      7.32     5.96
                                             u-95% CI Eff.Sample Rhat
Intercept                                      110.40      2192 1.00
publicityto_implement                           20.36      1958 1.00
bargento_implement                              37.38      1945 1.00
publicityto_implement:bargento_implement        34.61      1742 1.00

Family Specific Parameters:
      Estimate Est.Error l-95% CI u-95% CI Eff.Sample Rhat
sigma    18.42      1.34    16.01    21.37       3677 1.00
```

publicityto_implementとbargento_implementが主効果で，publicityto_implement:bargento
_implement が交互作用の係数です．あとで参照するので色分けをしておきました．

10.6　カテゴリ×カテゴリ：係数の解釈

説明の簡単のために，回帰係数に関しては，その代表値である事後分布の期待値で議論します．

切片	宣伝効果	安売り効果	交互作用
103.22	10.16	27.53	20.34

カテゴリ×カテゴリの交互作用の場合は，以下のように応答変数の値が予測されます．

表 3.10.2　カテゴリ×カテゴリの交互作用があるときの予測値の変化のパターン

宣伝	安売り	応答変数（売り上げ）の予測値
なし	なし	103.22
あり	なし	103.22 ＋ 10.16
なし	あり	103.22　　　　　　　 ＋ 27.53
あり	あり	103.22 ＋ 10.16 ＋ 27.53 ＋ 20.34

　宣伝があった場合，安売りがあった場合は，各々の主効果が応答変数（売り上げ）に加算されます．そして，宣伝も安売りもともに行われた場合は，両者の主効果に加えてさらに交互作用の影響が加わります．

　以下のコードでこれを確認できます．

231

```
> # 説明変数を作る
> newdata_1 <- data.frame(
+   publicity = rep(c("not", "to_implement"),2),
+   bargen = rep(c("not", "to_implement"),each = 2)
+ )
> newdata_1
     publicity        bargen
1          not           not
2 to_implement          not
3          not  to_implement
4 to_implement  to_implement
> # 予測
> round(fitted(interaction_brms_1, newdata_1), 2)
     Estimate Est.Error   Q2.5  Q97.5
[1,]   103.22      3.73  95.83 110.40
[2,]   113.38      3.68 106.25 120.76
[3,]   130.75      3.61 123.53 137.87
[4,]   161.24      3.66 153.99 168.51
```

上記の足し算の結果とほぼ同じ値が得られていることがわかります．

10.7　カテゴリ×カテゴリ：モデルの図示

図示することで，データの解釈がさらに容易になります．

```
# モデルの図示
eff_1 <- marginal_effects(interaction_brms_1,
                          effects = "publicity:bargen")
plot(eff_1, points = T)
```

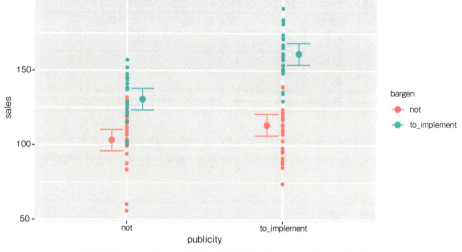

図 3.10.1　カテゴリ×カテゴリの交互作用がもたらした売り上げの変化

第 10 章　交互作用

　宣伝と安売りを両方とも実行したときは，単なる主効果の和よりも大きな効果が得られることがわかります．

　今回は交互作用項の係数が正の値をとっていたので，いわゆる相乗効果のように，効果がより大きくなりました．しかし，交互作用項の係数によっては，この逆に，お互いに効果を打ち消し合うこともあります．

10.8　カテゴリ×数量：モデル化

　続いて「カテゴリ×数量」の交互作用をモデル化します．宣伝の有無 (publicity) と気温 (temperature) を説明変数として，売り上げ (sales) を応答変数としてモデル化します．

```
> # 分析対象のデータ
> interaction_2 <- read.csv("3-10-2-interaction-2.csv")
> head(interaction_2, n = 3)
  sales publicity temperature
1  74.0       not         8.0
2  60.2       not        11.2
3  91.2       not        17.2
> # データの要約
> summary(interaction_2)
     sales              publicity     temperature
 Min.   : 25.90   not          :50   Min.   : 0.400
 1st Qu.: 79.67   to_implement:50   1st Qu.: 9.725
 Median :109.50                      Median :14.650
 Mean   :123.47                      Mean   :15.539
 3rd Qu.:154.45                      3rd Qu.:23.025
 Max.   :263.30                      Max.   :29.800
```

　上記のデータを用いて，brms によるモデル化を試みます．モデル化の方法は「カテゴリ×カテゴリ」のときとまったく同じです．

```
# モデル化
interaction_brms_2 <- brm(
  formula = sales ~ publicity * temperature,
  family = gaussian(link = "identity"),
  data = interaction_2,
  seed = 1,
  prior = c(set_prior("", class = "Intercept"),
            set_prior("", class = "sigma"))
)
```

233

第3部 【実践編】一般化線形モデル

推定結果は以下の通りです (一部抜粋).

```
> # MCMC の結果の確認
> interaction_brms_2
Population-Level Effects:
                                Estimate Est.Error l-95% CI
Intercept                          43.16      6.01    31.13
publicityto_implement              16.99      8.38     0.54
temperature                         2.58      0.33     1.92
publicityto_implement:temperature   4.21      0.48     3.27
                                u-95% CI Eff.Sample Rhat
Intercept                          54.64       2497 1.00
publicityto_implement              33.20       2279 1.00
temperature                         3.23       2409 1.00
publicityto_implement:temperature   5.13       2228 1.00

Family Specific Parameters:
      Estimate Est.Error l-95% CI u-95% CI Eff.Sample Rhat
sigma    18.80      1.36    16.40    21.74       2660 1.00
```

10.9 カテゴリ×数量：係数の解釈

カテゴリ×数量の交互作用の場合は，以下のように応答変数の値が予測されます.

切片	宣伝効果	気温の効果	交互作用
43.16	16.99	2.58	4.21

表 3.10.3　カテゴリ×数量の交互作用があるときの予測値の変化のパターン

宣伝	応答変数（売り上げ）の予測値		
なし	43.16	+ 気温 × 2.58	
あり	43.16 + 16.99	+ 気温 × (2.58 + 4.21)	

　宣伝が無かった場合は，切片と気温の主効果のみを使って売り上げを予測します.
　宣伝があった場合は，切片に宣伝の主効果が加わるだけでなく，気温の係数も交互作用項によって変化します.

　以下のコードでこれを確認できます.

234

第 10 章　交互作用

```
> # 説明変数を作る
> newdata_2 <- data.frame(
+   publicity   = rep(c("not", "to_implement"), each = 2),
+   temperature = c(0,10,0,10)
+ )
> newdata_2
    publicity temperature
1         not           0
2         not          10
3 to_implement          0
4 to_implement         10
> # 予測
> round(fitted(interaction_brms_2, newdata_2), 2)
     Estimate Est.Error   Q2.5  Q97.5
[1,]    43.16      6.01  31.13  54.64
[2,]    68.93      3.37  62.12  75.52
[3,]    60.16      5.78  48.71  71.41
[4,]   128.00      3.14 121.89 134.25
```

newdata_2 で表現された宣伝の有無・気温における予測値が出力されています.

　気温の主効果として推定されたパラメータ 2.58 は，あくまでも「宣伝が無かったときにおける気温の効果」でしかないことに注意が必要です．気温の主効果の数値だけを見て結果を解釈することが危険であることがわかります.

　交互作用がモデルに組み込まれているときの主効果の解釈は難しい問題です．交互作用があるモデルの場合は「2 つの変数の組合せで，結果を解釈する」ように心がけると間違いが少ないです.

10.10　カテゴリ×数量：モデルの図示

　交互作用は図示をすることでその結果がはっきりわかります．いつものように marginal_effects 関数を使って結果を描画します.

```
# 回帰直線の図示
eff_2 <- marginal_effects(interaction_brms_2,
                          effects = "temperature:publicity")
plot(eff_2, points = T)
```

235

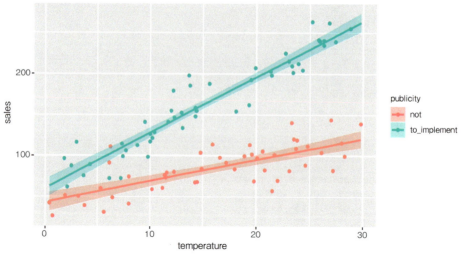

図 3.10.2　カテゴリ×数量の交互作用を加えたときの回帰直線

宣伝をしたときの方が，回帰直線の切片だけではなく傾きも大きくなっていることが見てとれます．

10.11　数量×数量：モデル化

最後に「数量×数量」の交互作用をモデル化します．販売している製品の種類数 (product) と店員の数 (clerk) を説明変数として，売り上げ (sales) を応答変数としてモデル化します．

```
> # 分析対象のデータ
> interaction_3 <- read.csv("3-10-3-interaction-3.csv")
> head(interaction_3, n = 3)
  sales product clerk
1 142.5      17     3
2 193.2      38     4
3 376.7      33     9
> # データの要約
> summary(interaction_3)
     sales           product          clerk     
 Min.   : 35.5   Min.   :10.00   Min.   :1.00  
 1st Qu.:116.7   1st Qu.:19.00   1st Qu.:3.00  
 Median :178.7   Median :28.00   Median :4.00  
 Mean   :204.0   Mean   :29.66   Mean   :4.86  
 3rd Qu.:280.6   3rd Qu.:41.00   3rd Qu.:7.00  
 Max.   :487.2   Max.   :50.00   Max.   :9.00  
```

今回のデータはなかなか興味深いので，モデル化をする前に散布図を描くことにします．

```
# データの図示
ggplot(data = interaction_3,
       aes(x = product, y = sales, color = factor(clerk)))+
  geom_point()
```

横軸が製品の種類数で，縦軸が売り上げです．単なる散布図を見ると，製品の種類数を増やしたところで売り上げが増えるようには見えません．しかし，店員の数で色分けをすると「店員の数が多いときに，製品の種類数を増やすと，売り上げが増えそうだ」ということがわかります．単純な散布図を描くだけだと見逃してしまうような関連性ですが，交互作用項を用いることで，一般化線形モデルの枠組みで分析の俎上に乗せることができます．

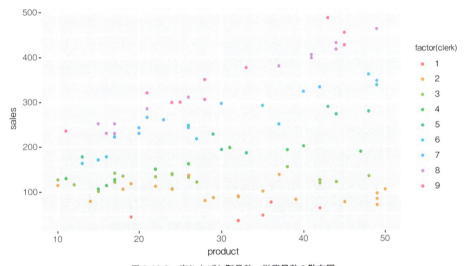

図 3.10.3　売り上げと製品数・従業員数の散布図

上記のデータを用いて，brms によるモデル化を試みます．モデル化の方法は今までとまったく同じです．

```
# モデル化
interaction_brms_3 <- brm(
  formula = sales ~ product * clerk,
  family = gaussian(link = "identity"),
  data = interaction_3,
  seed = 1,
  prior = c(set_prior("", class = "Intercept"),
            set_prior("", class = "sigma"))
)
```

第３部 【実践編】一般化線形モデル

推定結果は以下の通りです（一部抜粋）．

```
> # MCMC の結果の確認
> interaction_brms_3

Population-Level Effects:
                Estimate Est.Error l-95% CI u-95% CI Eff.Sample Rhat
Intercept          89.54     12.21    66.09   113.27       1602 1.00
product            -2.30      0.38    -3.06    -1.58       1617 1.00
clerk               6.21      2.22     1.90    10.51       1599 1.00
product:clerk       1.06      0.07     0.93     1.19       1588 1.00

Family Specific Parameters:
      Estimate Est.Error l-95% CI u-95% CI Eff.Sample Rhat
sigma    20.22      1.47    17.62    23.35       2699 1.00
```

10.12 数量×数量：係数の解釈

数量×数量の交互作用の場合は，以下のように応答変数の値が予測されます．

切片	製品数の効果	店員数の効果	交互作用
89.54	-2.30	6.21	1.06

表 3.10.4 数量×数量の交互作用があるときの予測値の変化のパターン

応答変数（売り上げ）の予測値
89.54 ＋ 製品数×（-2.30 ＋ 1.06×店員数）＋ 店員数 × 6.21

交互作用項は，説明変数の積で表現できることを思い出します．

  売り上げ ～ 89.54＋製品数×(-2.30)＋店員数×6.21＋(製品数×店員数)×1.06

製品数で上記の式をくくりだすことで，予測式が得られます．

  売り上げ ～ 89.54＋製品数×(-2.30＋1.06×店員数)＋店員数×6.21

上記の式は「製品数の係数の値が，店員の数によって変化する」ことを意味しています．

仮に店員が１人しかいなかった場合，製品数の係数は$-2.30 + 1.06 = -1.24$より負の値をとることがわかります．少ない店員さんでたくさんの商品をさばくことはできず，サービスの質が下がって売り上げも落ちるのかもしれません．

逆に店員さんが９人もいたら，製品数の係数は$-2.30 + 1.06 \times 9 = 7.24$となり，製品が１種類増えると，売り上げが７万円以上増加する傾向があることがわかります．

以下のコードでこれを確認できます．なお，以下のコードはあくまでも交互作用項の解釈のためのものであることに留意してください．

238

第 10 章　交互作用

```
> # 説明変数を作る
> newdata_3 <- data.frame(
+    product = c(0,10,0,10),
+    clerk   = c(0,0,10,10)
+ )
> newdata_3
  product clerk
1       0     0
2      10     0
3       0    10
4      10    10
> # 予測
> round(fitted(interaction_brms_3, newdata_3), 2)
     Estimate Est.Error   Q2.5   Q97.5
[1,]    89.54     12.21  66.09  113.27
[2,]    66.53      8.76  49.56   83.16
[3,]   151.63     12.48 126.86  176.35
[4,]   234.65      8.95 216.87  252.43
```

newdata_3 で表現された製品数・店員数における予測値が出力されています．

製品数が 0 で店員数も 0 のときは，売り上げ予測値は切片と等しくなります．

店員数が 0 のまま，製品数だけが 10 増えたときは，製品数の主効果だけ売り上げが減ります．

製品数が 0 のまま，店員数だけが 10 増えたときは，店員数の主効果だけ売り上げが増えます．

製品数も店員数も増えたときは，交互作用項も加味して予測値が得られます．

10.13　数量×数量：モデルの図示

最後に回帰直線を描画します．今回は 2 種類のグラフを描きます．「数量×数量の交互作用」はグラフを描きにくいことがしばしばあります．データに応じていくつかの結果の出し方を使い分けられると便利です．

まずは，1 つのグラフに複数の回帰直線を引く方法を説明します．「数量×数量の交互作用」を扱う場合は，数量データの区切りを明確にする必要があります．店員数を 1 から 9 まで 1 ずつ変化させて，各々で回帰直線を引くことにします．まずはデータの分割の仕方を指定します．

```
> int_conditions <- list(
+    clerk = setNames(1:9, paste("clerk=", 1:9, sep=""))
+ )
> int_conditions
$`clerk`
clerk=1 clerk=2 clerk=3 clerk=4 clerk=5 clerk=6 clerk=7 clerk=8
      1       2       3       4       5       6       7       8
clerk=9
      9
```

先ほど作った int_conditions を引数にして marginal_effects 関数を実行します．縦軸が売り

上げ (sales) で，横軸が製品数 (product) です．

```
eff_3 <- marginal_effects(interaction_brms_3,
                          effects = "product:clerk",
                          int_conditions = int_conditions)
plot(eff_3, points = TRUE)
```

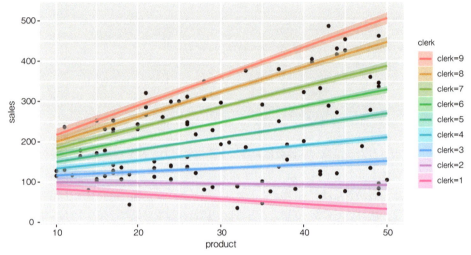

図 3.10.4　数量×数量の交互作用を加えたときの回帰曲線

グラフにすると，「店員の数が多いときだけ，製品数を増やすと売り上げが増える」ことが明確にわかります．

続いて，店員さんの人数別に 9 つのグラフを描き，それを並べる方法をとります．まずはデータを分割する方法を指定します．

```
> conditions <- data.frame(clerk = 1:9)
> conditions
  clerk
1     1
2     2
3     3
4     4
5     5
6     6
7     7
8     8
9     9
```

先ほど作った conditions を引数にして marginal_effects 関数を実行します．

```
eff_4 <- marginal_effects(interaction_brms_3,
                          effects = "product",
                          conditions = conditions)
plot(eff_4, points = FALSE)
```

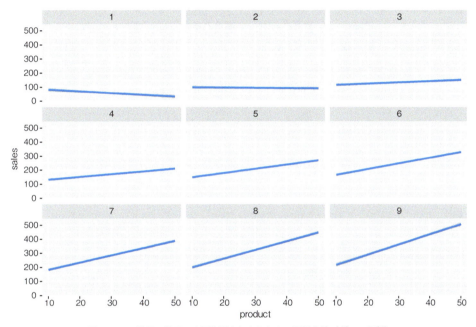

図 3.10.5　数量×数量の交互作用を加えたときの回帰曲線（グラフ分割）

図 3.10.5 のグラフでも，「店員数が少ないときは，製品数を増やすと逆に売り上げが減る」ことが一目でわかります．

回帰分析の結果は，あくまでも関係性を明らかにしたものです．原因と結果の関係，すなわち因果関係を明らかにしたわけではないことに注意してください．言い換えると「商品点数が多いお店の従業員を増やしたからといって，売り上げが増えるとは限らない」ということです．

例えば，従業員の多いお店には，マネージャーがいたのかもしれません．そのマネージャーのおかげで売り上げが増えていたのだとしたら，店員をむやみに増やしても効果は薄いでしょう．あるいは，店員が多いお店は教育が行き届き，優れた接客ノウハウを持っていたのかもしれません．

回帰モデルの結果から直接に因果関係が明らかになることは稀だといえます．モデルはあくまでも「現象を記述したもの」にすぎず，その記述が現実と食い違っていることは十分にあり得ます．すべてのモデルは批判的に検証されるべきです．それでもなお，統計モデルを推定し，（最低限の評価を行った後の）結果を提示することには，十分な価値があると，私は強く主張したいです．

第3部 【実践編】一般化線形モデル

　モデルの結果が提示できれば「商品点数が多いお店の従業員を増やすという実験をしてみよう」という提案ができます．この実験の結果，（想定と異なり）売り上げが増えなかったとしたら「今までのモデルでは考慮できていない事情があるのではないか」とモデルの改善を提案できます．マネージャーの数や店員の経験年数などを加味して再度モデルを構築し，その結果を吟味することで，私たちはさらに現実の理解に，そして実社会の問題を改善することに一歩近づけます．

　モデルを一度作ってしまってそれでおしまい，となることは多くありません．モデルは常に検証され，改善される余地があります．モデルを改善するためには，さまざまなモデルの構造を理解する必要があります．次から応用編に移ります．モデルの構造を変化させ，現実との乖離をなるべく減らすための実用的な技術を，ぜひ学んでください．

一般化線形混合モデル

一般化線形混合モデルの基礎理論と分析事例
- 第1章：階層ベイズモデルと一般化線形混合モデルの基本
- 第2章：ランダム切片モデル
- 第3章：ランダム係数モデル

第 **1** 章

階層ベイズモデルと
一般化線形混合モデルの基本

1.1　本章の目的と概要

テーマ

　本章では階層ベイズモデルの基本的な事柄を解説します．階層ベイズモデルの具体例として，過分散が生じているデータに対する一般化線形混合モデル (Generalized Linear Mixed Models: GLMM) の推定を試みます．

目的

　過分散への対応はそれ自体も重要な課題ですが，むしろより高度なモデルへの足掛かりとする目的で，本章を執筆しました．重要な用語・概念がいくつか登場しますので，これらを追加の部品として扱うことを想定しながら読み進めてください．

　本章では階層ベイズモデルの最も基本的な構造を示すだけにとどめます．応用的な例は，次章以降，一つひとつステップアップしながら進めていきます．

概要

● **階層ベイズモデルの基本**

　　階層ベイズモデル → 分析の準備

● **GLMM の必要性とモデルの構造の理解**

　　通常のポアソン回帰モデルを適用した結果 → 過分散対処のための GLMM の構造

　　→ 固定効果・ランダム効果・混合モデル → モデルの構造の図式化

● **過分散対処のための GLMM の推定**

　　→ GLMM のための Stan ファイルの実装 → MCMC の実行 → brms による GLMM の推定

　　→（補足）正規線形モデルを拡張する場合の注意

1.2　階層ベイズモデル

　階層ベイズモデルは，その名の通り階層構造を持つモデルです．上位の層の確率変数の実現値が，下位の層の確率分布の母数 (確率分布のパラメータ) となります．

第 4 部　【応用編】一般化線形混合モデル

　階層構造はさまざまなモデルで想定できます．本章のメインテーマとなる一般化線形混合モデルも，第 5 部で紹介する状態空間モデルも，ともに階層ベイズモデルとみなされます．あまりにも適用範囲が広いため，階層ベイズモデルの定義だけを覚えても，なかなか具体的なモデルのイメージと結びつかないかもしれません．

　本章ではごく簡単な GLMM を通して，階層構造の例を見ていきます．

1.3　分析の準備

　分析の準備として，パッケージの読み込みと計算を高速化させるオプションを指定します．

```
# パッケージの読み込み
library(rstan)
library(bayesplot)
library(brms)
# 計算の高速化
rstan_options(auto_write = TRUE)
options(mc.cores = parallel::detectCores())
```

　合わせてデータの読み込みを行います．湖で 1 時間釣りをしたときの釣獲尾数データと天気・気温の架空のデータです．

```
> # 分析対象のデータ
> fish_num_climate_2 <- read.csv("4-1-1-fish-num-2.csv")
>
> # id列を数値ではなくfactorとして扱う
> fish_num_climate_2$id <- as.factor(fish_num_climate_2$id)
> head(fish_num_climate_2, n = 3)
  fish_num weather temperature id
1        0  cloudy         5.0  1
2        1  cloudy        24.2  2
3        6  cloudy        11.5  3
```

　第 3 部第 8 章で紹介したデータと類似していますが，それとはやや異なっています．id 列には一意の整数が指定されています．サンプルサイズは 100 であり，id は No.1 から No.100 まで 100 通りあります．id は数値データではありませんので，as.factor 関数を適用して，質的データとして扱うことにしました．

　今回の釣獲尾数データは，釣りをした人であるとか，釣りをしたときの湖の様子 (例えば風が強かったり，湖が濁っていたり)，そして釣り道具に関してもまったく統一されていません．天気や気温は計測されていますが，それ以外の要素は計測されておらず「計測されていないモノが理由で釣獲尾数が変化する」ことを想定しなければならない状況にあります．

246

1.4 通常のポアソン回帰モデルを適用した結果

今回のような「計測されていないモノが理由で釣獲尾数が変化する」ことを想定しなければならない状況では，通常のポアソン回帰モデルが適用できないことがあります．そこで GLMM を使おうというストーリーになるわけです．

ここで，無理やりポアソン回帰モデルを今回のデータに当てはめ，モデルによる当てはめ値を，99% 予測区間とともに描画してみます．

```
# ポアソン回帰モデルを作る
glm_pois_brms <- brm(
  formula = fish_num ~ weather + temperature,   # model の構造を指定
  family = poisson(),                            # ポアソン分布を使う
  data = fish_num_climate_2,                     # データ
  seed = 1,                                      # 乱数の種
  prior = c(set_prior("", class = "Intercept"))  # 無情報事前分布にする
)
# 当てはめ値と 99% 予測区間の計算
set.seed(1)
eff_glm_pre <- marginal_effects(
  glm_pois_brms,
  method = "predict",
  effects = "temperature:weather",
  probs = c(0.005, 0.995))
# 結果の図示
plot(eff_glm_pre, points = T)
```

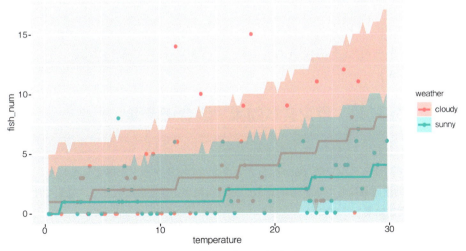

図 4.1.1　通常のポアソン回帰の結果

第 4 部 【応用編】一般化線形混合モデル

99% 予測区間よりも外側に，多くのデータが位置していることがわかります．

ポアソン分布は，その期待値と分散がともにたった 1 つのパラメータ λ で表現されます．しかし，今回のデータは調査の方法に問題があったため，想定された分散よりも大きくデータがばらついていたようです．そこで，モデルを改良する必要があります．

1.5　過分散対処のための GLMM の構造

実際に Stan コードを書く前に，モデルの構造を確認します．

魚の釣獲尾数のモデル化を試みます．湖で 1 時間釣りをしたときの釣獲尾数と，その日の気温と天気を一般化線形モデルで表現します．釣獲尾数はポアソン分布に従い，ポアソン分布の強度 λ が気温と天気によって変化すると想定します．曇りの日と晴れの日の 2 種類の天候だけを持ちます．

通常のポアソン回帰モデルは以下のようになります．ただし x_{i1} は「晴れの日に 1 を，それ以外は 0 をとるダミー変数」であり，x_{i2} は気温データです．これは第 3 部第 8 章とまったく同じです．これを部品として使います．

$$
\begin{aligned}
\log(\lambda_i) &= \beta_0 + \beta_1 x_{i1} + \beta_2 x_{i2} \\
y_i &\sim \mathrm{Poiss}(\lambda_i)
\end{aligned}
\tag{4.1}
$$

調査のたびに，調査した人が変わったり湖の状況が変わったりすることをモデルに組み込みます．線形予測子に「調査ごとに変化するランダムな影響 r_i」を加えます．ランダムな影響は，平均 0 で分散 σ_r^2 の正規分布に従うと仮定します．サンプルサイズを N とおくとき，i は $1,2,3,...,N$ までをとる数値であることに注意してください．

$$
\begin{aligned}
r_i &\sim \mathrm{Normal}(0,\ \sigma_r^2) \\
\log(\lambda_i) &= \beta_0 + \beta_1 x_{i1} + \beta_2 x_{i2} + r_i \\
y_i &\sim \mathrm{Poiss}(\lambda_i)
\end{aligned}
\tag{4.2}
$$

1.6　固定効果・ランダム効果・混合モデル

用語の整理をします．

通常のポアソン回帰モデルでは，$\beta_0, \beta_1, \beta_2$ という 3 つのパラメータを推定しました．β_0 は切片です．β_1 は天気が釣獲尾数にもたらす効果です．β_2 は気温が釣獲尾数にもたらす効果です．こういった効果のことを**固定効果**と呼びます．

一方，r_i のような何らかの確率分布に従いランダムに変化する係数を，**ランダム効果**あるいは**変量効果**と呼びます．

固定効果とランダム効果が混ざって，両方ともが使われるモデルを**混合モデル**と呼びます．一般化線形モデルにランダム効果を加えて混合モデルとしたものは**一般化線形混合モデル** (GLMM) と呼ば

れます.GLMM に限らず,ランダム効果はさまざまなモデルに組み込むことができます.

1.7 モデルの構造の図式化

数式を見るだけではイメージがつかみにくいかもしれないので,モデルの構造を図示してみます.
　丸で囲まれたモノが確率分布です.釣獲尾数は母数 (確率分布のパラメータ) が λ であるポアソン分布から得られたと想定します.そして,λ は平均 0,標準偏差 σ_r の正規分布に従う確率変数の実現値 r を含む線形予測子から構成されます.上位の層の確率変数の実現値が,下位の層の確率分布の母数を構成しているため,これは階層モデルであるとみなされます.

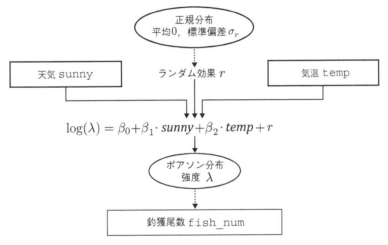

図 4.1.2　過分散対処の GLMM のモデルの構造

1.8　GLMM のための Stan ファイルの実装

実際に GLMM を推定します.以下のコードを実装し「4-1-1-glmm-pois.stan」として保存します.

```
data {
  int N;                    // サンプルサイズ
  int fish_num[N];          // 釣獲尾数
  vector[N] sunny;          // 晴れダミー変数
  vector[N] temp;           // 気温データ
}
parameters {
  real Intercept;           // 切片
  real b_temp;              // 係数 ( 気温 )
  real b_sunny;             // 係数 ( 晴れの影響 )
  vector[N] r;              // ランダム効果
  real<lower=0> sigma_r;    // ランダム効果の標準偏差
```

第 4 部 【応用編】一般化線形混合モデル

```
}
transformed parameters{
  vector[N] lambda = Intercept + b_sunny*sunny + b_temp*temp + r;
}
model {
  r ~ normal(0, sigma_r);
  fish_num ~ poisson_log(lambda);
}
```

今回から，線形予測子を transformed parameters ブロックで記述することにしました．式 (4.2) で示された数式において，イコールでつながったものは，Stan においてもやはりイコール記号を使った代入文として扱います．これを transformed parameters ブロックに移動させました．そしてチルダ記号を使うサンプリング文のみを model ブロックに残しています．こうすることで見通しが良くなりますし，複雑なモデルですとこの方法でなければ推定するのが困難になることもあります．

第 2 部第 6 章 6.5 節において，チルダ記号（~）の左側にパラメータをとることで，パラメータの事前分布を指定できると説明しました．明示的に事前分布が指定されていない場合は，Stan の標準である幅の広い一様分布が指定されます．model ブロックを見ると，ランダム効果 r にのみ事前分布が指定されていることがわかります．これは以下の仮定をおいてモデルを推定しているからです．

1 さまざまな影響が加味されて，データのばらつきが大きくなっているだろう
2 そのばらつきは，平均 0 で標準偏差 sigma_r の正規分布に従う r で表現できるはずだ

「ランダム効果 r というパラメータ」の標準偏差を表すパラメータである sigma_r は「パラメータのパラメータ」なので**超パラメータ**あるいは**ハイパーパラメータ**と呼ばれます．ランダム効果 r そのものは要素数が 100 のベクトルです．たくさんのパラメータを推定するのは本来とても困難ですが，事前分布を指定することで，この困難性を緩和しているとみなすこともできます．

1.9 MCMC の実行

この Stan ファイルを使って MCMC を実行します．まずは Stan に渡すデータを作成します．

```
> # ダミー変数を作る
> formula_pois <- formula(fish_num ~ weather + temperature)
> design_mat <- model.matrix(formula_pois, fish_num_climate_2)
> sunny_dummy <- as.numeric(design_mat[, "weathersunny"])
>
> # データの作成
> data_list_1 <- list(
+   N = nrow(fish_num_climate_2),
+   fish_num = fish_num_climate_2$fish_num,
+   temp = fish_num_climate_2$temperature,
+   sunny = sunny_dummy
+ )
> # 結果の表示
```

250

第 1 章　階層ベイズモデルと 一般化線形混合モデルの基本

```
> data_list_1
$`N`
[1] 100

$fish_num
  [1]  0  1  6  0  1  1  0  5  9  3  4  2  2  3 12  3  3  9  0  0
・・・中略・・・

$temp
  [1]  5.0 24.2 11.5  9.8 18.1 18.1  3.7  8.8 17.3 18.9 15.4 15.2
・・・中略・・・

$sunny
  [1] 0 0 0 0 0 0 0 0 0 0 0 0 0 0 0 0 0 0 0 0 0 0 0 0 0 0 0 0 0 0 0 0 0
 ・・・中略・・・
 [94] 1 1 1 1 1 1 1
```

続いて MCMC を実行します.

```
# MCMC の実行
glmm_pois_stan <- stan(
  file = "4-1-1-glmm-pois.stan",
  data = data_list_1,
  seed = 1
)
```

　先述のように，parameters ブロックなどで定義された変数は数多く，推定されたパラメータをすべて表示させるととても見づらくなります．そのため，以下のコードを実行して R ハットの一覧を図示することにします．今回は収束に問題はないようです.

```
# 収束の確認
mcmc_rhat(rhat(glmm_pois_stan))
```

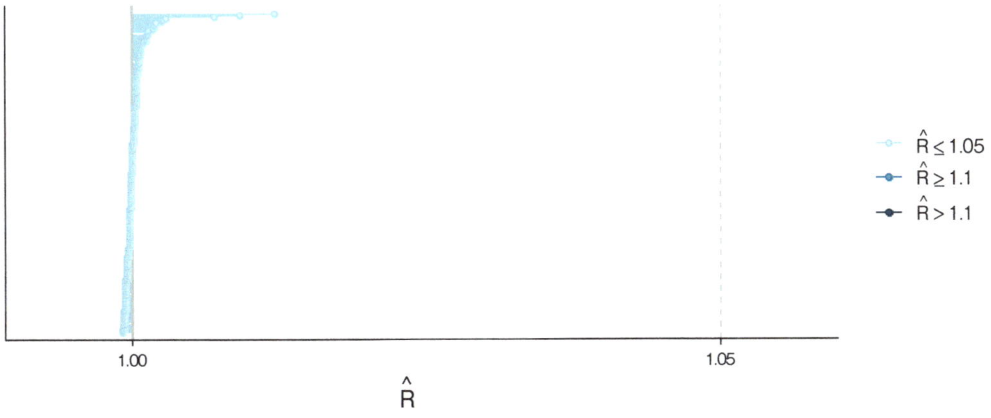

図 4.1.3　GLMM の収束判断

251

第 4 部 【応用編】一般化線形混合モデル

MCMC の結果を確認します (一部抜粋). 引数 pars で表示させるパラメータを指定しないと, 大量の結果が出てくるので注意します.

```
> # 結果の表示
> print(glmm_pois_stan,
+       pars = c("Intercept", "b_sunny", "b_temp", "sigma_r"),
+       probs = c(0.025, 0.5, 0.975))
           mean se_mean   sd  2.5%   50% 97.5% n_eff Rhat
Intercept -0.45    0.01 0.34 -1.17 -0.44  0.17   811 1.00
b_sunny   -0.73    0.01 0.28 -1.31 -0.72 -0.19  1162 1.01
b_temp     0.08    0.00 0.02  0.04  0.07  0.11  1063 1.00
sigma_r    1.10    0.01 0.15  0.84  1.09  1.44   751 1.01
```

sigma_r がランダム効果の大きさを表すパラメータです. 調査ごとにランダムなノイズが加わったうえで, 釣獲尾数というデータが得られたのだと判断して, モデルを構築できました.

1.10 brms による GLMM の推定

brms は GLMM にも対応しています. GLMM を推定するコードを示します.

```
# brms による GLMM の推定
glmm_pois_brms <- brm(
  formula = fish_num ~ weather + temperature + (1|id), # ランダム効果
  family = poisson(),                                  # ポアソン分布を使う
  data = fish_num_climate_2,                           # データ
  seed = 1,                                            # 乱数の種
  prior = c(set_prior("", class = "Intercept"),
            set_prior("", class = "sd"))               # 無情報事前分布にする
)
```

formula にランダム効果を意味する項を 1 つ加えるだけなので簡単です.

通常の GLM ： fish_num ~ weather + temperature
GLMM   ： fish_num ~ weather + temperature + (1|id)

ランダム効果を表す項において, 縦棒の左側の 1 は切片を意味します. 縦棒の右側がグループ名です. すべてのデータ, すなわち個別の調査 id ごとに異なるランダム効果が切片に加わるので, このような書き方になります. より複雑なモデルも構築できます. 次章以降で紹介します.

結果はこちらです (一部抜粋). Stan ファイルを作って実装した場合とほぼ同じ結果となりました.

第 1 章　階層ベイズモデルと 一般化線形混合モデルの基本

```
> # 結果の表示
> glmm_pois_brms
 Group-Level Effects:
~id (Number of levels: 100)
              Estimate Est.Error l-95% CI u-95% CI Eff.Sample Rhat
sd(Intercept)     1.09      0.16     0.82     1.42       1134 1.00

Population-Level Effects:
             Estimate Est.Error l-95% CI u-95% CI Eff.Sample Rhat
Intercept       -0.46      0.34    -1.15     0.17       1491 1.00
weathersunny    -0.73      0.29    -1.29    -0.16       1225 1.00
temperature      0.08      0.02     0.04     0.11       1249 1.00
```

Group-Level Effects がランダム効果にかかわるパラメータ(ランダム効果の大きさ)です．Group-Level という表現があまりしっくりこないかもしれませんが，次章で紹介するモデルを見ると意味が取りやすくなるはずです．グループごとにランダムな効果が加わるモデルは次章で紹介します．

brms により生成された Stan コードや Stan データは，あまりにも長いので省略します．

補足すると，ランダム効果は，平均 0，分散 1 の正規分布から得られた乱数に，標準偏差をかけることで計算されています．1.8 節で実装したコードとはやや見た目が異なるので注意してください．

1.11　補足：正規線形モデルを拡張する場合の注意

ポアソン分布は，その期待値も分散もともに 1 つのパラメータ λ で表現します．そのため「期待値と比較して分散が大きい」という過分散がしばしばみられます．ポアソン回帰モデルにランダム効果を入れて過分散に対処する方法は，良い結果をもたらすことがあります．

一方の正規分布は，期待値を表すパラメータ μ と分散を表すパラメータ σ^2 の 2 つのパラメータが用いられるため「期待値と比較して分散が大きい」といった問題を考慮する必要はありません．正規線形モデルに対して，本章で扱ったように「すべてのデータに対して異なるランダム効果を入れる」ことを試みる方がいますが，それは避けてください．

ただし，正規線形モデルであっても，ランダム効果を入れることが役に立つ場合があります．具体例は次章で扱います．

4 応用編

253

第 2 章 ランダム切片モデル

2.1 本章の目的と概要

テーマ

前章では「すべてのデータに対して異なるランダム効果を与える」モデルを紹介しました．

本章では「グループごとに異なるランダム効果を与える」モデルを紹介します．言い換えると「同一のグループ内では，等しいランダム効果が加わる」モデルの紹介です．ランダム効果の与え方が異なるだけで，前章と本章のモデルはともにランダム切片モデルだとみなせます．前章の続きとして読み進めてください．

目的

ランダム効果の具体的な使い方をイメージしていただくために，本章を執筆しました．サンプリングの方法によっては，データの取得状況に何らかの階層構造がみられることがあります．そういったデータを階層ベイズモデルで表現する方法を，本章では解説します．

概要

● **ランダム切片モデルの理解**
分析の準備 → ランダム切片モデルの構造 → ランダム効果の使いどころ
● **ランダム切片モデルの推定**
brms によるランダム切片モデルの推定 → 回帰曲線の図示

2.2 分析の準備

分析の準備として，パッケージの読み込みと計算を高速化させるオプションを指定します．

```
# パッケージの読み込み
library(rstan)
library(brms)
# 計算の高速化
rstan_options(auto_write = TRUE)
options(mc.cores = parallel::detectCores())
```

合わせてデータの読み込みを行います．湖で1時間釣りをしたときの釣獲尾数データと天気・気温，そして調査をした人のIDを記録した架空のデータです．

```
> # 分析対象のデータ
> fish_num_climate_3 <- read.csv("4-2-1-fish-num-3.csv")
> head(fish_num_climate_3, n = 3)
  fish_num weather temperature human
1        1  cloudy         6.0     A
2        7  cloudy        20.6     B
3       12  cloudy        27.5     C
>
> # データの要約
> summary(fish_num_climate_3)
    fish_num        weather       temperature       human
 Min.   : 0.00   cloudy:50   Min.   : 0.40   A      :10
 1st Qu.: 0.00   sunny :50   1st Qu.: 7.55   B      :10
 Median : 1.50               Median :14.65   C      :10
 Mean   : 2.48               Mean   :15.55   D      :10
 3rd Qu.: 4.00               3rd Qu.:24.55   E      :10
 Max.   :15.00               Max.   :29.70   F      :10
                                             (Other):40
```

前章で紹介したデータと類似していますが，それとはやや異なっています．一意の整数が指定されていた id 列の代わりに，調査をした人の ID を記録した human 列が用意されています．人によって釣りの上手い下手があるでしょう．こういったバイアスを排除しつつ，モデルを構築するのが今回の目的です．サンプルサイズは 100 であり，human は A から J まで 10 通りあります．

2.3　ランダム切片モデルの構造

魚の釣獲尾数のモデル化を試みます．湖で1時間釣りをしたときの釣獲尾数と，その日の気温と天気の関係を調べます．釣獲尾数はポアソン分布に従い，ポアソン分布の強度λが天気と気温，そして釣りをした人の釣りの能力によって変化すると想定します．

モデルの構造を表した数式は以下のようになります．ただし y_i は釣獲尾数であり，x_{i1} は「晴れの日に1を，それ以外は0をとるダミー変数」であり，x_{i2} は気温データ，r_k は釣りをした人ごとに変化するランダム効果です．k は A,B,C,...,J まで 10 種類をとります．ランダム効果は，平均0で分散 σ_r^2 の正規分布に従うと仮定します．

$$
\begin{aligned}
r_k &\sim \mathrm{Normal}(0,\ \sigma_r^2) \\
\log(\lambda_i) &= \beta_0 + \beta_1 x_{i1} + \beta_2 x_{i2} + r_k \\
y_i &\sim \mathrm{Poiss}(\lambda_i)
\end{aligned}
\tag{4.3}
$$

実はこの数式は，前章で用いたモデル式 (4.2) とほぼ同一です．データごとに異なる（サンプルサ

第 4 部 【応用編】一般化線形混合モデル

イズが 100 なら 100 種類ある）ランダム効果を指定する代わりに，（釣った人が 10 人なので）10 種類のランダム効果を指定しただけの違いです．

ランダム効果として，例えば A さんに ＋ 1 が $(r_A = 1)$，B さんに － 2 が $(r_B = -2)$ 与えられたとしましょう．すると，A さんの釣獲尾数は多く，B さんは少なくなるわけです．ランダム効果が応答変数に直接影響を与える，すなわち切片の値が人によって大きくなったり小さくなったりするとみなせるモデルを**ランダム切片モデル**と呼びます．

2.4　ランダム効果の使いどころ

釣獲尾数のモデルでは，固定効果とランダム効果を以下のように指定しました．

- 固定効果　　：天気・気温
- ランダム効果：釣りをした人の ID

釣りをした人の ID を固定効果にしてモデルを推定することも可能です．しかし，今回はこれをランダム効果にしました．

分析の目的は，天気や気温が釣獲尾数に与える影響を調べることです．A さんは釣りが得意で B さんは苦手，といったことを調べる目的ではありません．固定効果として釣り人固有の能力値を評価することも可能だけれども，それを評価する必要性が薄いと判断して，ランダム効果としたわけです．

ランダム効果は，今回の例以外でも，さまざまな場面で用いられます．

疑似反復を防ぐ目的で使用されることがしばしばあります．例えば医薬品の効果を調べる目的で，同じ被験者から何回もデータをとることがありえます．A さんから 10 回，B さんから 10 回……J さんから 10 回，と 10 人から 10 回ずつデータをとったとします．このとき，「100 回調査したからサンプルサイズは 100 だ」とみなすわけにはいきません．10 人からしかデータをとっていないのですから．

A さんが "薬が効きやすい体質" だった場合は，A さんから得られた 10 回の調査記録はすべて "薬が効いた" という結果になるかもしれません．これでは薬の効果を正しく評価できません．このようなときは，被験者ごとに異なるランダム効果を持つモデルを推定することで対応します．

また，ランダム効果を用いることで，パラメータの縮約と呼ばれる効果がみられることがあります．この影響は次章で紹介します．

2.5　brms によるランダム切片モデルの推定

brms を用いて式 (4.3) のモデルを推定します．前章とほぼ同じように実装できます．

256

第 2 章　ランダム切片モデル

```
# brms による GLMM の推定
glmm_pois_brms_human <- brm(
  formula = fish_num ~ weather + temperature + (1|human),
  family = poisson(),
  data = fish_num_climate_3,
  seed = 1,
  prior = c(set_prior("", class = "Intercept"),
            set_prior("", class = "sd"))
)
```

　混合モデルなどやや複雑なモデルを推定する場合は特に，MCMC の収束などの評価が重要となってきます．パラメータの推定が間違ってしまっては，データの正しい解釈は困難です．結果は省略しますが，ぜひ下記のコードを実行して，収束を確認してください．今回の分析では収束に問題がないことは確認済みです．

```
# 参考：トレースプロットなど
plot(glmm_pois_brms_human)
# 参考：収束の確認
stanplot(glmm_pois_brms_human, type = "rhat")
```

　推定されたパラメータを表示させます (一部抜粋)．

```
> # 結果の表示
> glmm_pois_brms_human
 Group-Level Effects:
~human (Number of levels: 10)
              Estimate Est.Error l-95% CI u-95% CI Eff.Sample Rhat
sd(Intercept)     0.65      0.21     0.35     1.17        848 1.00

Population-Level Effects:
              Estimate Est.Error l-95% CI u-95% CI Eff.Sample Rhat
Intercept        -0.87      0.30    -1.48    -0.29       1541 1.00
weathersunny     -0.52      0.13    -0.77    -0.27       3357 1.00
temperature       0.10      0.01     0.08     0.12       3823 1.00
```

　ランダム効果のばらつきの大きさ σ_r は 0.65 と評価されました．

　ばらつきの大きさだけではなく，個人の能力，例えば A さんならば r_A，B さんならば r_B といったランダム効果の大きさそのものを出力させる場合は ranef 関数を使います．

```
> # 各々の調査者の影響の大きさ
> ranef(glmm_pois_brms_human)
$human
, , Intercept
```

4
応用編

257

第 4 部 【応用編】一般化線形混合モデル

```
        Estimate Est.Error          Q2.5         Q97.5
A    0.74790421 0.2574743    0.26774415    1.29572527
B    0.07700700 0.2955329   -0.51066018    0.64925858
C    0.68078176 0.2645888    0.17699586    1.23675395
D   -0.62300592 0.3460311   -1.37175966    0.01810016
E   -0.12947186 0.3048195   -0.74014923    0.47168122
F   -0.74535593 0.3491355   -1.50182298   -0.11163137
G    0.44158651 0.2741372   -0.08600526    0.98909313
H   -0.32632428 0.2904511   -0.92755944    0.25947054
I    0.01557702 0.2868370   -0.56860763    0.59388743
J   -0.17036373 0.2886916   -0.77643077    0.38167560
```

これを見ると，A さんは釣りが得意（釣獲尾数が多い）ようで，逆に負の値となっている D さん
などは釣りが苦手なようです．

2.6 回帰曲線の図示

さまざまな図示の仕方がありえますが，今回は釣りをした調査者ごとにグラフを分けることにします．

```
# 調査者ごとにグラフを分けて，回帰曲線を描く
conditions <- data.frame(
  human = c("A","B","C","D","E","F","G","H","I","J"))

eff_glmm_human <- marginal_effects(
  glmm_pois_brms_human,
  effects = "temperature:weather",
  re_formula = NULL,
  conditions = conditions)

plot(eff_glmm_human, points = TRUE)
```

注意すべき点がいくつかあります．まずは conditions の設定です．ここでグラフの分割の仕方
を指定します．次に，ランダム効果もグラフに反映させるため marginal_effects において「re_
formula = NULL」と指定するのを忘れないようにします．

258

第 2 章　ランダム切片モデル

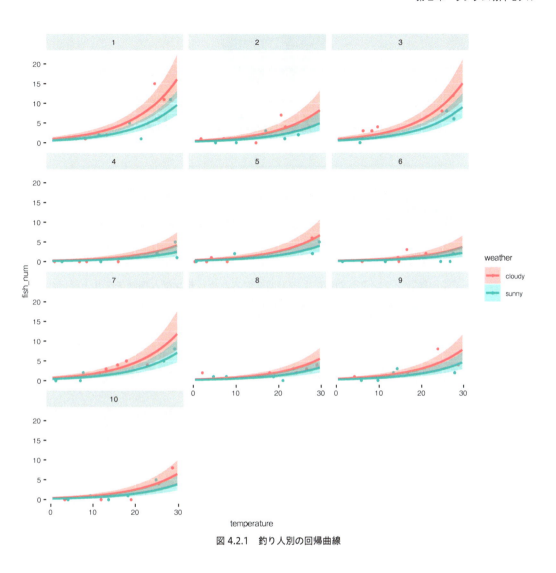

図 4.2.1　釣り人別の回帰曲線

　個人の釣り能力を反映したうえで，気温と天気が釣獲尾数に与える影響を視覚的に判断できます．係数を見るだけではなく，このような視認性の高いグラフを短いコードで描くことができるのも brms の優秀な点です．

第3章

ランダム係数モデル

3.1 本章の目的と概要

テーマ

　本章では「ランダム効果が加わることで，他の説明変数の固定効果の強さが増減する」モデルを紹介します．モデルの係数がランダム効果によって増減するため，**ランダム係数モデル**と呼ばれます．ランダム係数モデルの結果を，第3部第10章で紹介した交互作用を用いたモデルと比較します．

目的

　前章までで紹介した過分散への対処・ランダム切片モデルと合わせて，ランダム効果のさまざまな組み込み方法を学んでいただくために，本章を執筆しました．一見複雑に見えるモデルでも，ここで紹介したパターンの組合せから構成されていることがしばしばあります．

概要

● **ランダム係数モデルの理解**
　分析の準備 → 交互作用を用いたモデル化 → ランダム効果と縮約 → ランダム係数モデルの構造
● **ランダム係数モデルの推定**
　→ brms によるランダム切片モデルの推定 → 回帰曲線の図示
　→（補足）ランダム効果を用いるさまざまなモデル

3.2 分析の準備

　分析の準備として，パッケージの読み込みと計算を高速化させるオプションを指定します．

```
# パッケージの読み込み
library(rstan)
library(brms)
# 計算の高速化
rstan_options(auto_write = TRUE)
options(mc.cores = parallel::detectCores())
```

合わせてデータの読み込みを行います.

```
> # 分析対象のデータ
> fish_num_climate_4 <- read.csv("4-3-1-fish-num-4.csv")
> head(fish_num_climate_4, n = 3)
  fish_num temperature human
1        2        12.7     A
2        6        13.7     B
3        9        15.7     C
> # データの要約
> summary(fish_num_climate_4)
    fish_num         temperature          human
 Min.   : 0.000   Min.   :10.10   A      :10
 1st Qu.: 4.000   1st Qu.:13.22   B      :10
 Median : 7.000   Median :14.85   C      :10
 Mean   : 8.787   Mean   :15.13   D      :10
 3rd Qu.:11.000   3rd Qu.:17.52   E      :10
 Max.   :29.000   Max.   :19.90   F      :10
                                  (Other):34
```

釣獲尾数と気温の関係を調べた架空の調査データです.釣り人別にデータを記録していますが,サンプルサイズが94しかありません.具体的にはJさんが4回しか調査に参加できませんでした.これが後ほど問題を引き起こします.

3.3 交互作用を用いたモデル化

本章では「釣りをした人の違いによって,気温が釣獲尾数に与える影響が変化する」ことを想定したモデルを構築します.後ほどランダム係数モデルを用いてこの問題に取り組みますが,上記の課題であれば,第3部10章で紹介した交互作用を用いることでも対応が可能です.釣り人のIDはカテゴリ変数であり,気温は数量データですので「カテゴリ×数量」の交互作用とみなしてモデル化を試みます.

```
# 交互作用を組み込んだポアソン回帰モデル
glm_pois_brms_interaction <- brm(
  formula = fish_num ~ temperature * human,
  family = poisson(),
  data = fish_num_climate_4,
  seed = 1,
  prior = c(set_prior("", class = "Intercept"))
)
```

交互作用を組み込む場合は,formulaで,+記号の代わりに*を使えばよいのでした.これによって「釣りをした人の違いによって,気温が釣獲尾数に与える影響が変化する」ことを表現できます.
　続いて,回帰曲線を描きます.

```
# 回帰曲線を描く
# データの分割
conditions <- data.frame(
  human = c("A","B","C","D","E","F","G","H","I","J"))
# 図示
eff_1 <- marginal_effects(glm_pois_brms_interaction,
                          effects = "temperature",
                          conditions = conditions)
plot(eff_1, points = TRUE)
```

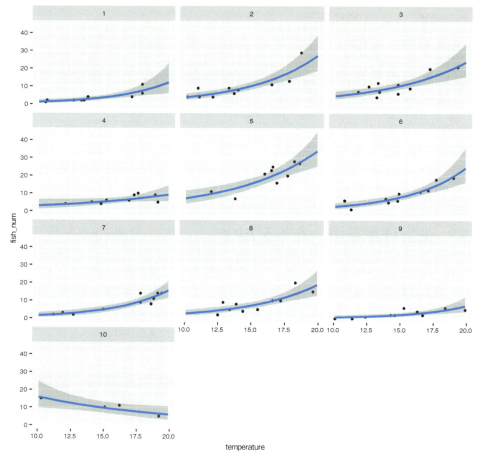

図 4.3.1 交互作用を用いてモデル化した結果の回帰曲線

　左上から順に A,B,…,J まで，釣り人別の回帰曲線が描かれています．グラフタイトルが 10 になっているものが，J さんの釣獲尾数データをもとにひかれた回帰曲線です．他の人はすべて「気温が上がると釣獲尾数が増える」傾向があるのにかかわらず，J さんだけはその逆の結果となっています．これは J さんが 4 回しか調査をしておらず，たまたま気温 10 度のときに多く釣れてしまったことが原因かもしれません．

3.4　ランダム効果と縮約

　先ほどと同じデータを，今度はランダム効果を用いてモデル化します．ランダム効果を用いて釣り人固有の能力をモデルに組み込んだときは，交互作用を用いたときと比べて「全体的に似たような傾向」を示すようになります．Kéry and Schaub(2016) において「全体から説得力を借用している」と表現されているこの効果は**縮約** (shrinkage) と呼ばれます．

　今回のデータですと「全体的には，気温が上がると釣獲尾数が増える」ように見えました．しかしJ さんだけは調査の回数が少なかったこともあり，逆の結果が見られました．ランダム効果を用いて「全体から説得力を借用する」ことで，J さんを対象とした回帰曲線は改善される可能性があります．

　補足すると，縮約はランダム係数モデル特有の効果ではありません．ランダム切片モデルにおいても，同様の効果が得られることがあります．縮約は，ランダム効果を用いるモチベーションの 1 つとなりえます．

　縮約は，場合によっては問題を引き起こします．例えば A~J まで 10 種類の薬があったとします．J という薬だけが副作用で他の薬と異なる結果が得られたとしましょう．この結果を，縮約を利用して「なかったこと」にしてはいけません．この場合は，薬の効果を固定効果として扱うべきです．

3.5　ランダム係数モデルの構造

　ランダム係数モデルでは，ランダム切片もあわせてモデルに組み込むことが多いです．両方を組み込むことで，言わば「交互作用のランダム効果版」ともいえる結果を得ることができます．

　モデルの構造を表した数式は以下のようになります．ただし y_i は釣獲尾数であり，x_{i1} は気温データ，r_k と τ_k は釣りをした人ごとに変化するランダム効果です．k は A,B,C,...,J まで 10 種類をとります．r_k はランダム切片，τ_k はランダム係数の効果となります．ランダム効果は各々，平均 0 で分散 σ_r^2 と σ_τ^2 の正規分布に従うと仮定します．

$$r_k \sim \mathrm{Normal}(0,\ \sigma_r^2)$$
$$\tau_k \sim \mathrm{Normal}(0,\ \sigma_\tau^2)$$
$$\log(\lambda_i) = \beta_0 + (\beta_1 + \tau_k)x_{i1} + r_k$$
$$y_i \sim \mathrm{Poiss}(\lambda_i)$$

$$(4.4)$$

3.6　brms によるランダム係数モデルの推定

　brms を用いてランダム係数モデルを推定します．しかし，ランダム効果が複数含まれるモデルは，推定が困難となることがしばしばあります．そのため，今までと少し異なる推定方法にしてあります．

第 4 部 【応用編】一般化線形混合モデル

```
# ランダム係数モデル
glmm_pois_brms_keisu <- brm(
  formula = fish_num ~ temperature + (temperature||human),
  family = poisson(),
  data = fish_num_climate_4,
  seed = 1,
  iter = 6000,
  warmup = 5000,
  control = list(adapt_delta = 0.97, max_treedepth = 15)
)
```

　無情報事前分布を使わず，brms が設定した標準の弱情報事前分布をそのまま採用しました．弱情報事前分布に関しては「prior_summary(glmm_pois_brms_keisu)」と実行することで確認できます．また，反復回数とバーンイン期間を増やしました (iter = 6000, warmup = 5000)．Rhat などの値は問題ありませんでしたが，いくつかのワーニングが出力されたため「control = list(adapt_delta = 0.97, max_treedepth = 15)」という指定をしました．このあたりの指定は本書のレベルを超えますが，詳細は「Brief Guide to Stan's Warnings」[URL: http://mc-stan.org/misc/warnings.html] などを参照してください．

　adapt_delta を増やすことでワーニングが出力されるのを回避できますが，これを増やすとMCMC の実行に時間がかかります．今回のモデルでは，著者の PC で 10 分ほどかかりました．

　formula にも注意が必要です．formula を再掲します．

formula = fish_num ~ temperature + (temperature||human)

「(temperature||human)」とするだけでランダム切片とランダム係数をともに組み込むことができます．縦棒の左側が「ランダム効果が与えられる相手」だと思うとわかりやすいでしょう．
　ところで，ランダム効果において縦棒 (|) の数を 1 本にして「(temperature|human)」と指定することもできます．この場合は意味合いが変わります．

　パターン 1：fish_num ~ temperature + (temperature||human)
　パターン 2：fish_num ~ temperature + (temperature|human)

　パターン 1 でも 2 でも「ランダム切片＋ランダム係数」のモデルを推定できます．しかし，パターン 2 ですと「ランダム切片とランダム係数には相関がある」ことを認めたモデルとなります．例えば「釣りがうまい人は，釣獲尾数が増える (ランダム切片の値が大きい) だけでなく，気温が上がることによるメリットも多く享受できる (ランダム係数の値が大きい)」といった構造を想定するならばパターン 2 を使うべきといえます．
　パターン 2 で想定するように「係数同士の相関を表現できる」のはランダム効果を使う 1 つのメリッ

264

トではありますが，今回はモデルの解釈を単純にするため，パターン1で`formula`を指定しました．

3.7　回帰曲線の図示

最後に，釣り人別に分けて，気温と釣獲尾数の関係を図示します．

```
# データの分割
conditions <- data.frame(
  human = c("A","B","C","D","E","F","G","H","I","J"))
# 図示
eff_2 <- marginal_effects(glmm_pois_brms_keisu,
                          re_formula = NULL,
                          effects = "temperature",
                          conditions = conditions)
plot(eff_2, points = TRUE)
```

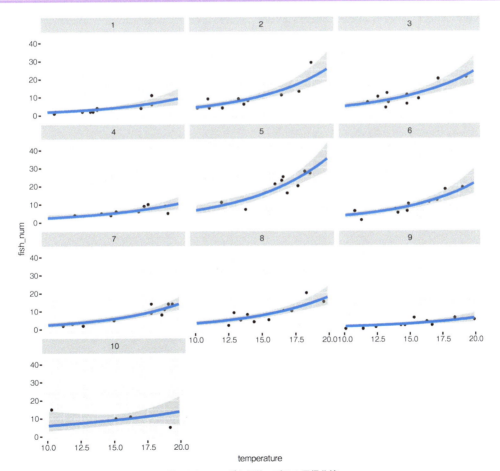

図 4.3.2　ランダム係数モデルの回帰曲線

第 4 部 【応用編】一般化線形混合モデル

J さんの回帰曲線においても，右肩上がりの線が引かれるようになりました．縮約の効果が出ていることがわかります．

3.8　ランダム効果を用いるさまざまなモデル

過分散や疑似反復への対処，そして縮約と，ランダム効果を用いることによってモデルの構築の幅は大きく広がります．一般化線形モデルの拡張として一般化線形混合モデルを紹介しました．ポアソン回帰モデルを例として取り上げましたが，ロジスティック回帰や正規線形モデルでも活用できます．

本書ではランダム効果の基本的な事項のみを説明しました．ランダム効果あるいは混合モデルに関する，より多くの分析事例を知りたい読者は，例えば Kéry and Schaub(2016) などが良いテキストになるはずです．brms は使用していませんが，Stan によるコーディングでは松浦 (2016) が詳しいです．混合モデルに関する解説では久保 (2012) に定評があります．MCMC は活用していませんが，最尤法の枠組みで混合モデルを扱った教科書としては尾崎他 (2018) があります．

状態空間モデル

状態空間モデルの基礎理論を学ぶ
- 第1章：時系列分析と状態空間モデルの基本

ローカルレベルモデルを対象として，モデルの推定・解釈・予測・補間の方法を学ぶ
- 第2章：ローカルレベルモデル
- 第3章：状態空間モデルによる予測と補間

モデル発展させる
- 第4章：時変係数モデル
- 第5章：トレンドの構造
- 第6章：周期性のモデル化
- 第7章：自己回帰モデルとその周辺
- 第8章：動的一般化線形モデル：二項分布を仮定した例
- 第9章：動的一般化線形モデル：ポアソン分布を仮定した例

第 1 章
時系列分析と状態空間モデルの基本

1.1 本章の目的と概要

テーマ

本章では時系列分析の基本事項を整理したのち，時系列データに適用するモデルとして状態空間モデルを導入します．

目的

次章以降で用いられる用語の紹介をあらかじめしておくという目的で，本章を執筆しました．全体像をつかんでいただくのが目的であるため，RやStanのコードはなく，用語の説明が続く章です．

概要

● **時系列データ分析の基本**

時系列データ → データ生成過程 (DGP)

● **状態空間モデルの基本**

状態空間モデル → 予測と補間 → 動的線形モデル (線形ガウス状態空間モデル)
→ 動的一般化線形モデル (線形非ガウス状態空間モデル) → 状態空間モデルのさまざまなトピック

1.2 時系列データ

Upton and Cook(2010) において，**時系列**は「時点ごとの確率変数の測定値を時間順に並べた系列」と説明されています．今まで扱ってきたデータとは異なり，その並び順にも意味が出てくることが特徴です．例えば毎日の売り上げデータを記録した場合は「昨日の売り上げが大きければ，今日の売り上げも大きい」といった関係がみられることもあるでしょう．時系列データの分析においては，時間順に並んでいるということをどのようにモデルで表現するかが，1つの焦点となります．

本書では，ある時点 t における観測値を y_t と表記します．1時点前の観測値を y_{t-1} と表記します．例えば 2000 年 1 月 2 日の気温データを y_t とすると，y_{t-1} は 2000 年 1 月 1 日の気温データということになります．

第5部 【応用編】状態空間モデル

時間の単位は日であっても，週・月・年・分・秒・ミリ秒など何であっても構いません．しかし，統一されていることが必要です．例えば，2000年において，1月，2月，4月，6月，といったデータでは，1か月おきと2か月おきが混在しているので良くありません．この場合は時間の間隔が短いものに合わせて，一部を欠損値とするのがセオリーです．すなわち1か月おきにデータがとられていたと考え，3月と5月のデータが欠損していたとみなすわけです．後ほど紹介する状態空間モデルは，欠損値の扱いが容易であるため，このアプローチはしばしば有効となります．

1.3 データ生成過程 (DGP)

時間によって変化する確率分布のことを**データ生成過程** (Data Generation Process: DGP) と呼びます．

第4部までは，例えば気温が増減したり天気が変わったりすることによって，確率分布の母数 (確率分布のパラメータ) が変化することを想定したモデルを扱ってきました．一方の時系列分析では時間に応じて動的に母数が変化するモデルを扱います．例えばポアソン分布の強度 λ が，2000年1月1日では $\lambda = 10$ だったのが，2000年1月2日では $\lambda = 13$ になる，といったように変化するイメージです．そして毎日得られるデータは，例えば $\lambda = 10$ のポアソン分布や，$\lambda = 13$ のポアソン分布から生成された確率変数の実現値なのだと考えるわけです．

時系列分析の大きな目的は，データ生成過程を推定することです．データ生成過程を簡潔に記述したものは**時系列モデル**と呼ばれます．確率分布が時間によってどのように変化していくのか，その規則性を解釈したり，将来を予測したり，といった目的で活用されます．

1.4 状態空間モデル

時系列データは**状態空間モデル** (State Space Models: SSM) を用いることで，とても柔軟にモデル化ができます．状態空間モデルは，目に見えない状態の存在を仮定しているのが特徴です．時点 t での状態を α_t，時点 t での観測値を y_t としたとき，状態空間モデルは以下のように表記されます．ただし f と g は，条件付き確率密度関数 (離散型の変数の場合は確率質量関数) です．これは**一般化状態空間モデル**と呼ばれることもあります．

$$\alpha_t \sim f(\alpha_t | \alpha_{t-1}) \tag{5.1}$$

$$y_t \sim g(y_t | \alpha_t) \tag{5.2}$$

式 (5.1) は状態の変化を表すので**状態モデル**あるいは**システムモデル**と呼びます．式 (5.2) は観測値が得られるプロセスを表すので**観測モデル**と呼びます．両者ともに，方程式の形で表現されることも多いです．状態の変化を表す方程式は**状態方程式**と，観測値が得られるプロセスを表す方程式は**観測方程式**と呼びます．

さて，確率密度(質量)関数 f だの g だのと出てきましたが，これは正規分布かもしれませんしポアソン分布もしくは，二項分布かもしれません(もちろん他の分布でもよい)．式(5.1)と式(5.2)は「これだけでは何を指しているのかよくわからない」くらい，あまりにも適用範囲が広い，抽象的な表現です．この式だけを見て，状態空間モデルを理解するのは難しいかもしれません．第5部第2章以降で具体例を挙げながらモデルの特徴を見ていくことにします．まずは形式的な表現と大まかな特徴をおさえておきましょう．

状態方程式と観測方程式の大まかなイメージを述べます．
式(5.1)より，t 時点の状態の確率分布は，$t-1$ 時点(前の時点)の状態に影響されることがわかります．状態方程式を使って，例えば「前日の気温が高かったから，今日も気温が高い」といった時間の前後関係を表現します．
式(5.2)より，t 時点の観測値の確率分布は，同じ時点の状態に影響されます．偶然ピンポイントで雲がかかって気温が下がるように見えたり，機械の調子で測定値がずれたりすることもあるでしょう．こういった，いわゆる観測誤差を観測方程式で表現します．

1.5　状態空間モデルにおける予測と補間

状態空間モデルでは，将来の予測も欠損値の補間も同じ枠組みで対応ができます．
将来の**予測**を行う際は，状態方程式に基づき，過去の時点の状態を将来の状態へと更新します．状態の予測値が得られれば，観測方程式に基づき，観測値の予測値が得られます．
観測値が欠損している場合は，欠損する直前の状態推定値から将来予測を行います．欠損している期間を予測値で補うことで，欠損値を**補間**できます．ただし，欠損値の補間の場合は，欠損期間を過ぎればまた観測値が得られるので，単純な予測とは挙動がやや変わります．第5部第3章で予測と補間について解説します．

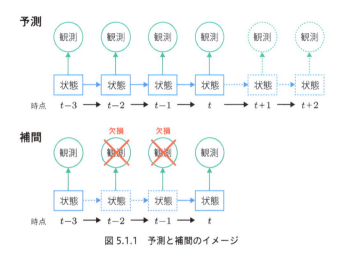

図 5.1.1　予測と補間のイメージ

第5部　【応用編】状態空間モデル

1.6　動的線形モデル (線形ガウス状態空間モデル)

状態方程式・観測方程式ともに，確率密度関数として正規分布 (ガウス分布とも呼ぶ) が用いられ，線形な構造のみを認めたものを**線形ガウス状態空間モデル**，あるいは**動的線形モデル** (Dynamic Linear Models: DLM) と呼びます．行列表現を用いることで，動的線形モデルは以下のように表記されます．ただし $\boldsymbol{\xi}_t$ は過程誤差，$\boldsymbol{\varepsilon}_t$ は観測誤差です．

$$
\begin{aligned}
\boldsymbol{\alpha}_t &= \boldsymbol{T}_t \boldsymbol{\alpha}_{t-1} + \boldsymbol{R}_t \boldsymbol{\xi}_t, &\quad \boldsymbol{\xi}_t &\sim \text{Normal}(0, \boldsymbol{Q}_t) \\
\boldsymbol{y}_t &= \boldsymbol{Z}_t \boldsymbol{\alpha}_t + \boldsymbol{\varepsilon}_t, &\quad \boldsymbol{\varepsilon}_t &\sim \text{Normal}(0, \boldsymbol{H}_t)
\end{aligned}
\tag{5.3}
$$

$\boldsymbol{T}_t, \boldsymbol{R}_t, \boldsymbol{Z}_t$ はモデルの構造を決めるための行列です．一般化線形モデルにおけるデザイン行列のようなものをイメージしてください．ただし，時間の前後関係もこれらの行列で表現するため，説明変数が入るとは限りません．具体的にどのようなものになるかは，実装例を通して学びます．

$\boldsymbol{y}_t$ は観測値のベクトルです．すなわち，大阪の気温と東京の気温といったように，複数の時系列データをまとめてモデル化できます．本書では 1 変量の観測値のモデルを中心に扱いますが，多変量にも対応していることは覚えておいてください．

1.7　動的一般化線形モデル (線形非ガウス状態空間モデル)

観測値 y_t が正規分布以外の確率分布に従うことも認めたモデルを，**動的一般化線形モデル** (Dynamic Generalized Linear Models: DGLM) と呼びます．正規線形モデルを一般化線形モデルに拡張したのと似たようなイメージとなります．

動的一般化線形モデル (DGLM) でも，第 3 部で紹介した一般化線形モデル (GLM) と同様に，確率分布とリンク関数を変えることで，例えば離散型の変数などさまざまなデータにモデルを適用できます．ただし線形予測子に関しては，単純なデザイン行列で表現することが困難なので，式 (5.3) のような形式で表現することになります．

第 3 部での議論を読まれた方ならばわかると思いますが，GLM の推定の際，Stan を用いることで，行列表現でモデルを指定することもできるし，行列計算を展開した結果を直接コーディングすることもできます．DGLM でも同様です．本書では理解のしやすさの観点から，行列表現を使わずに実装を行います．行列表現を使ったモデリングに関しては，例えば，カルマンフィルタを用いた文献などを参照すると良いでしょう．

第 2 部から第 4 部まで，単純な平均値の推定から始まり，GLM，GLMM へと進んできました．第 5 部において正規線形モデルの動的なバージョンとしての DLM，そしてそれを拡張した DGLM にたどりつくことが，本書のゴールとなります．

DGLM でも，過分散の対処などの目的で GLMM と同様の構造を組み込むことが可能です．単純

なモデルも複雑なモデルも，似たような構造を持つことはしばしばあります．本書で扱ったモデルはすべて説明変数が少ない単純なものばかりでしたが，モデル固有の特徴をおさえ，それを組み合わせることで，比較的複雑な構造であっても，モデルで表現できるようになるはずです．

1.8　本書で用いられる記号

次章からは行列表現を使わずに，状態空間モデルを表現しています．そのため，成分ごとに異なる記号が用いられます．本書で用いられる記号とその意味を表 5.1.1 に記します．

表 5.1.1 状態空間モデルを表記する際の記号の一覧

記号	内容
y_t	t 時点の観測値
α_t	t 時点の状態
ex_t	t 時点の説明変数の値
β_t	t 時点の説明変数の係数
μ_t	t 時点の状態の水準成分（レベル成分とも呼ばれる）
δ_t	t 時点の状態のドリフト成分（傾き成分とも呼ばれる）
γ_t	t 時点の状態の周期成分

なお○○成分と呼ばれるものは，状態の要素となります．詳細は次章以降で説明します．状態は成分の和となるので，例えば $\alpha_t = u_t + \gamma_t$ などとなります．説明変数が加わる場合は例えば $\alpha_t = u_t + \beta_t \cdot ex_t$ のようになります．成分が 1 つしかないときなど明らかにわかる場合は，α_t を使わないこともあります．第 5 部第 9 章の DGLM を扱う例では，第 3 部・第 4 部での表記方法に合わせて α_t ではなく λ_t としています．

1.9　状態空間モデルのさまざまなトピック

本書では常にベイズ推論と MCMC の組合せでモデルを推定する方法をとります．しかし，状態空間モデルの推定の方法はほかにもいくつか知られています．

DLM を推定するアルゴリズムとしては**カルマンフィルタ**が良く知られています．状態の初期値に関して散漫初期化を用いる**散漫カルマンフィルタ**が使われることもあります．（散漫）カルマンフィルタは状態を推定するためのアルゴリズムであり，モデルのパラメータの値は最尤法で推定されるのが普通です．DLM に関しては馬場 (2018a) や Commandeur and Koopman(2008) などに分析事例が載っています．

DGLM を推定するアルゴリズムとしては**重点サンプリング**が知られています．野村 (2016) などに記載があります．

一般化状態空間モデルを推定するアルゴリズムとしては，**粒子フィルタ**が知られています．萩原他

第 5 部 【応用編】状態空間モデル

(2018) や岩波データサイエンス刊行委員会 (2017) などに記載があります．萩原他 (2018) はカルマンフィルタや MCMC でも充実した記載があります．

　MCMC を用いた状態空間モデルの実装例としては，松浦 (2016) や岩波データサイエンス刊行委員会 (2015) などがあります．Kéry and Schaub(2016) ではより発展的なモデルの分析事例が豊富に載っています．

第2章

ローカルレベルモデル

2.1 本章の目的と概要

テーマ

本章では，動的線形モデル (DLM) の最も基本的な構造であるローカルレベルモデルの解説をします．本書において，初めて時系列データを分析するパートとなるので，R 言語における時系列データの取り扱いに関しても補足しています．

目的

本章では，ローカルレベルモデルという単純なモデルを通して，時系列分析にかかわる重要な概念を解説します．また，時系列データを状態空間モデルで表現し，モデルを推定し，結果を図示するという一連の流れを解説するために，本章を執筆しました．

概要

● **ローカルレベルモデルの理解**

分析の準備 → ホワイトノイズと i.i.d 系列 → 正規ホワイトノイズを用いた時系列モデル
→ ランダムウォーク → R で確認するホワイトノイズとランダムウォーク
→ ローカルレベルモデルの構造

● **ローカルレベルモデルの推定**

Stan ファイルの実装 → データの読み込みと POSIXct への変換 → MCMC の実行

● **状態空間モデルの推定結果の図示**

推定された状態の図示 → 図示のための関数の作成

2.2 分析の準備

分析の準備として，パッケージの読み込みと計算を高速化させるオプションを指定します．以前の章と比べてグラフ描画用のパッケージが増えているので注意してください．`ggfortify` は時系列データを簡単に描画できるパッケージで，`gridExtra` はグラフの一覧表示をするパッケージです．

5 応用編

275

第5部 【応用編】状態空間モデル

```
# パッケージの読み込み
library(rstan)
library(bayesplot)
library(ggfortify)
library(gridExtra)
# 計算の高速化
rstan_options(auto_write = TRUE)
options(mc.cores = parallel::detectCores())
```

2.3 ホワイトノイズと i.i.d 系列

状態空間モデルの説明の前に，時系列分析にまつわる重要なトピックを解説しておきます．

ホワイトノイズは，期待値が0であり，分散が一定であり，同時刻以外の自己相関が0であるという特徴を持ちます．t時点のホワイトノイズをε_tとすると以下のようになります．ただしEは期待値をとる関数で，Covは共分散を得る関数です．

$$\mathrm{E}(\varepsilon_t) = 0 \tag{5.4}$$

$$\mathrm{Cov}(\varepsilon_t, \varepsilon_{t-k}) = \begin{cases} \sigma^2, & k = 0 \\ 0, & k \neq 0 \end{cases} \tag{5.5}$$

ε_{t-k}はk時点だけずれたホワイトノイズです．$\mathrm{Cov}(\varepsilon_t, \varepsilon_{t-k})$において，もしも$k=0$ならば同時点での共分散，すなわち分散を計算していることになり，これが一定値σ^2となります．$k \neq 0$ならば自己共分散は常に0となります．自己共分散が0なので，自己相関も0です．

自己相関が0であるだけでなく，さらにデータが各々独立であるデータ系列のことを**i.i.d 系列**と呼びます．i.i.d とは independent and identically distributed の略です．データが独立であれば，当然ですが自己相関は0になります．i.i.d の方が満たされる条件がより厳しい仮定であるといえます．

ホワイトノイズとしてはしばしば**正規ホワイトノイズ**が仮定されます．正規分布に絞ることで分析が容易になります．また，正規ホワイトノイズは i.i.d 系列であることが知られています．正規ホワイトノイズε_tは，以下のように表記します．

$$\varepsilon_t \sim \mathrm{Normal}(0, \sigma^2) \tag{5.6}$$

さて，なぜホワイトノイズ系列や i.i.d 系列といった概念が必要となるのでしょうか．さまざまな意味があるでしょうが，本書では「時系列モデルの部品」としてこれらを用いるという意義を強調します．

時系列データはしばしば「昨日の気温が高ければ今日の気温も高い」といった時間の前後関係をモデルで表現します．そういった前後関係で表現できなかった"残り"としてホワイトノイズがしばしば仮定されます．例えば正規ホワイトノイズは$k \neq 0$ならば自己相関が0なので「過去から未来を予測する情報をほとんど含んでいない」系列であるとみなすことができますね．表現できなかった"残り"としては理想的な性質です．

276

第 2 章　ローカルレベルモデル

また，仮にですが，気温のデータや売り上げデータが正規ホワイトノイズだとみなせると考えてみましょう．前後関係は気にしなくてよい，分散も一定で平均値も 0 で固定されている．こんな単純なモデルであれば，推定するのは難しくなさそうです．

さすがに多くの時系列データは正規ホワイトノイズとみなすことができないでしょう．しかし，単純なモデルから始めて少しずつ発展させていく，という方針でモデリングを学ぶ際，正規ホワイトノイズはちょうどよいスタート地点かと思います．

2.4　正規ホワイトノイズを用いた，とても単純な時系列モデルの例

時点 t の観測値 y_t を，以下のようにモデル化することを考えます．

$$y_t = \mu + \varepsilon_t, \quad \varepsilon_t \sim \mathrm{Normal}(0, \sigma^2) \tag{5.7}$$

ある時系列は，μ に正規ホワイトノイズが加わったものと考えています．

式 (5.7) は以下のように表記しても同じです．

$$y_t \sim \mathrm{Normal}(\mu, \sigma^2) \tag{5.8}$$

時系列データ y_t は，平均が μ，分散が σ^2 の正規分布に従って得られると考えたモデルです．

正規ホワイトノイズを使うことによって，時系列データが，ある一定の平均値 μ の周りをばらつく様子を表現できました．このモデルは，第 3 部 1 章で紹介した「説明変数がなく，正規分布を仮定した一般化線形モデル」であると解釈することもできます．

もちろんこのモデルでは「過去の値と未来の値が似ている」といった自己相関などを表現できません．いつの時点のデータも，平均値の周りをばらついているだけです．あまりにも単純なので実用的なモデルとはいいがたいかもしれませんが，このモデルをスタート地点とすることで，一般化線形モデルとのかかわりがつかみやすくなると思います．

2.5　ランダムウォーク

ランダムウォークとは，i.i.d 系列の累積和からなる系列のことです．本書では説明の簡単のため，断りがない限り正規ホワイトノイズの累積和を対象とします．

ランダムウォーク系列 y_t は以下のように表記されます．

$$y_t = y_{t-1} + \varepsilon_t, \quad \varepsilon_t \sim \mathrm{Normal}(0, \sigma^2) \tag{5.9}$$

最初 (0 時点目) のデータ y_0 を 0 とすると，y_t は以下のように変化していきます．

第 5 部 【応用編】状態空間モデル

1 時点目：ε_1

2 時点目：$\varepsilon_1 + \varepsilon_2$

3 時点目：$\varepsilon_1 + \varepsilon_2 + \varepsilon_3$

t 時点目：$\sum_{i=1}^{t} \varepsilon_i$

式 (5.9) は以下のように表記できます．

$$y_t \sim \text{Normal}(y_{t-1}, \sigma^2) \tag{5.10}$$

ランダムウォークは単純な構造ではありますが，正規分布のパラメータ (この場合は期待値) が時間によって変化する構造を表現できます．

例えばある時系列データ y_t がランダムウォーク系列であり，$y_0 = 0$ だったとしましょう．

1 時点目では $y_1 = \varepsilon_1$ となります．

ここで，たまたま $\varepsilon_1 = 0.8$ であったとします．$y_1 = 0.8$ となるわけです．

すると 2 時点目の y_2 は「平均値が 0.8 である正規分布」に従って得られます．2 時点目にしてもはや y_2 の期待値は 0 と異なっています．

あたりまえのことように思われますが，大切な事実です．前節で紹介した正規ホワイトノイズを仮定したモデルとは大きく異なっています．時系列データが正規ホワイトノイズとみなせるならば，その期待値は常に 0 です．式 (5.8) のようにモデル化した場合でも，データの期待値は時点によらず常に μ です．一方のランダムウォーク系列では，時点によってその期待値が変わってきます．

データ生成過程，すなわち「時間によって変化する確率分布」の構造として，ランダムウォークは，やや単純すぎるきらいがあるにせよ，1 つの候補にはなりえます．

2.6　R で確認するホワイトノイズとランダムウォーク

ホワイトノイズとランダムウォークの特徴を，シミュレーションを通して確認します．まずは正規ホワイトノイズを生成します．「rnorm(n = 100, mean = 0, sd = 1)」で，期待値が 0，標準偏差が 1 である正規ホワイトノイズに従う乱数を 100 個生成します．

```
# 正規ホワイトノイズ
set.seed(1)
wn <- rnorm(n = 100, mean = 0, sd = 1)
```

正規ホワイトノイズの累積和をとることで，ランダムウォーク系列を得ます．累積和をとるには cumsum 関数を使います．例えば $\{1, 3, 2\}$ の累積和をとると，$\{1, 1+3, 1+3+2\}$ の結果が得られます．

278

```
> # 累積和をとる関数 cumsum の説明
> cumsum(c(1,3,2))
[1] 1 4 6
```

cumsum 関数を使ってホワイトノイズの累積和を計算し，ランダムウォーク系列を得ます．

```
# ランダムウォーク
rw <- cumsum(wn)
```

正規ホワイトノイズ系列とランダムウォーク系列をまとめて図示します．

```
# グラフを作る
p_wn_1 <- autoplot(ts(wn), main = "ホワイトノイズ")
p_rw_1 <- autoplot(ts(rw), main = "ランダムウォーク")

# 2つのグラフをまとめる
grid.arrange(p_wn_1, p_rw_1)
```

正規ホワイトノイズは0の周囲をばらついている一方で，ランダムウォークは0から離れて少しずつ大きな値へと変化していくことがわかります．

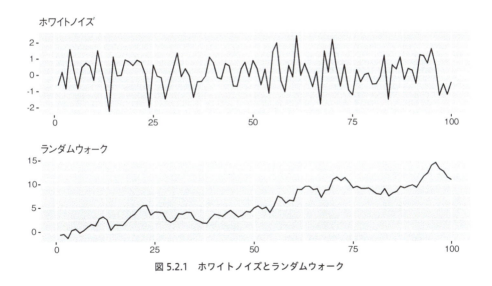

図 5.2.1　ホワイトノイズとランダムウォーク

先ほどのグラフでは，ランダムウォーク系列が右肩上がりで大きな値へと変化しましたが，これはただの偶然です．0の近辺をうろつくことがあれば，マイナスの方向へ変化していくこともあります．
これを確認するため，正規ホワイトノイズ系列とランダムウォーク系列を各々20回ずつ生成し，図示することにします．for 構文を使うことで，同じ操作を20回繰り返したうえでその結果を保存

しています．autoplotにおける「facets = F」は，複数時系列であってもグラフを分けない，という指定です．

```
# 複数のホワイトノイズ・ランダムウォーク系列
wn_mat <- matrix(nrow = 100, ncol = 20)
rw_mat <- matrix(nrow = 100, ncol = 20)

set.seed(1)
for(i in 1:20){
  wn <- rnorm(n = 100, mean = 0, sd = 1)
  wn_mat[,i] <- wn
  rw_mat[,i] <- cumsum(wn)
}

# グラフを作る
p_wn_2 <- autoplot(ts(wn_mat), facets=F, main = "ホワイトノイズ") +
  theme(legend.position = 'none') # 凡例を消す

p_rw_2 <- autoplot(ts(rw_mat), facets=F, main = "ランダムウォーク") +
  theme(legend.position = 'none') # 凡例を消す

# 2つのグラフをまとめる
grid.arrange(p_wn_2, p_rw_2)
```

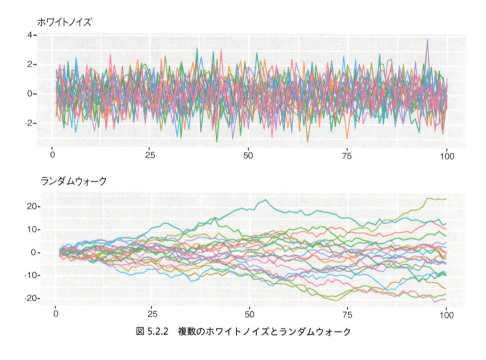

図 5.2.2　複数のホワイトノイズとランダムウォーク

第2章　ローカルレベルモデル

正規ホワイトノイズ系列は，20パターンあったとしてもすべて0の周囲にかたまっています．しかし，ランダムウォーク系列は，どんどんと大きな値へと変わっていくものや，小さな値へと変わっていくもの，上がったり下がったりして0付近にとどまるものなどさまざまあります．

ホワイトノイズは期待値が一定なので，いわゆる平均への回帰と呼ばれるように，多少突飛な値が出たとしても，長期的には期待値の周囲をばらつくことが予想されます．

ランダムウォークは「前の時点の値を期待値とする正規分布」から次の時点の値が得られるので，突飛な値が1度でも出ると，その影響が残ったままになります．

2.7　ローカルレベルモデルの構造

ローカルレベルモデルは別名ランダムウォーク・プラス・ノイズモデルとも呼ばれ，正規ホワイトノイズとランダムウォークを部品として用います．ローカルレベルモデルは以下のように表現できます．式 (5.11) が状態方程式で，式 (5.12) が観測方程式です．

$$\mu_t = \mu_{t-1} + w_t, \quad w_t \sim \text{Normal}(0, \sigma_w^2) \tag{5.11}$$

$$y_t = \mu_t + v_t, \qquad v_t \sim \text{Normal}(0, \sigma_v^2) \tag{5.12}$$

w_t を**過程誤差**，v_t を**観測誤差**と呼びます．正規ホワイトノイズに従う過程誤差が積み重なって状態が変化していますね．なので状態はランダムウォークしているとみなされます．その状態に観測誤差が加わって観測値が得られます．なお，誤差という言葉のイメージとはやや異なりますが，過程誤差 w_t は「状態の変化」を表すものだと理解したほうが良いでしょう．過程誤差の分散 σ_w^2 は「状態の変化の大きさを表すパラメータ」であるといえます．一方の観測誤差 v_t は誤差という言葉のイメージ通り「状態と観測値とのずれ」を表すものです．そのずれの大きさはパラメータ σ_v^2 で表されます．

上記の式は，以下のように書き換えられます．

$$\mu_t \sim \text{Normal}(\mu_{t-1}, \sigma_w^2) \tag{5.13}$$

$$y_t \sim \text{Normal}(\mu_t, \sigma_v^2) \tag{5.14}$$

状態の遷移を表す式 (5.13) で得られた確率変数の実現値が，観測値 y_t における確率分布の母数 (確率分布のパラメータ) となっているので，これは階層ベイズモデルの枠組みで扱われます．

ところで，2.4節において $y_t = \mu + \varepsilon_t, \varepsilon_t \sim \text{Normal}(0, \sigma^2)$ というモデル ($y_t \sim \text{Normal}(\mu, \sigma^2)$ も同じ) は，「説明変数がなく，正規分布を仮定した一般化線形モデル」とみなせると説明しました．ローカルレベルモデルは固定された切片 μ の代わりに，動的に変化する μ_t を想定しています．この観点で見ると，ローカルレベルモデルは「説明変数がなく，切片がランダムウォークしている，正規分布を仮定したモデル」と表現できそうですね．なお，μ は**水準成分**あるいは**レベル成分**とも呼ばれます．

5 応用編

281

第 5 部 【応用編】状態空間モデル

水準成分が確定的か，あるいは確率的に変化するか，という視点で表現されることもあります．

　もちろん，切片だけでなく，例えば説明変数を追加したうえで，その係数がランダムウォークする
モデルを想定することも可能です．説明変数の係数がランダムウォークするモデルは第 5 部第 4 章
で解説します．

2.8　ローカルレベルモデルのための Stan ファイルの実装

　執筆時点において brms は状態空間モデルに対応していないため，第 5 部ではすべて Stan コード
を自力で実装することになります．ただし，モデルの数式をそのままコードに移植するだけなので，
直感的に実装ができるのではないかと思います．ローカルレベルモデルを推定する Stan コードは以
下の通りです (5-2-1-local-level.stan).

```
data {
  int T;            // データ取得期間の長さ
  vector[T] y;    // 観測値
}
parameters {
  vector[T] mu;          // 状態の推定値（水準成分）
  real<lower=0> s_w;    // 過程誤差の標準偏差
  real<lower=0> s_v;    // 観測誤差の標準偏差
}
model {
  // 状態方程式に従い，状態が遷移する
  for(i in 2:T) {
    mu[i] ~ normal(mu[i-1], s_w);
  }
  // 観測方程式に従い，観測値が得られる
  for(i in 1:T) {
    y[i] ~ normal(mu[i], s_v);
  }
}
```

　本書では一貫して，青色を状態，緑色を観測値として表現します．この色で網掛けした，model
ブロックにおける「mu[i] ~ normal(mu[i-1], s_w)」が状態方程式 (5.13) と対応し，「y[i] ~
normal(mu[i], s_v)」が観測方程式 (5.14) と対応します．

　青色の状態の遷移を表現した for ループにおいて，添え字 i が 2 から始まっていることに注意が
必要です．状態は 1 時点前の値に基づいて遷移します．そのため最初の時点である「1 時点目の状態」
は「前の時点」が存在しないため，扱いが特殊になります．このとき「0 時点目」である状態の初期
値を想定し，状態の初期値に任意の値 (例えば 0) を仮定したり，状態の初期値を別途推定したりす
ることもあります．本書では，1 時点目の状態は (前の時点から遷移するのではなく)，無情報事前
分布を想定して，この事後分布を得る方針で実装します．他にもいくつかの実装の方法があります．
例えば萩原他 (2018) や馬場 (2018a) などを参照してください．

282

第 2 章　ローカルレベルモデル

　なお，状態空間モデルのコードもベクトル化できます．ベクトル化したほうが速度などの面で良い影響をもたらすこともありますが，どうしてもコードが読みにくくなるので，本書では基本的にベクトル化しない方針で進めていきます．

2.9　データの読み込みと POSIXct への変換

　2010 年 1 月 1 日から 100 日間にわたって取得された架空の売り上げデータを読み込みます．

```
> # データの読み込み
> sales_df <- read.csv("5-2-1-sales-ts-1.csv")
> # 日付を POSIXct 形式にする
> sales_df$date <- as.POSIXct(sales_df$date)
> # データの先頭行を表示
> head(sales_df, n = 3)
        date sales
1 2010-01-01  23.9
2 2010-01-02  19.0
3 2010-01-03  20.3
```

　ここで，日付の列 date を as.POSIXct 関数を使って POSIXct 型に変更しました．ベイズ統計モデリングの技術からは少し離れますが，R 言語での日付の扱いを簡単に補足します．

　POSIXct 型は 1970 年 1 月 1 日 0 時 0 分 0 秒からの秒数を保存したクラスです．これは以下のコードで確認できます．

```
> # POSIXct の補足
> POSIXct_time <- as.POSIXct("1970-01-01 00:00:05", tz="UTC")
> as.numeric(POSIXct_time)
[1] 5
```

　as.numeric 関数を適用して数値扱いにすると，1970 年 1 月 1 日 0 時 0 分 5 秒は「5 秒経過した後」とわかるわけです．ちなみに，「tz="UTC"」とすることで，タイムゾーンを協定世界時間にできます．日本にお住まいの方は，タイムゾーンに JST が設定されているはずです．この場合は標準時間から 9 時間 (32400 秒) ずれます．

　POSIXct を使うことで，日付の差分などを簡単に取得できます．年をまたいだ日付の差分は計算が難しいですよね．POSIXct を使うとこのあたりが簡単になります．また ggplot2 との相性も良いです．さまざまなやり方があるでしょうが，本書では時系列データを data.frame として扱い，日付列を POSIXct に変換して分析を行うことにします．ts 型のデータは補足的に使うにとどめます．

2.10　MCMC の実行

　データを list 型でまとめた後，stan 関数を使ってローカルレベルモデルを推定します．このあ

第 5 部　【応用編】状態空間モデル

たりのコードは GLM などとほとんど変わりがありません.

```
# データの準備
data_list <- list(
  y = sales_df$sales,
  T = nrow(sales_df)
)
# モデルの推定
local_level_stan <- stan(
  file = "5-2-1-local-level.stan",
  data = data_list,
  seed = 1
)
```

なお, 100 時点ある状態 mu の推定値がすべて得られるので, 単に「print(local_level_stan)」と実行すると, とても多くの結果が出力されてしまうことに注意します.

収束は「mcmc_rhat(rhat(local_level_stan))」と実行して確認します. 今回は問題ないようですので結果は省略します.

推定された過程誤差の分散の大きさと観測誤差の分散の大きさを出力します (一部抜粋).

```
> print(local_level_stan,
+       pars = c("s_w", "s_v","lp__"),
+       probs = c(0.025, 0.5, 0.975))
        mean se_mean    sd    2.5%     50%   97.5% n_eff Rhat
s_w     1.33    0.02  0.29    0.85    1.30    1.98   332 1.01
s_v     2.87    0.01  0.27    2.38    2.86    3.42  2580 1.00
lp__ -228.11    1.07 17.71 -262.56 -228.40 -193.67   273 1.01
```

過程誤差 (s_w) よりも観測誤差 (s_v) の方が大きいようです.

2.11　推定された状態の図示

MCMC サンプルを集計したうえで, それを図示する作業に移ります. なお, 以下のコードは長く複雑になるうえに, 次章以降では登場しません. そのため, 難しいと感じたら, コードに関しては飛ばしながら読み進めてもらって結構です.

まずは extract 関数を使って, 生成された乱数を取り出します.

```
# 生成された乱数を格納
mcmc_sample <- rstan::extract(local_level_stan)
```

Stan において, 状態は mu という名前で指定していました. この名前を保存しておきます.

284

```
# Stanにおける状態を表す変数名
state_name <- "mu"
```

以下のコードを実行すると，1時点目の状態の95% ベイズ信用区間と中央値が得られます．

```
> quantile(mcmc_sample[[state_name]][, 1],
+           probs=c(0.025, 0.5, 0.975))
    2.5%      50%     97.5%
17.89819 21.49854 24.89467
```

これを時点の数 (100 時点) だけ繰り返し実行すればよいです．

同じ処理を繰り返す方法はさまざまありますが，ここでは apply 関数を使うことにします．「MARGIN = 2」そして「FUN = quantile」と指定することで，列ごとに同じ処理（今回は quantile 関数）を繰り返し実行できます．t() は行列の行と列を入れ替える関数です．

```
# すべての時点の状態の，95% ベイズ信用区間と中央値
result_df <- data.frame(t(apply(
  X = mcmc_sample[[state_name]],# 実行対象となるデータ
  MARGIN = 2,                   # 列を対象としてループ
  FUN = quantile,               # 実行対象となる関数
  probs=c(0.025, 0.5, 0.975)    # 上記関数に入れる引数
)))
```

最後に，列名の変更や，時間軸や元データの観測値の追加をします．

```
# 列名の変更
colnames(result_df) <- c("lwr", "fit", "upr")
# 時間軸の追加
result_df$time <- sales_df$date
# 観測値の追加
result_df$obs <- sales_df$sales
```

以下のようなデータが最終的に得られます．

```
> # 図示のためのデータの確認
> head(result_df, n = 3)
       lwr      fit      upr       time  obs
1 17.89819 21.49854 24.89467 2010-01-01 23.9
2 17.95348 20.93372 24.00327 2010-01-02 19.0
3 18.08578 20.86311 23.71696 2010-01-03 20.3
```

データの整形が終わったので，図示します．

```
ggplot(data = result_df, aes(x = time, y = obs)) +
  labs(title=" ローカルレベルモデルの推定結果 ") +
  ylab("sales") +
  geom_point(alpha = 0.6, size = 0.9) +
  geom_line(aes(y = fit), size = 1.2) +
  geom_ribbon(aes(ymin = lwr, ymax = upr), alpha = 0.3) +
  scale_x_datetime(date_labels = "%Y 年 %m 月 ")
```

グラフのベース部分を ggplot 関数で指定した後，データのポイント (geom_point)，折れ線 (geom_line)，状態の 95% 信用区間を表す網掛け (geom_ribbon) を各々追加します．横軸の時間のラベルだけ注意が必要です．「date_labels = "%Y 年 %m 月 "」で日付の書式を指定します．「%Y」は 4 桁の西暦で，「%m」が 2 桁の月を表します．例えば「date_labels = "%Y 年 %m 月 %d 日 "」と指定することで，日付まで出力できます．

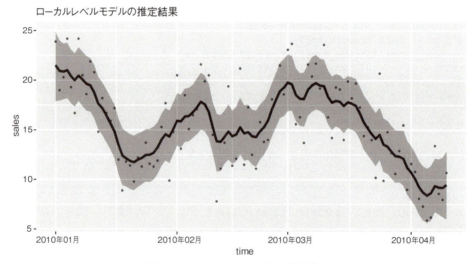

図 5.2.3　ローカルレベルモデルの推定結果

2.12　図示のための関数の作成

毎回上記のような「データの整形から図示」という作業を繰り返すのは手間なので，状態空間モデルの図示をするための関数 plotSSM を作成します．難しければコードを飛ばしても構いません．

第 2 章　ローカルレベルモデル

```r
plotSSM <- function(mcmc_sample, time_vec, obs_vec = NULL,
                    state_name, graph_title, y_label,
                    date_labels = "%Y 年 %m 月 "){
  # 状態空間モデルを図示する関数
  #
  # Args:
  #   mcmc_sample : MCMC サンプル
  #   time_vec    : 時間軸（POSIXct）のベクトル
  #   obs_vec     : （必要なら）観測値のベクトル
  #   state_name  : 図示する状態の変数名
  #   graph_title : グラフタイトル
  #   y_label     : y 軸のラベル
  #   date_labels : 日付の書式
  #
  # Returns:
  #   ggplot2 により生成されたグラフ

  # すべての時点の状態の，95% 区間と中央値
  result_df <- data.frame(t(apply(
    X = mcmc_sample[[state_name]],
    MARGIN = 2, quantile, probs = c(0.025, 0.5, 0.975)
  )))

  # 列名の変更
  colnames(result_df) <- c("lwr", "fit", "upr")

  # 時間軸の追加
  result_df$time <- time_vec

  # 観測値の追加
  if(!is.null(obs_vec)){
    result_df$obs <- obs_vec
  }

  # 図示
  p <- ggplot(data = result_df, aes(x = time)) +
    labs(title = graph_title) +
    ylab(y_label) +
    geom_line(aes(y = fit), size = 1.2) +
    geom_ribbon(aes(ymin = lwr, ymax = upr), alpha = 0.3) +
    scale_x_datetime(date_labels = date_labels)

  # 観測値をグラフに追加
  if(!is.null(obs_vec)){
    p <- p + geom_point(alpha = 0.6, size = 0.9,
                        data = result_df, aes(x = time, y = obs))
  }

  # グラフを返す
  return(p)
}
```

5
応
用
編

第5部 【応用編】状態空間モデル

　上記の関数をコピー＆ペーストして「plotSSM.R」というファイルに保存します.

　次回以降は「source("plotSSM.R", encoding="utf-8")」と1行実行するだけで, plotSSM関数をいつでも使えるようになります（Rの作業ディレクトリにこのファイルが配置されている必要があります. 作業ディレクトリは「getwd()」で取得できます）. 次章以降でしばしばこの関数を使います.

　ほとんどは 2.11 節のコードと同じですが, 観測値の扱いだけ変えてあります. 観測値をグラフに入れず, 推定された状態の値だけを図示できるように「if(!is.null(obs_vec))」として動作を分けています.

　例えば以下のコードを実行すると, 2.11 節とまったく同じグラフが描けます.

```
plotSSM(mcmc_sample = mcmc_sample, time_vec = sales_df$date,
        obs_vec = sales_df$sales,
        state_name = "mu", graph_title = "ローカルレベルモデルの推定結果",
        y_label = "sales")
```

288

状態空間モデルによる予測と補間

3.1 本章の目的と概要

テーマ

本章では,ローカルレベルモデルを用いた,時系列データにおける将来予測と欠損値の補間の方法を説明します.

目的

状態空間モデルを用いた時系列分析のノウハウを伝える目的で,本章を執筆しました.実用的なテーマに取り組むため,ベイズ統計モデリングの理論からは少し外れることであっても,R のコーディングの方法など,実際の分析において必要となる技術は記すようにしています.

ローカルレベルモデルを対象としますが,次章以降で紹介されるモデルでも同様の手順で予測や補間を行うことができます.

概要

● 予測

分析の準備 → 予測のための Stan ファイルの実装 → ローカルレベルモデルによる予測の実行

● 補間

欠損があるデータ → 欠損日の処理 → 補間のための Stan ファイルの実装
→ ローカルレベルモデルによる補間の実行

3.2 分析の準備

分析の準備として,パッケージの読み込みと計算を高速化させるオプションを指定します.状態空間モデルを図示するための自作関数も読み込んでいます.関数の詳細は第 5 部第 2 章 2.12 節を参照してください.

第 5 部 【応用編】状態空間モデル

```r
# パッケージの読み込み
library(rstan)
library(bayesplot)
# 計算の高速化
rstan_options(auto_write = TRUE)
options(mc.cores = parallel::detectCores())
# 状態空間モデルの図示をする関数の読み込み
source("plotSSM.R", encoding="utf-8")
```

データをあらかじめ読み込んでおきます．第 5 部第 2 章で用いたのと同じデータを使います．

```r
sales_df_all <- read.csv("5-2-1-sales-ts-1.csv")
sales_df_all$date <- as.POSIXct(sales_df_all$date)
```

3.3　予測のための Stan ファイルの実装

予測のための Stan コードは以下の通りです (5-3-1-local-level-pred.stan)．

```stan
data {
  int T;           // データ取得期間の長さ
  vector[T] y;     // 観測値
  int pred_term;   // 予測期間の長さ
}
parameters {
  vector[T] mu;          // 状態の推定値（水準成分）
  real<lower=0> s_w;     // 過程誤差の標準偏差
  real<lower=0> s_v;     // 観測誤差の標準偏差
}
model {
  // 状態方程式に従い，状態が遷移する
  for(i in 2:T) {
    mu[i] ~ normal(mu[i-1], s_w);
  }
  // 観測方程式に従い，観測値が得られる
  for(i in 1:T) {
    y[i] ~ normal(mu[i], s_v);
  }
}
generated quantities{
  vector[T + pred_term] mu_pred;  // 予測値も含めた状態の推定値
  // データ取得期間においては，状態推定値 mu と同じ
  mu_pred[1:T] = mu;
  // データ取得期間を超えた部分を予測
  for(i in 1:pred_term){
    mu_pred[T + i] = normal_rng(mu_pred[T + i - 1], s_w);
  }
}
```

第 3 章 状態空間モデルによる予測と補間

parameters ブロックと model ブロックは第 5 部第 2 章とまったく同じです．data ブロックにおいて予測対象期間の長さを渡すようにして，generated quantities ブロックで予測を行います．

generated quantities ブロックでは，予測された状態として mu_pred という変数を定義しています．データが存在する 1 から T 時点においては model ブロックで推定された状態 mu をコピーして使います．予測対象期間においては，状態方程式に基づき，状態を更新していきます．model ブロックと generated quantities ブロックにおける青色の網掛けをした部分がお互いに対応しています．

3.4　ローカルレベルモデルによる予測の実行

実際にモデルの推定と予測を行います．

```
# データの準備
data_list_pred <- list(
  T = nrow(sales_df_all),
  y = sales_df_all$sales,
  pred_term  = 20
)
# モデルの推定
local_level_pred <- stan(
  file = "5-3-1-local-level-pred.stan",
  data = data_list_pred,
  seed = 1
)
```

結果を図示しますが，その前に予測対象期間も含めた POSIXct 型のベクトルを用意します．2010年 1 月 1 日から 100 日間のデータがあり，20 日間を予測するので，合計 120 日先までの日付の連番を用意します．そのためのコードは以下のようになります．

```
date_plot <- seq(
  from = as.POSIXct("2010-01-01"),
  by = "days",
  len = 120)
```

seq という関数は単純な等差数列から日付まで，さまざまな連番を作ることができます．「seq(from, by, len)」という構文は，from から by 区切りで len 個の連番を生成するという意味です．なお POSIXct は 1970 年から経過した「秒数」を保持しているので「by = "days"」は「by = 60*60*24」としても結果は変わりません (60*60*24 秒は 1 日になりますね).

後は第 5 部第 2 章で作った自作関数 plotSSM を使うことで結果を描画できます．

```
# 生成された乱数を格納
mcmc_sample_pred <- rstan::extract(local_level_pred)
# 予測結果の図示
plotSSM(mcmc_sample = mcmc_sample_pred,
        time_vec = date_plot,
        state_name = "mu_pred",
        graph_title = "予測の結果",
        y_label = "sales")
```

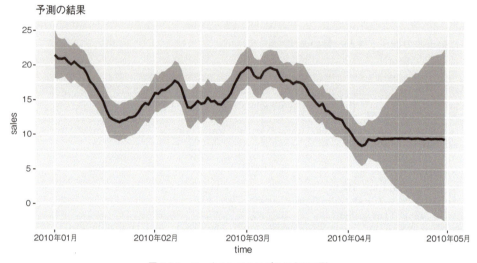

図 5.3.1　ローカルレベルモデルによる予測

　4月11日から4月30日までが予測値です．予測値はデータが得られた最後の時点である4月10日時点の状態の推定値からほとんど変化していません．

　ローカルレベルモデルの状態方程式を再掲します．

$$\mu_t = \mu_{t-1} + w_t, \quad w_t \sim \mathrm{Normal}(0, \sigma_w^2)$$

　過程誤差 w_t の期待値は0です．$t+1$ 時点の状態の期待値は t 時点の状態の値そのものですし，$t+2$ 時点以降もまた同様です．すなわち「データが得られた最後の時点の状態推定値」が将来の状態の予測値になるということです．なので，黒い太線は，単なる水平な直線になっています．ローカルレベルモデルはとても単純な構造をしているので，将来を精度良く予測することは難しいといえます．

　状態予測値の95%ベイズ信用区間を見ると，時点が進むにつれて広くなっていることがわかります．時点が進むにつれて予測がより難しくなっている（状態が収まるだろうと推測される範囲を広く取らざるを得ない）ことがわかります．

第 3 章　状態空間モデルによる予測と補間

3.5　欠損があるデータ

　続いて欠損値の補間に移ります．ローカルレベルモデルを推定する前に，R における時系列データの欠損処理について簡単に補足します．

　R 言語では欠損を「NA」で表現します．仮に売り上げデータが一部取得できなかったとしたら，その時点の売り上げデータに NA を入れておけば，欠損値であることがすぐにわかります．どういう状況かは実際にデータを見た方が早いでしょう．

　「5-3-1-sales-ts-1-NA.csv」に格納されたデータは，予測の際に用いられた売り上げデータ (5-2-1-sales-ts-1.csv) と同じものですが，一部のデータに欠損があります．

```
> # データの読み込み
> sales_df_NA <- read.csv("5-3-1-sales-ts-1-NA.csv")
> # 日付を POSIXct 形式にする
> sales_df_NA$date <- as.POSIXct(sales_df_NA$date)
> # 売り上げデータに一部欠損がある
> head(sales_df_NA, n = 3)
        date sales
1 2010-01-01  23.9
2 2010-01-02  19.0
3 2010-01-03    NA
```

3.6　欠損データの取り扱い

　まずは，欠損データを削除する方法を説明します．na.omit 関数を使うことで，NA が含まれる行をすべて削除できます．2010-01-03 に NA がありましたが，それが削除されたのがわかります．

```
> # NA がある行を削除
> sales_df_omit_NA <- na.omit(sales_df_NA)
> head(sales_df_omit_NA, n = 3)
        date sales
1 2010-01-01  23.9
2 2010-01-02  19.0
4 2010-01-04  24.2
```

　ところで，NA が含まれる行は何行あったのでしょうか．NA を削除する前と削除した後の行数を確認します．

```
> # データを取得した期間
> nrow(sales_df_NA)
[1] 100
> # 正しくデータが取得できた日数
> nrow(sales_df_omit_NA)
```

5 応用編

第 5 部 【応用編】状態空間モデル

```
[1] 74
```

どうやら，26 日も NA となっていたようです．

続いて「欠損がある時点・ない時点」を判断する方法を見ていきます．
欠損となっているか否かは「売り上げデータが NA になっているか否か」で判別できます．これは
is.na 関数を使うことで簡単に判別できます．「!is.na」と頭にエクスクラメーションマークを付け
るのを忘れないようにします．こうすることで，TRUE ならばデータがあり，FALSE ならばデータが
ない，と判別できます．

```
> # データがちゃんとあれば TRUE
> !is.na(sales_df_NA$sales)
  [1]  TRUE  TRUE FALSE  TRUE  TRUE  TRUE  TRUE  TRUE  TRUE  TRUE
・・・中略・・・
 [91]  TRUE  TRUE  TRUE  TRUE FALSE  TRUE  TRUE  TRUE  TRUE  TRUE
```

TRUE をとっている要素番号を取得するには which 関数を使います．例えば「c(TRUE, FALSE,
TRUE)」という 3 つの要素を持つベクトルに適用すると「1 番目と 3 番目が TRUE です」というのを
教えてくれます．

```
> which(c(TRUE, FALSE, TRUE))
[1] 1 3
```

これを応用することで，以下のように「データが取得できている時点の番号」を取得できます．

```
> # データがある行番号の取得
> which(!is.na(sales_df_NA$sales))
 [1]   1   2   4   5   6   7   8   9  10  11  12  13  14  15  16
[16]  17  18  19  20  21  22  23  24  25  26  49  50  51  52  53
[31]  54  55  56  57  58  59  60  61  62  63  64  65  66  67  68
[46]  69  70  71  72  73  74  75  76  77  80  81  82  83  84  85
[61]  86  87  88  89  90  91  92  93  94  96  97  98  99 100
```

これを見ると 27 日から 48 日まで 20 日ほど欠損となっているようです．

3.7　補間のための Stan ファイルの実装

ローカルレベルモデルを用いて補間を行うための Stan コードは以下のようになります
(5-3-2-local-level-interpolation.stan)．

第 3 章　状態空間モデルによる予測と補間

```
data {
  int T;                   // データ取得期間の長さ
  int len_obs;             // 観測値が得られた個数
  vector[len_obs] y;       // 観測値
  int obs_no[len_obs];     // 観測値が得られた時点
}
parameters {
  vector[T] mu;            // 状態の推定値（水準成分）
  real<lower=0> s_w;       // 過程誤差の標準偏差
  real<lower=0> s_v;       // 観測誤差の標準偏差
}
model {
  // 状態方程式に従い，状態が遷移する
  for(i in 2:T) {
    mu[i] ~ normal(mu[i-1], s_w);
  }
  // 観測方程式に従い，観測値が得られる
  // ただし，「観測値が得られた時点」でのみ実行する
  for(i in 1:len_obs) {
    y[i] ~ normal(mu[obs_no[i]], s_v);
  }
}
```

　観測値が得られた個数 len_obs は，NA を含む行を削除したデータ sales_df_omit_NA の行数と同じ 74 となります．観測値が得られた時点 obs_no は，「which(!is.na(sales_df_NA$sales))」で出力された結果です．すなわち，(3 時点目が欠損なので) 1,2,4,... となります．

　model ブロックにおいて，状態の推定に関してはまったく変更がありません．観測値に関するサンプリング文だけ修正が必要です．3 時点目が欠損なので，観測値は 1,2,4,... のように得られています．そのため，欠損がある時点 (3 時点目など) は，観測値に関するサンプリング文をスキップしなければなりません．そこで観測値が得られた時点 obs_no を活用して，状態と観測値でずれてしまった要素番号を合わせます．

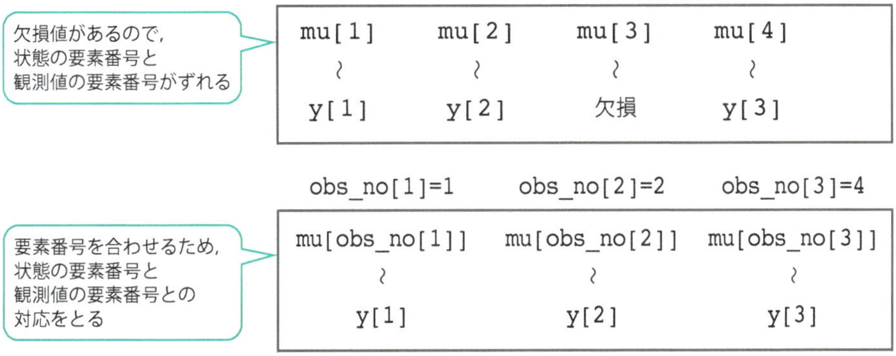

図 5.3.2　欠損値補間のための Stan コードの説明

第5部 【応用編】状態空間モデル

3.8 ローカルレベルモデルによる補間の実行

実際にローカルレベルモデルを推定します．収束をよくするために，繰り返し数 (iter) を 4000
に増やしてあります．

```
# データの準備
data_list_interpolation <- list(
  T       = nrow(sales_df_NA),
  len_obs = nrow(sales_df_omit_NA),
  y       = sales_df_omit_NA$sales,
  obs_no  = which(!is.na(sales_df_NA$sales))
)
# モデルの推定
local_level_interpolation <- stan(
  file = "5-3-2-local-level-interpolation.stan",
  data = data_list_interpolation,
  seed = 1,
  iter = 4000
)
```

推定結果を図示します．欠損がない sales_df_all の，実際の売り上げデータ点をグラフに付け加
えています．

```
# 生成された乱数を格納
mcmc_sample_interpolation <- rstan::extract(
  local_level_interpolation)
# 図示
plotSSM(mcmc_sample = mcmc_sample_interpolation,
        time_vec = sales_df_all$date,
        obs_vec = sales_df_all$sales,
        state_name = "mu",
        graph_title = " 補間の結果 ",
        y_label = "sales")
```

296

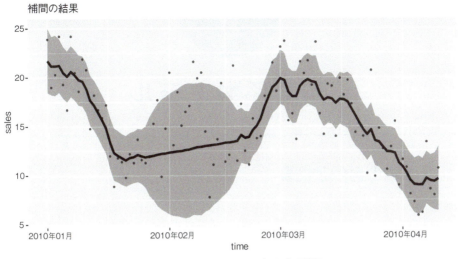

図 5.3.3　ローカルレベルモデルによる補間

　1月27日から2月17日まで長く欠損があるのですが，この期間では状態の 95% ベイズ信用区間がとても広くなっていることがわかります．欠損があることがもたらした不確実性の増大を，うまく表現できました．

　ところで，図 5.3.3 における灰色の区間の外側に多くのデータが位置しています．これは，灰色の区間が「状態の 95% 信用区間」であるからです．データのばらつきを加味して「観測値の 95% 予測区間」を得る場合には，generated quantities ブロックにおいて以下のように追記すればよいです (5-3-3-local-level-interpolation-prediction-interval.stan)．これは，第3部第3章と同様の方法となります．

```
generated quantities {
  vector[T] y_pred;          // 観測値の予測値
  for (i in 1:T) {
    y_pred[i] = normal_rng(mu[i], s_v);
  }
}
```

第4章

時変係数モデル

4.1 本章の目的と概要

テーマ

　本章では，説明変数を加えた動的線形モデルの例を紹介します．このとき，説明変数の係数が，時間に応じて動的に変化することを想定してモデル化を行います．

目 的

　時系列モデルにおける，説明変数の取り扱いを説明する目的で，本章を執筆しました．本章から，より現実の問題に即した複雑なモデルの解説に移っていきます．ローカルレベルモデルを拡張する流れでこれらを解説していきます．

　時系列データに対して通常の回帰モデルを適用させると，正しい解釈が得られない可能性があります．「かつては影響力が強かったが，現時点では小さくなっている(あるいはその逆)」といったことは実際のデータでもしばしばみられます．こういった状況を柔軟に表現できるモデルの解説となります．

概 要

● **時変係数モデルの理解**

　分析の準備 → データの読み込み → 通常の単回帰モデルの適用

　→ 時点を分けた，2つの単回帰モデルの適用 → 時変係数モデルの構造

● **時変係数モデルの推定**

　Stan ファイルの実装 → MCMC の実行 → 推定された状態の図示

4.2 分析の準備

　分析の準備として，パッケージの読み込みと計算を高速化させるオプションを指定します．状態空間モデルを図示するための自作関数も読み込んでいます．関数の詳細は第5部第2章2.12節を参照してください．

第 4 章　時変係数モデル

```
# パッケージの読み込み
library(rstan)
library(brms)
library(bayesplot)
library(ggfortify)
library(gridExtra)
# 計算の高速化
rstan_options(auto_write = TRUE)
options(mc.cores = parallel::detectCores())
# 状態空間モデルの図示をする関数の読み込み
source("plotSSM.R", encoding="utf-8")
```

4.3　データの読み込み

　架空の売り上げデータを読み込んだうえで，日付列を POSIXct に変換します．2010 年 1 月 1 日から 100 日あります．今回は，売り上げ(sales)が，宣伝を担当してくれている働き手の人数(publicity)に応じて変化することを想定したモデルを構築します．

```
> # データの読み込み
> sales_df_2 <- read.csv("5-4-1-sales-ts-2.csv")
> sales_df_2$date <- as.POSIXct(sales_df_2$date)
> head(sales_df_2, n = 3)
        date sales publicity
1 2010-01-01  95.8         0
2 2010-01-02  83.6         0
3 2010-01-03  94.1         0
```

sales と publicity の時系列プロットを描きます．

```
# 図示
autoplot(ts(sales_df_2[, -1]))
```

5
応
用
編

299

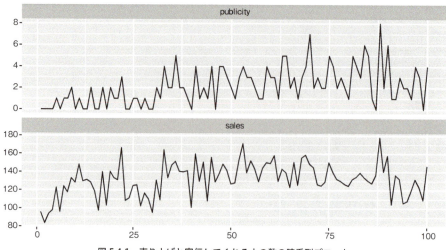

図 5.4.1　売り上げと宣伝してくれる人の数の時系列プロット

働き手の人数 (publicity) は 0 人のこともありましたが，25 日目以降は比較的多くなっているように見えます．売り上げもそれに応じて増えているようにも見えますが，その関係は明瞭ではありません．

4.4　通常の単回帰モデルの適用

不適切な分析の方法ですが，時変係数モデルの特徴をつかんでいただくため，あえて通常の単回帰モデルをこのデータに適用してみます．

```
mod_lm <- brm(
  formula = sales ~ publicity,
  family = gaussian(link = "identity"),
  data = sales_df_2,
  seed = 1
)
```

fixef 関数を適用することで，固定効果の係数のみを出力します．

```
> fixef(mod_lm)
            Estimate Est.Error       Q2.5       Q97.5
Intercept 115.981388 2.1630393 111.637778 120.284391
publicity   7.379355 0.7760093   5.876046   8.900638
```

publicity の係数はおよそ 7.38 と推定されました．publicity が 1 増えると，sales が 7.38 増えると解釈されるところです．

4.5 時点を分けた，2つの単回帰モデルの適用

続いて，100日あるデータを50日で区切って，初めの50日と終わりの50日とで各々分けてモデル化を試みます．まずはデータを分割します．

```
sales_df_2_head <- head(sales_df_2, n = 50)
sales_df_2_tail <- tail(sales_df_2, n = 50)
```

異なる2つのデータを用いて，各々単回帰モデルを推定します．

```
# 前半のモデル化
mod_lm_head <- brm(
  formula = sales ~ publicity,
  family = gaussian(link = "identity"),
  data = sales_df_2_head,
  seed = 1
)
# 後半のモデル化
mod_lm_tail <- brm(
  formula = sales ~ publicity,
  family = gaussian(link = "identity"),
  data = sales_df_2_tail,
  seed = 1
)
```

結果は以下の通りです．

```
> # 前半
> fixef(mod_lm_head)
          Estimate Est.Error      Q2.5      Q97.5
Intercept 110.7872  2.447167 105.818580 115.47631
publicity  11.6374  1.305318   9.100678  14.25292
> # 後半
> fixef(mod_lm_tail)
           Estimate Est.Error      Q2.5      Q97.5
Intercept 122.437575  3.629204 115.079483 129.642138
publicity   5.009781  1.063192   2.914281   7.089981
```

publicityの係数は，前半50日ではおよそ11.6，後半50日では5.01となっていました．時点によって，publicityの影響が変わってきているということです．この状況を無視して，100日間のデータすべてを使って得られた固定的な係数 (7.38) に基づきデータの解釈を行うことは問題だといえるでしょう．

第5部 【応用編】状態空間モデル

時系列データへの回帰分析は、これ以外にもさまざまな課題が知られています。例えば本来ならば無関係な2つの時系列データに、いわゆる有意な関係性がみられてしまう**見せかけの回帰**問題などが代表例です。見せかけの回帰に関しては馬場 (2018a) や沖本 (2010) などに事例があります。

4.6 時変係数モデルの構造

時変係数モデルの構造を数式で表現します。時変係数モデルの最も簡単な形は、説明変数の回帰係数がランダムウォークに従って変化するものだといえるでしょう。「ランダムウォークする切片」を持つローカルレベルモデルに、「ランダムウォークする回帰係数」を持つ説明変数を付け加えたモデルは以下のように表記されます。式 (5.15) が状態方程式で、式 (5.16) が観測方程式となります。ただし ex_t は t 時点の説明変数であり、β_t は t 時点の回帰係数です。ex は説明変数 (explanatory variables) の略です。

$$
\begin{aligned}
\mu_t &= \mu_{t-1} + w_t, & w_t &\sim \mathrm{Normal}(0, \sigma_w^2) \\
\beta_t &= \beta_{t-1} + \tau_t, & \tau_t &\sim \mathrm{Normal}(0, \sigma_\tau^2) \\
\alpha_t &= \mu_t + \beta_t \cdot ex_t
\end{aligned}
\tag{5.15}
$$

$$
y_t = \alpha_t + v_t, \qquad v_t \sim \mathrm{Normal}(0, \sigma_v^2)
\tag{5.16}
$$

上記の式は、以下のように書き換えることができます。

$$
\begin{aligned}
\mu_t &\sim \mathrm{Normal}(\mu_{t-1}, \sigma_w^2) \\
\beta_t &\sim \mathrm{Normal}(\beta_{t-1}, \sigma_\tau^2) \\
\alpha_t &= \mu_t + \beta_t \cdot ex_t
\end{aligned}
\tag{5.17}
$$

$$
y_t \sim \mathrm{Normal}(\alpha_t, \sigma_v^2)
\tag{5.18}
$$

より複雑な変動をする回帰係数を想定することも可能ですが、本書では、説明の簡単のため、回帰係数がランダムウォークに従うモデルを想定します。

4.7 時変係数モデルのための Stan ファイルの実装

回帰係数がランダムウォークに従って変化する時変係数モデルを推定するための Stan コードは以下のようになります (5-4-time-varying-coef.stan)。

第 4 章　時変係数モデル

```
data {
  int T;          // データ取得期間の長さ
  vector[T] ex;  // 説明変数
  vector[T] y;   // 観測値
}
parameters {
  vector[T] mu;         // 水準成分の推定値
  vector[T] b;          // 時変係数の推定値
  real<lower=0> s_w;    // 水準成分の過程誤差の標準偏差
  real<lower=0> s_t;    // 時変係数の変動の大きさを表す標準偏差
  real<lower=0> s_v;    // 観測誤差の標準偏差
}
transformed parameters {
  vector[T] alpha;          // 各成分の和として得られる状態推定値
  for(i in 1:T) {
    alpha[i] = mu[i] + b[i] * ex[i];
  }
}
model {
  // 状態方程式に従い，状態が遷移する
  for(i in 2:T) {
    mu[i] ~ normal(mu[i-1], s_w);
    b[i]  ~ normal(b[i-1], s_t);
  }
  // 観測方程式に従い，観測値が得られる
  for(i in 1:T) {
    y[i] ~ normal(alpha[i], s_v);
  }
}
```

model ブロックにおいて，mu だけでなく回帰係数 b の変化も記述しています．また，transformed parameters ブロックで観測値の期待値である「mu[i] + b[i] * ex[i]」を計算しています．

4.8　MCMC の実行

時変係数モデルを実際に推定します．収束をよくするために，反復回数や，バーンイン期間，間引き数を変更しています．それ以外は単回帰分析と同様です．

```
# データの準備
data_list <- list(
  y = sales_df_2$sales,
  ex = sales_df_2$publicity,
  T = nrow(sales_df_2)
)
# モデルの推定
time_varying_coef_stan <- stan(
```

第 5 部 【応用編】状態空間モデル

```
  file = "5-4-time-varying-coef.stan",
  data = data_list,
  seed = 1,
  iter = 8000,
  warmup = 2000,
  thin = 6
)
```

推定結果は以下のようになります (一部抜粋).

```
> # 結果の表示
> print(time_varying_coef_stan,
+        pars = c("s_w", "s_t", "s_v", "b[100]"),
+        probs = c(0.025, 0.5, 0.975))
       mean se_mean   sd 2.5%  50% 97.5% n_eff Rhat
s_w    3.76    0.05 1.21 1.64 3.67  6.44   718    1
s_t    1.01    0.01 0.37 0.44 0.96  1.88   639    1
s_v    9.53    0.03 1.06 7.59 9.48 11.77  1707    1
b[100] 6.31    0.04 2.19 2.13 6.23 10.65  3562    1
```

b[100] すなわちデータが得られた最終日の「publicity の係数」は 6.31 となりました. 単回帰モデルを適用した結果とは少し異なる値となっています.

4.9　推定された状態の図示

続いて, 状態の値を図示します. 以下に, 状態方程式と観測方程式を再掲します.

$$\mu_t \sim \mathrm{Normal}(\mu_{t-1}, \sigma_w^2)$$
$$\beta_t \sim \mathrm{Normal}(\beta_{t-1}, \sigma_\tau^2)$$
$$\alpha_t = \mu_t + \beta_t \cdot ex_t$$
$$y_t \sim \mathrm{Normal}(\alpha_t, \sigma_v^2)$$

状態の要素としては, 変動する切片 μ_t と変動する係数 β_t があります. そして説明変数の影響を加味した「$\mu_t + \beta_t \cdot ex_t$」に関しても, Stan において alpha という変数で得ているため, これもあわせて図示することとします.

```
# 図示
mcmc_sample <- rstan::extract(time_varying_coef_stan)

p_all <- plotSSM(mcmc_sample = mcmc_sample,
        time_vec = sales_df_2$date,
        obs_vec = sales_df_2$sales,
        state_name = "alpha",
```

第 4 章 時変係数モデル

```
                graph_title = " 推定結果：状態 ",
                y_label = "sales")

p_mu <- plotSSM(mcmc_sample = mcmc_sample,
                time_vec = sales_df_2$date,
                obs_vec = sales_df_2$sales,
                state_name = "mu",
                graph_title = " 推定結果：集客効果を除いた ",
                y_label = "sales")

p_b <- plotSSM(mcmc_sample = mcmc_sample,
               time_vec = sales_df_2$date,
               state_name = "b",
               graph_title = " 推定結果：集客効果の変遷 ",
               y_label = "coef")

grid.arrange(p_all, p_mu, p_b)
```

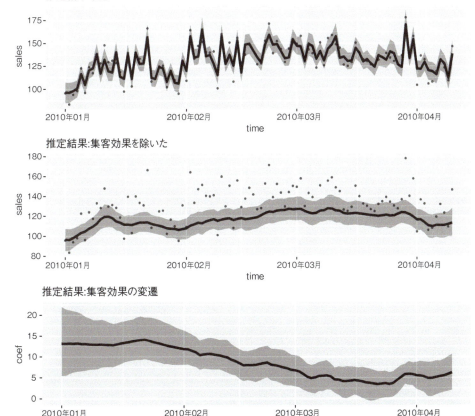

図 5.4.2　時変係数モデルの推定結果

第5部 【応用編】状態空間モデル

　状態空間モデルは，我々の目に見えない状態という，**潜在変数**を仮定してモデルを推定します．これによる大きなメリットは，現象の解釈がしやすくなることです．例えば売り上げの水準値 (先のモデルでは μ_t にあたる，水準成分のこと) と，外部の要因の影響 (先のモデルでは β_t にあたる，時変係数のこと) と，要因を分解してその変化を調べることができます．

　先の結果を見ると，売り上げの水準値 μ_t は上がったり下がったりと不規則に変動しているようです (中央のグラフ)．一方で β_t は最初は 10 以上あったのが徐々に下がってきていることがわかります (下のグラフ)．宣伝に力を入れている (publicity を増やしている) のにかかわらず，売り上げが伸び悩んでいるのは，宣伝の効果を表す β_t が下がっているからだと解釈できるでしょう．宣伝のやり方を変えるといった方策をとる必要があるかもしれません．

第5章

トレンドの構造

5.1 本章の目的と概要

テーマ

本章では，時系列分析でしばしば取り上げられる，トレンドの推定の問題を扱います．確定的トレンドや確率的トレンドの概念，および状態空間モデルによるトレンドの表現の方法を説明します．

目的

時系列分析におけるトレンドの扱いを理解していただく目的で，本章を執筆しました．状態空間モデルの推定だけではなく，時系列分析における基本的な用語の説明も並行して行います．

概要

● **トレンドの理解**

確定的トレンド → 確率的トレンドとランダムウォーク → 平滑化トレンドモデルの構造
→ 平滑化トレンドモデルの別の表現 → ローカル線形トレンドモデルの構造

● **モデルの推定**

分析の準備 → MCMC の実行（ローカルレベルモデル）
→ Stan ファイルの実装（平滑化トレンドモデル） → MCMC の実行
→ Stan ファイルの実装（ローカル線形トレンドモデル） → MCMC の実行
→ 推定された状態の図示

5.2 確定的トレンド

トレンドという言葉は広く使われていますが，あえてこの意味を書くならば「長期的な変動傾向のこと」といったところでしょうか．例えば「ずっと売り上げが増え続けている」とか「売り上げが減り続けている」といった状況を見て，トレンドがあると表現するかと思います．これを田中 (2008)に基づき「単位時間ごとに一定の定まった変化をすること」ととらえることにします．このトレンドは**確定的トレンド**と呼ばれます．

例えば，毎日の売り上げ y_t が確定的トレンドを持っていることは，以下のように表現できます．

$$y_t - y_{t-1} = \delta \tag{5.19}$$

この場合，売り上げの期待値は毎日 δ 円ずつ増えていくことになります．

初期値を y_0 とすると，t 時点での売り上げは，以下のように計算されます．

$$
\begin{aligned}
y_t &= y_0 + \sum_{i=1}^{t} \delta \\
&= y_0 + t \cdot \delta
\end{aligned}
\tag{5.20}
$$

経過日数 t に増分である δ をかけるだけで予測値が得られるので簡単ですね．

確定的トレンドの大きさ δ は，切片を y_0，説明変数に経過日数 t をとった単回帰モデルによって推定できます．

$$y_t = y_0 + t \cdot \delta + v_t, \qquad v_t \sim \mathrm{Normal}(0, \sigma_v^2) \tag{5.21}$$

逆に言えば，説明変数に経過日数をとった単回帰モデルを適用したということは「確定的なトレンド」という強い仮定をおいてモデル化をしているのだ，ということに注意を向ける必要があります．また，誤差項は (自己相関のない) 正規ホワイトノイズを想定していることにも注意が必要です．

5.3　確率的トレンドとランダムウォーク

ランダムウォークは正規ホワイトノイズなどの i.i.d 系列の累積和として表現されます．w_t を正規ホワイトノイズに従う系列だとすると，ランダムウォーク系列 μ_t は以下のように表記されます．

$$\mu_t - \mu_{t-1} = w_t, \quad w_t \sim \mathrm{Normal}(0, \sigma_w^2) \tag{5.22}$$

初期値 μ_0 とすると，t 時点での売り上げは，以下のように計算されます．

$$\mu_t = \mu_0 + \sum_{i=1}^{t} w_t \tag{5.23}$$

確定的トレンドの場合は固定値 δ が足しあわされていたのが，正規ホワイトノイズ w_t に変わったわけですね．確定的トレンドと対比する意味で，ランダムウォークのような構造を**確率的トレンド**と呼びます．毎時点の増減量が確率的に変化することを想定しているわけです．

上記の確率的トレンドに観測誤差が加わって観測値 y_t が得られると考えたモデルは以下の通りです．これは第 5 部第 2 章で紹介したローカルレベルモデルにほかなりません．ローカルレベルモデルは，確率的トレンドを表現したモデルであったわけです．

$$\mu_t = \mu_{t-1} + w_t, \quad w_t \sim \mathrm{Normal}(0, \sigma_w^2) \tag{5.24}$$

$$y_t = \mu_t + v_t, \qquad v_t \sim \mathrm{Normal}(0, \sigma_v^2) \tag{5.25}$$

第5章 トレンドの構造

トレンドという言葉の響きに惑わされず，その構造を数式で表現して解釈することが大切です．確率的トレンドは一見すると「トレンド」と表現しても良いモノか悩むかもしれませんが，例えば式 (5.19) と (5.22) を対比させることで，その特徴がつかみやすくなるかと思います．

5.4　平滑化トレンドモデルの構造

ローカルレベルモデルでは，1 時点前の状態との差分値，すなわち $\mu_t - \mu_{t-1}$ が，正規ホワイトノイズ w_t に従うことを想定していました．この方法だと，トレンドの値は毎時点大きく変わる可能性があります．

そこで，状態方程式を以下のように修正したものを**平滑化トレンドモデル**と呼びます．

$$(\mu_t - \mu_{t-1}) - (\mu_{t-1} - \mu_{t-2}) = \zeta_t, \quad \zeta_t \sim \text{Normal}(0, \sigma_\zeta^2) \tag{5.26}$$

平滑化トレンドモデルは「差分の差分」が正規ホワイトノイズに従うことを想定しています．これを 2 階差分ともいいます．ローカルレベルモデルは 1 階差分のモデル，平滑化トレンドモデルは 2 階差分のモデルと呼ぶことができます．

このようにモデル化をすることで，時点ごとの変動の大きさが小さくなり，時点に対して滑らかな状態が推定されやすくなります．以下のように式変形すると，わかりやすいかもしれません．

$$(\mu_t - \mu_{t-1}) = (\mu_{t-1} - \mu_{t-2}) + \zeta_t, \quad \zeta_t \sim \text{Normal}(0, \sigma_\zeta^2) \tag{5.27}$$

時点が変わることでの増減量 $(\mu_t - \mu_{t-1})$ は，単なるホワイトノイズではなく「前回の増減量 $(\mu_{t-1} - \mu_{t-2})$ にホワイトノイズが加わる」ように表現されているわけです．「前回の増減量」を用いることで「前回の増減量とよく似た増減量になる」ことをうまく表現できています．なので，状態の推定値も滑らかになる傾向があります．

平滑化トレンドモデルの状態方程式は以下のように変形できます．

$$\mu_t = 2\mu_{t-1} - \mu_{t-2} + \zeta_t, \quad \zeta_t \sim \text{Normal}(0, \sigma_\zeta^2) \tag{5.28}$$

Stan においては以下のように変形した方が実装しやすいでしょうか．

$$\mu_t \sim \text{Normal}(2\mu_{t-1} - \mu_{t-2}, \sigma_\zeta^2) \tag{5.29}$$

観測方程式はローカルレベルモデルと変化がないので省略します．

5.5　平滑化トレンドモデルの別の表現

t 時点における 1 階差分の大きさを δ_t とすると，平滑化トレンドモデルの状態方程式は以下のよう

5
応用編

309

第 5 部 【応用編】状態空間モデル

に表現できます.

$$\delta_t = \delta_{t-1} + \zeta_t, \quad \zeta_t \sim \text{Normal}(0, \sigma_\zeta^2)$$
$$\mu_t = \mu_{t-1} + \delta_{t-1}$$
(5.30)

1階差分 ($\mu_t - \mu_{t-1}$) が δ になって,さらに δ の 1 階差分 ($\delta_t - \delta_{t-1}$) が正規ホワイトノイズに従うので,この表現で 2 階差分を表すことができるのがわかります.

この形式にすると単位時間当たりの変化量 δ_t を外だしできるので,解釈が容易になります.また,本書では紹介しませんが,方程式を増やすことで,3 階差分モデル,4 階差分モデルと発展させることも可能です.これらをまとめて**トレンド成分モデル**と呼びます.N 階差分のモデルは N 次のトレンド成分モデルと呼ばれます.トレンド成分モデルに観測誤差が加わって観測値が得られると考える状態空間モデルは,N 次の**トレンドモデル**と呼ばれます.

5.6　ローカル線形トレンドモデルの構造

説明の簡単のため,2 つの方程式で表された μ_t を水準成分,δ_t をドリフト成分と呼ぶことにします.
平滑化トレンドモデルでは,ドリフト成分 δ_t はランダムウォークに従って変化しますが,水準成分 μ_t には過程誤差が含まれていませんでした.そこで水準成分 μ_t に過程誤差を加えることを考えます.このモデルを**ローカル線形トレンドモデル**と呼びます.

$$\delta_t = \delta_{t-1} + \zeta_t, \quad\quad\quad \zeta_t \sim \text{Normal}(0, \sigma_\zeta^2)$$
$$\mu_t = \mu_{t-1} + \delta_{t-1} + w_t, \quad w_t \sim \text{Normal}(0, \sigma_w^2)$$
(5.31)

ローカル線形トレンドモデルの特殊な形として,水準の過程誤差が 0 であることを想定したモデルを,特に平滑化トレンドモデル (Commandeur and Koopman(2008)) と呼んでいたわけです.

じゃあローカル線形トレンドモデルの方が優れているのかというとそういうわけでもなく,モデルを推定するとしばしば過程誤差の大きさ σ_w^2 などが 0 に近い値として推定されることがあります.この場合は平滑化トレンドモデルと変わらないわけです.平滑化トレンドモデルの方が推定すべきパラメータが 1 つ減っているので,推定が簡単であることも大きなメリットです.

それでは,次節以降で実際にモデルをデータに適用しつつ,その特徴を見ていくことにしましょう.

5.7　分析の準備

分析の準備として,パッケージの読み込みと計算を高速化させるオプションを指定します.状態空間モデルを図示するための自作関数も読み込んでいます.関数の詳細は第 5 部第 2 章 2.12 節を参照してください.

```
# パッケージの読み込み
library(rstan)
library(bayesplot)
library(ggfortify)
library(gridExtra)
# 計算の高速化
rstan_options(auto_write = TRUE)
options(mc.cores = parallel::detectCores())
# 状態空間モデルの図示をする関数の読み込み
source("plotSSM.R", encoding="utf-8")
```

架空の売り上げデータを読み込んだうえで，日付列を POSIXct に変換します．2010 年 1 月 1 日から 100 日あります．

```
> # データの読み込み
> sales_df_3 <- read.csv("5-5-1-sales-ts-3.csv")
> sales_df_3$date <- as.POSIXct(sales_df_3$date)
> head(sales_df_3, n = 3)
        date sales
1 2010-01-01  93.5
2 2010-01-02  81.9
3 2010-01-03  91.0
```

売り上げの時系列プロットを描きます．最初の 50 日ほどは売り上げが増えていますが，その後減りつつある傾向が見て取れます．

```
# 図示
autoplot(ts(sales_df_3[, -1]))
```

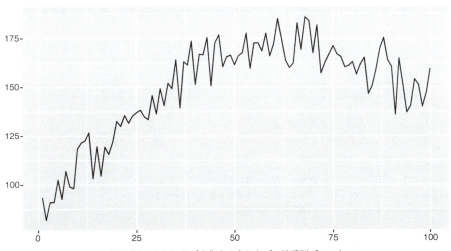

図 5.5.1　トレンドが変化する売り上げの時系列プロット

第5部 【応用編】状態空間モデル

5.8 MCMC の実行（ローカルレベルモデル）

まずは第5部第2章で紹介したローカルレベルモデルを適用します．ローカルレベルモデルは1次のトレンドモデルだといえるのでしたね．Stan のコードは第5部第2章で実装済み (5-2-1-local-level.stan) なので省略して，R のコードだけを載せます．

```r
# データの準備
data_list <- list(
  y = sales_df_3$sales,
  T = nrow(sales_df_3)
)
# ローカルレベルモデルの推定
local_level <- stan(
  file = "5-2-1-local-level.stan",
  data = data_list,
  seed = 1
)
```

推定結果として，過程誤差 s_w・観測誤差 s_v の大きさを示します．

```
> # ローカルレベルモデルの推定結果
> print(local_level,
+       par = c("s_w", "s_v", "lp__"),
+       probs = c(0.025, 0.5, 0.975))
        mean se_mean    sd     2.5%      50%    97.5% n_eff Rhat
s_w     4.28    0.04  0.82     2.97     4.18     6.11   505 1.01
s_v     7.57    0.02  0.74     6.20     7.55     9.08  2176 1.00
lp__ -439.21    0.71 14.69 -468.37 -439.19 -410.56   433 1.01
```

5.9 平滑化トレンドモデルのための Stan ファイルの実装

平滑化トレンドモデルを推定するための Stan コードは以下のようになります (5-5-1-smooth-trend.stan).

```stan
data {
  int T;          // データ取得期間の長さ
  vector[T] y;    // 観測値
}
parameters {
  vector[T] mu;         // 水準＋ドリフト成分の推定値
  real<lower=0> s_z;    // ドリフト成分の変動の大きさを表す標準偏差
  real<lower=0> s_v;    // 観測誤差の標準偏差
}
```

第 5 章　トレンドの構造

```
model {
  // 状態方程式に従い，状態が遷移する
  for(i in 3:T) {
    mu[i] ~ normal(2 * mu[i-1] - mu[i-2], s_z);
  }
  // 観測方程式に従い，観測値が得られる
  for(i in 1:T) {
    y[i] ~ normal(mu[i], s_v);
  }
}
```

　状態方程式を式 (5.29) に変更したことを除けば，ローカルレベルモデルとほぼ同じコードとなります．

5.10　MCMC の実行 (平滑化トレンドモデル)

　実際に平滑化トレンドモデルを推定する R コードは以下の通りです．

```
# 平滑化トレンドモデルの推定
smooth_trend <- stan(
  file = "5-5-1-smooth-trend.stan",
  data = data_list,
  seed = 1,
  iter = 8000,
  warmup = 2000,
  thin = 6,
  control = list(adapt_delta = 0.9, max_treedepth = 15)
)
```

　推定結果として，トレンドの変化 s_z と観測誤差 s_v の大きさを示します．

```
> # 平滑化トレンドモデルの推定結果
> print(smooth_trend,
+       par = c("s_z", "s_v", "lp__"),
+       probs = c(0.025, 0.5, 0.975))
        mean se_mean    sd     2.5%      50%    97.5% n_eff Rhat
s_z     0.26    0.01  0.11     0.12     0.23     0.56   416 1.01
s_v     8.45    0.01  0.64     7.31     8.42     9.80  4053 1.00
lp__ -170.96    1.87 36.59 -249.06 -168.67 -107.06   381 1.01
```

　ドリフト成分の変化の大きさ (s_z：0.26) は，ローカルレベルモデルの過程誤差の大きさ (s_w：4.28) と比べてかなり小さいことに注目してください．この結果は状態を図示することでより明瞭になります．

5 応用編

313

第 5 部 【応用編】状態空間モデル

5.11 ローカル線形トレンドモデルのための Stan ファイルの実装

ローカル線形トレンドモデルを推定するための Stan コードは以下のようになります (5-5-2-local-linear-trend.stan).

```
data {
  int T;          // データ取得期間の長さ
  vector[T] y;   // 観測値
}
parameters {
  vector[T] mu;          // 水準+ドリフト成分の推定値
  vector[T] delta;       // ドリフト成分の推定値
  real<lower=0> s_w;   // 水準成分の変動の大きさを表す標準偏差
  real<lower=0> s_z;   // ドリフト成分の変動の大きさを表す標準偏差
  real<lower=0> s_v;   // 観測誤差の標準偏差
}
model {
  // 弱情報事前分布
  s_w ~ normal(2, 2);
  s_z ~ normal(0.5, 0.5);
  s_v ~ normal(10, 5);
  // 状態方程式に従い, 状態が遷移する
  for(i in 2:T) {
    mu[i]  ~ normal(mu[i-1] + delta[i-1], s_w);
    delta[i] ~ normal(delta[i-1], s_z);
  }
  // 観測方程式に従い, 観測値が得られる
  for(i in 1:T) {
    y[i]  ~ normal(mu[i], s_v);
  }
}
```

収束をよくするために, かなり狭い範囲の弱情報事前分布を指定しています. 実際のデータでここまで狭い範囲の事前分布を指定する場合は, 事前分布を多少変えても結果が大きくは変わらないことを示す感度分析を行うことも検討したほうがよいかもしれません.

モデルの構造としてはとてもシンプルで, ローカルレベルモデルに「時間によって変化するドリフト成分 delta」を追加しているだけとなります.

5.12 MCMC の実行 (ローカル線形トレンドモデル)

実際にローカル線形トレンドモデルを推定する R コードは以下の通りです.

```
# ローカル線形トレンドモデルの推定
local_linear_trend <- stan(
```

314

第5章 トレンドの構造

```
        file = "5-5-2-local-linear-trend.stan",
        data = data_list,
        seed = 1,
        iter = 8000,
        warmup = 2000,
        thin = 6
)
```

推定結果として，水準成分の変化 s_w とトレンドの変化 s_z と観測誤差 s_v の大きさを示します．

```
> # ローカル線形トレンドモデルの推定結果
> print(local_linear_trend,
+       par = c("s_w", "s_z", "s_v", "lp__"),
+       probs = c(0.025, 0.5, 0.975))
        mean se_mean     sd     2.5%      50%    97.5% n_eff Rhat
s_w     1.48    0.05   0.86     0.32     1.34     3.44   263 1.02
s_z     0.29    0.01   0.13     0.12     0.26     0.63   354 1.00
s_v     8.26    0.01   0.66     7.06     8.22     9.57  2498 1.00
lp__ -244.49    4.49  72.34  -378.96  -244.55  -104.94   260 1.02
```

5.13　推定された状態の図示

状態を図示するために，まずは MCMC サンプルを取得します．

```
# MCMC サンプルの取得
mcmc_sample_ll <- rstan::extract(local_level)
mcmc_sample_st <- rstan::extract(smooth_trend)
mcmc_sample_llt <- rstan::extract(local_linear_trend)
```

第5部第2章2.12節で作った自作関数 plotSSM を用いて状態を図示します．

```
# ローカルレベルモデル
p_ll <- plotSSM(mcmc_sample = mcmc_sample_ll,
        time_vec = sales_df_3$date,
        obs_vec = sales_df_3$sales,
        state_name = "mu",
        graph_title = "ローカルレベルモデル",
        y_label = "sales")

# 平滑化トレンドモデル
p_st <- plotSSM(mcmc_sample = mcmc_sample_st,
        time_vec = sales_df_3$date,
        obs_vec = sales_df_3$sales,
        state_name = "mu",
        graph_title = "平滑化トレンドモデル",
```

315

```
                y_label = "sales")

# ローカル線形トレンドモデル
p_llt <- plotSSM(mcmc_sample = mcmc_sample_llt,
                 time_vec = sales_df_3$date,
                 obs_vec = sales_df_3$sales,
                 state_name = "mu",
                 graph_title = "ローカル線形トレンドモデル",
                 y_label = "sales")

grid.arrange(p_ll, p_st, p_llt)
```

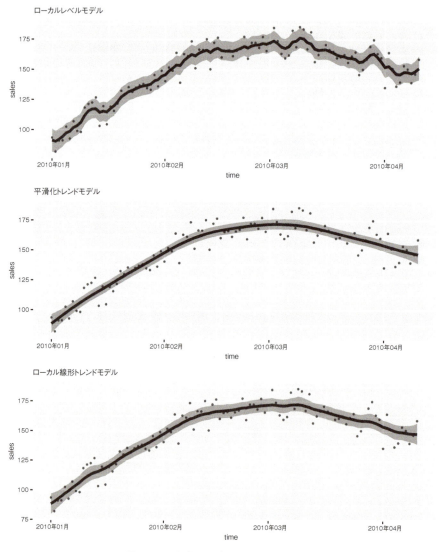

図 5.5.2　3 種類のモデルの状態推定値の比較

ローカルレベルモデルの過程誤差の推定値（4.28）よりも平滑化トレンドモデルの方が，過程誤差が小さかったです（0.26）．過程誤差が大きいということは，状態の変化が大きいということです．このことから予想されるように，ローカルレベルモデルはデータに引きずられてかなりグネグネとした状態の推定値になっている一方，平滑化トレンドモデルはその名の通り滑らかな状態推定値が得られています．ローカル線形トレンドモデルはその中間といえるでしょう．

最後に，ローカル線形トレンドモデルにおけるドリフト成分を図示します．

```
# ドリフト成分の図示
plotSSM(mcmc_sample = mcmc_sample_llt,
        time_vec = sales_df_3$date,
        state_name = "delta",
        graph_title = "ドリフト成分 ",
        y_label = "delta")
```

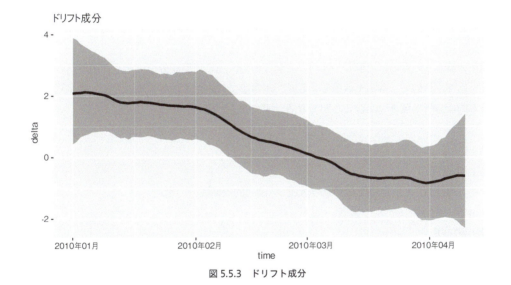

図 5.5.3　ドリフト成分

最初のうちは，毎日2万円ずつ売り上げが増加していたのが，3月ごろには増減量が0になり，4月に入ると毎時点売り上げが減少する傾向がみられることがわかります．このままの傾向が続けば，売り上げはさらに減少していくことでしょう．

周期性のモデル化

6.1 本章の目的と概要

テーマ

本章では，周期的な変動を示す時系列データを分析する問題を扱います．状態方程式における周期成分の表し方を説明した後，基本構造時系列モデルという，動的線形モデルにおける標準的なモデルを紹介します．

目的

周期性の概念そのものは理解しやすいかと思うので，主に周期成分をモデルに組み込む技術を身につけていただく目的で，本章を執筆しました．本章までの内容を理解することで，時系列データに対する基本的な分析手順をつかむことができるはずです．

概要

● **周期性の理解**

季節性と周期性 → 確定的周期成分の構造 → 確率的周期成分の構造
→ 基本構造時系列モデルの構造

● **モデルの推定**

分析の準備 → Stan ファイルの実装 → MCMC の実行 → 推定された状態の図示

6.2 季節性と周期性

例えば気温ならば，夏は暑くて冬は寒いといったように，毎年季節的に変化することが想定されます．このとき，気温のようなデータは**季節性**を持つ，といいます．商品の売り上げに関しても，清涼飲料水ならば夏の方が良く売れるでしょうし，高価な品物ならば夏冬のボーナス直後に売り上げが増えるかもしれません．時系列データにはしばしばみられる特徴です．

一方，例えばおもちゃなど，毎週土曜と日曜に売り上げが増える商品もあるかもしれません．電力需要であれば，昼間には電力需要が高く，夜間には需要が減ることが考えられます．季節という「1年周期」にこだわらず，1日あるいは1週間(場合によっては1秒おき)に似たような変動を繰り返

すデータを一般に**周期性**を持つと表現します．本書では，1年という単位にはこだわらず，一般的な周期性を扱うことを考えます．

6.3　確定的周期成分の構造

トレンドがないデータで，周期性も持たないならば，その構造をモデル化するのは簡単です．例えば毎年の売り上げ水準が100万円からまったく変化しない，という状況は，水準成分μを使って以下のように表現できます．

$$\mu = 100 \tag{5.32}$$

ここで，売り上げデータは1年に4回，3，6，9，12月に取得されるとしましょう．いわゆる四半期データです．そして，毎年周期的に売り上げが変化して，その周期性は一切変化しないことを想定します．

第1四半期：110万円
第2四半期：150万円
第3四半期：80万円
第4四半期：140万円

このとき，4つの周期成分を各々$\gamma_1, \gamma_2, \gamma_3, \gamma_4$とすると，以下のように表現できそうです．

■パターン1

水準成分：μ	周期成分1：γ_1	周期成分2：γ_2	周期成分3：γ_3	周期成分4：γ_4
100	10	50	-20	40

水準成分に周期成分を加えてやることで，売り上げデータを再現できます．

しかし，水準成分の値を120に変えると，以下のような周期成分も想定できますね．

■パターン2

水準成分：μ	周期成分1：γ_1	周期成分2：γ_2	周期成分3：γ_3	周期成分4：γ_4
120	-10	30	-40	20

どちらが正しいか，ということはわかりません．どちらの方法をとっても，現象を忠実に表現できるからです．しかし「いろんなやり方があるね」ではコンピュータに問題を解かせるのは困難です．
　ここで，「周期成分の合計値が0になる」というルールを置くことで，水準成分の値も周期成分の値も一意に定めることができます．このルールの下では，先の例のパターン2が採用されることにな

第 5 部 【応用編】状態空間モデル

ります．このルールに従って周期成分を定めることにしましょう．

「周期成分の合計値が 0 になる」というルールは以下のように表記されます．

$$\gamma_1 + \gamma_2 + \gamma_3 + \gamma_4 = \sum_{i=1}^{4} \gamma_i = 0 \tag{5.33}$$

よって，$\gamma_1 + \gamma_2 + \gamma_3$ を右辺に移項して，周期成分の最後の値 γ_4 は以下のように計算されます．

$$\gamma_4 = -\sum_{i=1}^{3} \gamma_i \tag{5.34}$$

一般的に周期 k を持つ場合は以下のように表記されます．ただし四半期ごとデータならば $k=4$ で，日データの周期性なら $k=7$，月データなら $k=12$ などとなります．

$$\gamma_k = -\sum_{i=1}^{k-1} \gamma_i \tag{5.35}$$

6.4　確率的周期成分の構造

周期成分が確定的でまったく変わらない場合は「周期成分の合計値が 0 になる」ルールで周期成分をモデル化しました．次は，周期成分が確率的に変化することを想定してモデル化します．この場合「周期成分の合計値が正規ホワイトノイズ s_t に従う」と考えます．こうすることで，周期成分が時点ごとにわずかに異なる様子を表現できます．

$$\sum_{i=1}^{k} \gamma_i = s_t, \quad s_t \sim \mathrm{Normal}(0, \sigma_s^2) \tag{5.36}$$

周期 k を持つ時系列データの t 時点における周期成分は以下のようになります．

$$\gamma_t = -\sum_{i=t-(k-1)}^{t-1} \gamma_i + s_t, \quad s_t \sim \mathrm{Normal}(0, \sigma_s^2) \tag{5.37}$$

Stan においては以下のように変形した方がコーディングしやすいでしょうか．

$$\gamma_t \sim \mathrm{Normal}\left(-\sum_{i=t-(k-1)}^{t-1} \gamma_i, \sigma_s^2 \right) \tag{5.38}$$

例えば四半期ごとのデータなら，$\gamma_t = -\gamma_{t-1} - \gamma_{t-2} - \gamma_{t-3} + s_t$ となります．

第 6 章　周期性のモデル化

6.5　基本構造時系列モデルの構造

観測値が「トレンド成分＋周期成分＋ホワイトノイズ」で表現されるモデルを**基本構造時系列モデル** (Basic Structual Time Series Models) と呼びます．トレンド成分モデルとしては，ローカルレベルモデルや平滑化トレンドモデルなどと同様の構造を用いることができます．

例えば，1 次のトレンド (ローカルレベルモデル) に周期 k の周期成分が入ったモデルは以下のようになります．式 (5.39) が状態方程式で，式 (5.40) が観測方程式となります．

$$
\begin{aligned}
&\mu_t \sim \mathrm{Normal}(\mu_{t-1}, \sigma_w^2) \\
&\gamma_t \sim \mathrm{Normal}\left(-\sum_{i=t-(k-1)}^{t-1} \gamma_i, \sigma_s^2\right) \\
&\alpha_t = \mu_t + \gamma_t
\end{aligned}
\tag{5.39}
$$

$$
y_t \sim \mathrm{Normal}(\alpha_t, \sigma_v^2)
\tag{5.40}
$$

2 次のトレンド (平滑化トレンドモデル) に周期 k の周期成分が入ったモデルは以下のようになります．式 (5.41) が状態方程式で，式 (5.42) が観測方程式となります．

$$
\begin{aligned}
&\mu_t \sim \mathrm{Normal}(2\mu_{t-1} - \mu_{t-2}, \sigma_\zeta^2) \\
&\gamma_t \sim \mathrm{Normal}\left(-\sum_{i=t-(k-1)}^{t-1} \gamma_i, \sigma_s^2\right) \\
&\alpha_t = \mu_t + \gamma_t
\end{aligned}
\tag{5.41}
$$

$$
y_t \sim \mathrm{Normal}(\alpha_t, \sigma_v^2)
\tag{5.42}
$$

もちろんローカル線形トレンドモデルに周期成分を加えることも可能です．また，第 5 部第 4 章で紹介したように，説明変数を加えることも可能です．基本構造時系列モデルをベースにして，今まで学んできたさまざまな部品を組み込むことで，とても説明能力の高いモデルが構築できます．

6.6　分析の準備

分析の準備として，パッケージの読み込みと計算を高速化させるオプションを指定します．状態空間モデルを図示するための自作関数も読み込んでいます．関数の詳細は第 5 部第 2 章 2.12 節を参照してください．

```
# パッケージの読み込み
library(rstan)
library(bayesplot)
library(ggfortify)
library(gridExtra)
# 計算の高速化
rstan_options(auto_write = TRUE)
options(mc.cores = parallel::detectCores())
# 状態空間モデルの図示をする関数の読み込み
source("plotSSM.R", encoding="utf-8")
```

架空の売り上げデータを読み込んだうえで，日付列を POSIXct に変換します．2010 年 1 月 1 日から 100 日あります．

```
> # データの読み込み
> sales_df_4 <- read.csv("5-6-1-sales-ts-4.csv")
> sales_df_4$date <- as.POSIXct(sales_df_4$date)
> head(sales_df_4, n = 3)
        date sales
1 2010-01-01  81.1
2 2010-01-02 127.7
3 2010-01-03 119.5
```

売り上げの時系列プロットを描きます．増加トレンドが徐々に減少していくこと，7 日周期での周期性がみられることがわかります．

```
# 図示
autoplot(ts(sales_df_4[, -1]))
```

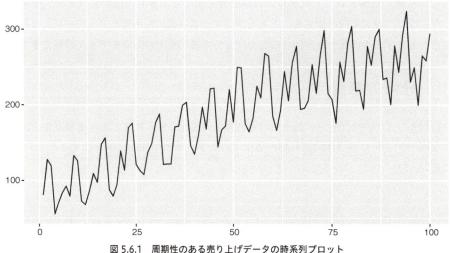

図 5.6.1　周期性のある売り上げデータの時系列プロット

第 6 章　周期性のモデル化

6.7　基本構造時系列モデルのための Stan ファイルの実装

トレンドの構造として 2 次のトレンドを採用した基本構造時系列モデルを推定するための Stan コードは以下のようになります (5-6-1-basic-structual-time-series.stan).

```
data {
  int T;           // データ取得期間の長さ
  vector[T] y;   // 観測値
}
parameters {
  vector[T] mu;        // 水準 + ドリフト成分の推定値
  vector[T] gamma;     // 季節成分の推定値
  real<lower=0> s_z;   // ドリフト成分の変動の大きさを表す標準偏差
  real<lower=0> s_v;   // 観測誤差の標準偏差
  real<lower=0> s_s;   // 季節変動の大きさを表す標準偏差
}
transformed parameters {
  vector[T] alpha;         // 各成分の和として得られる状態推定値
  for(i in 1:T) {
    alpha[i] = mu[i] + gamma[i];
  }
}
model {
  // 水準 + ドリフト成分
  for(i in 3:T) {
    mu[i] ~ normal(2 * mu[i-1] - mu[i-2], s_z);
  }
  // 季節成分
  for(i in 7:T){
    gamma[i] ~ normal(-sum(gamma[(i-6):(i-1)]), s_s);
  }
  // 観測方程式に従い, 観測値が得られる
  for(i in 1:T) {
    y[i] ~ normal(alpha[i], s_v);
  }
}
```

青色のコードが状態方程式である式 (5.41) に, 緑色のコードが観測方程式である式 (5.42) に対応します.

6.8　MCMC の実行

実際に基本構造時系列モデルを推定する R コードは以下の通りです. 実行には多少の時間がかかります.

323

第 5 部 【応用編】状態空間モデル

```
# データの準備
data_list <- list(
  y = sales_df_4$sales,
  T = nrow(sales_df_4)
)
# 基本構造時系列モデルの推定
basic_structual <- stan(
  file = "5-6-1-basic-structual-time-series.stan",
  data = data_list,
  seed = 1,
  iter = 8000,
  warmup = 2000,
  thin = 6,
  control = list(adapt_delta = 0.97, max_treedepth = 15)
)
```

推定されたパラメータは以下の通りです (一部抜粋).

```
> # 基本構造時系列モデルの推定結果
> print(basic_structual,
+       par = c("s_z", "s_s", "s_v", "lp__"),
+       probs = c(0.025, 0.5, 0.975))
      mean se_mean    sd     2.5%      50%    97.5% n_eff Rhat
s_z   0.24    0.01  0.11     0.10     0.22     0.51   416    1
s_s   4.23    0.02  0.95     2.53     4.19     6.17  1752    1
s_v   7.36    0.02  0.98     5.44     7.33     9.36  2619    1
lp__ -325.52  2.02 42.28 -412.23 -323.86 -246.03   439    1
```

6.9　推定された状態の図示

単なる状態の推定値だけでなく，周期成分を除いた状態の推定値と，周期成分を分けて図示します.

```
# MCMC サンプルの取得
mcmc_sample <- rstan::extract(basic_structual)

# すべての成分を含んだ状態推定値の図示
p_all <- plotSSM(mcmc_sample = mcmc_sample,
                 time_vec = sales_df_4$date,
                 obs_vec = sales_df_4$sales,
                 state_name = "alpha",
                 graph_title = " すべての成分を含んだ状態推定値 ",
                 y_label = "sales")

# 周期成分を除いた状態推定値の図示
p_trend <- plotSSM(mcmc_sample = mcmc_sample,
        time_vec = sales_df_4$date,
        obs_vec = sales_df_4$sales,
```

```
                state_name = "mu",
                graph_title = "周期成分を除いた状態推定値",
                y_label = "sales")

# 周期成分の図示
p_cycle <- plotSSM(mcmc_sample = mcmc_sample,
                time_vec = sales_df_4$date,
                state_name = "gamma",
                graph_title = "周期成分",
                y_label = "gamma")

grid.arrange(p_all, p_trend, p_cycle)
```

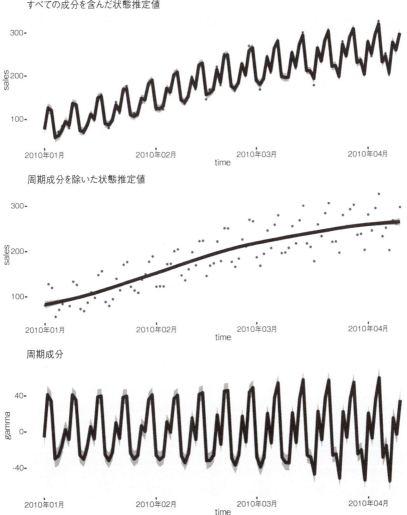

図 5.6.2　基本構造時系列モデルの推定結果

第 5 部 【応用編】状態空間モデル

　状態空間モデルを用いることで，時系列データをさまざまな要素に分解できます．ドリフト成分も周期成分も時間によって変化することを認めており，柔軟さと解釈可能性を兼ね備えたモデルであると思います．

　今回のモデルのように周期成分を取り除いた状態推定値を得たり，第 5 部第 4 章のように説明変数の影響 (例えば宣伝の効果など) を除いた状態推定値を得たりできます．余計な要因を取り除き，純粋なトレンドや水準を抽出することを**季節調整**と呼びます．状態空間モデルを使うことで，季節調整を直感的に行うことができます．

第 **7** 章

自己回帰モデルとその周辺

7.1 本章の目的と概要

テーマ

　本章では，時系列モデルの一種である自己回帰モデルの説明を通して，古典的な時系列分析の枠組みについて簡単に補足します．

目的

　今まで説明してこなかった古典的な時系列分析の枠組みを補足する目的で，本章を執筆しました．ブラックボックス的なモデルを扱うため，モデルの解釈はやや困難となります．

　しかし，これらのモデルの構造を部品として新たなモデルを構築することが可能です．モデルの構造を理解すること自体は無駄にならないと思うので，1章かけて説明するようにしました．また，今まで触れてこなかった定常過程といった用語を導入し，本書よりも高度な教科書を読む際の足掛かりになることも狙っています．

概要

● **自己回帰モデルの理解**

　自己回帰モデル (AR) モデルの構造 → ホワイトノイズ・ランダムウォーク・自己回帰モデルの関係
　→ 自己回帰モデルと弱定常過程

● **自己回帰モデルの推定**

　分析の準備 → Stan ファイルの実装 → MCMC の実行
　→（補足）状態空間モデルと自己回帰モデル

7.2 自己回帰モデル（AR モデル）の構造

　t 時点の観測値を y_t とすると，1次の**自己回帰モデル** (AutoRegressive models: AR モデル) は以下のように表現できます．

$$y_t \sim \mathrm{Normal}(\beta_0 + \beta_1 \cdot y_{t-1}, \sigma^2) \tag{5.43}$$

第 5 部 【応用編】状態空間モデル

これは，以下の単回帰モデルと比較するとその特徴がよくわかります．ただし ex_t は t 時点における説明変数です．

$$y_t \sim \mathrm{Normal}(\beta_0 + \beta_1 \cdot ex_t, \sigma^2) \tag{5.44}$$

単回帰モデルですと，例えば，売り上げ y_t，気温 ex_t だとすると「売り上げの期待値が気温によって変化する」ことを想定していました．

自己回帰モデルですと「売り上げの期待値は，前日の売り上げによって変化する」ことを想定しています．過去における自分の値を説明変数にしているので，自己回帰モデルと呼ばれるわけです．

1 次の自己回帰モデルでは 1 時点前の自分の値を説明変数に用いました．p 時点前までの自分の値を説明変数に用いた p 次の自己回帰モデルは以下のように表現できます．

$$y_t \sim \mathrm{Normal}(\beta_0 + \sum_{i=1}^{p} \beta_i \cdot y_{t-i}, \sigma^2) \tag{5.45}$$

7.3 ホワイトノイズ・ランダムウォークと自己回帰モデルの関係

1 次の自己回帰モデルを再掲します．ただし，説明の簡単のため，切片に当たる β_0 は 0 とします．

$$y_t \sim \mathrm{Normal}(\beta_1 \cdot y_{t-1}, \sigma^2) \tag{5.46}$$

ここで，係数 β_1 が 0 ならば，$y_t \sim \mathrm{Normal}(0, \sigma^2)$ となるので，y_t は正規ホワイトノイズとみなされます．また，係数 β_1 が 1 ならば，y_t はランダムウォークとみなされます．

7.4 自己回帰モデルと弱定常過程

y_t に対して以下が成立するとき，これを**弱定常過程**と呼びます．ただし，E は期待値を得る関数で，Cov は共分数を得る関数です．

$$\begin{aligned} \mathrm{E}(y_t) &= \mu \\ \mathrm{Cov}(y_t,\ y_{t-k}) &= r_k \end{aligned} \tag{5.47}$$

平たく言うと，弱定常過程は「期待値が時点によらず一定」であり「自己共分散（自己相関）は，時点によらず，時点の差のみに依存する」特性を持つといえます．

正規ホワイトノイズは平均が 0 で，$k \neq 0$ のときは自己共分散が 0 となります．そのため正規ホワイトノイズは弱定常過程であるとみなされます．

一方，ランダムウォーク系列は弱定常とはいえません．このため，自己回帰モデルは，係数 β_1 によって，弱定常過程となったり，定常ではない**非定常過程**になったりします．

第 7 章　自己回帰モデルとその周辺

　弱定常過程は期待値が変化しないなど，分析において大変便利な性質を持っています．自己回帰モデルも弱定常過程に対して適用されることが普通です．1 次の自己回帰モデルの係数 β_1 の絶対値が 1 未満のとき，自己回帰モデルは弱定常過程に従うことが知られています．係数 β_1 の絶対値が 1 未満か 1 以上かでモデルの挙動が大きく変わるわけです．

7.5　分析の準備

　分析の準備として，パッケージの読み込みと計算を高速化させるオプションを指定します．

```
# パッケージの読み込み
library(rstan)
library(bayesplot)
library(ggfortify)
# 計算の高速化
rstan_options(auto_write = TRUE)
options(mc.cores = parallel::detectCores())
```

　架空の売り上げデータを読み込んだうえで，日付列を POSIXct に変換します．2010 年 1 月 1 日から 100 日あります．

```
> # データの読み込み
> sales_df_5 <- read.csv("5-7-1-sales-ts-5.csv")
> sales_df_5$date <- as.POSIXct(sales_df_5$date)
> head(sales_df_5, n = 3)
        date sales
1 2010-01-01  91.0
2 2010-01-02  96.5
3 2010-01-03 113.8
```

　売り上げの時系列プロットを描きます．トレンドはなく，一定の範囲内にデータが収まっています．しかし単なるホワイトノイズよりも時点ごとの変化が緩やかです．これは「1 時点前の売り上げとよく似た売り上げになっている」からだと考えられます．こういった構造を自己回帰モデルで表現するわけです．

```
# 図示
autoplot(ts(sales_df_5[, -1]))
```

5 応用編

329

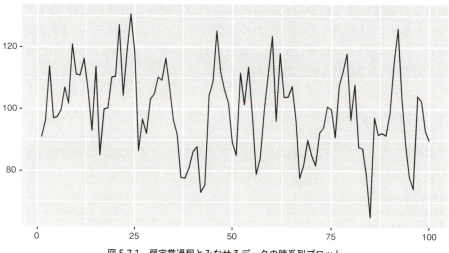

図 5.7.1　弱定常過程とみなせるデータの時系列プロット

7.6　自己回帰モデルのための Stan ファイルの実装

自己回帰モデルを推定するための Stan コードは以下のようになります (5-7-1-autoregressive.stan).

```
data {
  int T;           // データ取得期間の長さ
  vector[T] y;     // 観測値
}
parameters {
  real<lower=0> s_w;   // 過程誤差の標準偏差
  real b_ar;           // 自己回帰項の係数
  real Intercept;      // 切片
}
model {
  for(i in 2:T) {
    y[i] ~ normal(Intercept + y[i-1]*b_ar, s_w);
  }
}
```

第 3 部で紹介した単回帰モデルとよく似たコードになっているのがわかるかと思います．ローカルレベルモデルなどと比べると，状態方程式・観測方程式に分かれていないことにも気づくはずです．

7.7　MCMC の実行

実際に自己回帰モデルを推定する R コードは以下の通りです．

第 7 章 自己回帰モデルとその周辺

```
# データの準備
data_list <- list(
  y = sales_df_5$sales,
  T = nrow(sales_df_5)
)
# 自己回帰モデルの推定
autoregressive <- stan(
  file = "5-7-1-autoregressive.stan",
  data = data_list,
  seed = 1,
  control = list(max_treedepth = 15)
)
```

推定されたパラメータは以下の通りです (一部抜粋).

```
> # 自己回帰モデルの推定結果
> print(autoregressive,
+       par = c("s_w", "b_ar", "Intercept", "lp__"),
+       probs = c(0.025, 0.5, 0.975))
            mean se_mean   sd    2.5%     50%    97.5% n_eff Rhat
s_w        11.82    0.02 0.85   10.30   11.74   13.68  1773    1
b_ar        0.53    0.00 0.09    0.35    0.53    0.71  1264    1
Intercept  46.48    0.25 8.90   28.98   46.41   64.38  1266    1
lp__     -290.67    0.04 1.29 -294.05 -290.34 -289.24  1148    1
```

係数 b_ar はおよそ 0.5 となりました. 絶対値が 1 未満であるので, 弱定常であるとみなすことができます.

7.8 補足：状態空間モデルと自己回帰モデル

自己回帰モデルは弱定常過程に対して適用されるのが普通です. もしトレンドがあるデータならば, 差分をとるなどしてデータを定常過程に変換してから, 自己回帰モデルを推定します. 前処理が必要なので手間がかかるというだけではなく, 得られた結果の解釈にも注意が必要となります.

一方, ローカルレベルモデルですと, ランダムウォークが非定常過程ですので, 非定常過程に対しても適用できます. 2 次のトレンドなどを想定した場合も同じように, 非定常過程に対しても適用できます.

自己回帰モデルは, 目に見えない状態を想定せずに時系列データをモデル化しています. そのため, 観測誤差がまったくないことを想定したモデルだといえます. この想定が現実的でないと思われる場合は, 例えば状態方程式に自己回帰モデルと同じ構造を組み込み, そのうえで観測誤差が加わって観測値が得られる, 下記のようなモデルを構築すればよいでしょう.

第 5 部 【応用編】状態空間モデル

$$\alpha_t \sim \mathrm{Normal}(\beta_0 + \beta_1 \cdot \alpha_{t-1}, \sigma_w^2) \tag{5.48}$$

$$y_t \sim \mathrm{Normal}(\alpha_t, \sigma_v^2) \tag{5.49}$$

このように自己回帰項を状態空間モデルの部品として扱うことが可能です．トレンドが見られないデータであれば，このような形式でモデル化することは現実的かと思われます．

北川 (2005) では，基本構造時系列モデルに対してさらに自己回帰成分を組み込んだモデルが紹介されています．自己回帰成分を組み込むことで，トレンドの推定値などが安定することがあるようです．また，次章以降で解説する動的一般化線形モデルの枠組みにおいても，線形予測子に自己回帰項を用いることは可能です．

自己回帰モデル単体で見ると，定常過程にしか適用できなかったり，観測誤差を加味していなかったりといくつかの不満点が残ります．しかし，自己回帰というモデルの構造そのものは，さまざまなデータで現れる可能性があります．状態空間モデルにおける 1 つの成分として，これを用いることは現代においても十分に実用性があると著者は考えます．

第8章 動的一般化線形モデル：二項分布を仮定した例

8.1 本章の目的と概要

テーマ

本章では，観測方程式に二項分布を用いた動的一般化線形モデル (DGLM) を解説します．

目的

第3部で学んだ一般化線形モデル (GLM) と第5部で学んだ動的線形モデル (DLM) をつなげる目的で，本章を執筆しました．今までの説明を読み進められてきた読者にとっては「今まで説明してきた構造をつなぎ合わせただけ」だと思われるかもしれません．基本的な構造を組み合わせることで複雑な現象を表現する技術をぜひ身につけてください．

概要

● **DGLM の理解**
GLM の復習 → DGLM の構造 → 二項分布を仮定した DGLM の構造
● **DGLM の推定**
分析の準備 → Stan ファイルの実装 → MCMC の実行 → 推定された状態の図示

8.2 GLM の復習

一般化線形モデルは，確率分布・線形予測子・リンク関数を部品として用います．

まずは確率分布を選びます．例えば売り上げのように数量型のデータならば正規分布が，釣獲尾数や販売個数のように 0 未満をとらない離散型のデータならばポアソン分布が，あり・なしといった二値の結果を扱う場合は二項分布やベルヌーイ分布が使われます．

次に考えるのが，線形予測子の構造です．

例えば，売り上げが正規分布に従っていると仮定できるとします．そうしたら，売り上げの平均値 μ がどのようなパターンで変化するかを考えます．気温が上がると売り上げも増えると想定するならば，μ は気温の関数となるはずです．μ が「切片＋傾き×気温」で表現できると考えるとき，この「切

第5部 【応用編】状態空間モデル

片＋傾き×気温」を線形予測子と呼びます．

　確率分布によっては，母数（確率分布のパラメータ）が特定の範囲しかとらないことがあります．例えばポアソン分布の強度λは負の値をとりません．二項分布における成功確率pは0以上1以下の値しかとりません．こういった要請を，線形予測子にリンク関数の逆関数をかませることで対応します．例えばリンク関数としてlogを使うと，その逆関数であるexpが使われます．「exp(切片＋傾き×気温)」とすると，この値が負になることはありません．

8.3　DGLMの構造

　DGLMは，GLMの拡張ともいえるし，DLMの一般化ともいえます．

　GLM側から見ると，線形予測子が動的なものにも対応できるように拡張されたモデルだといえます．GLMにおける線形予測子として，DLMで想定したさまざまな構造を追加で用いることができます．それは例えばドリフト成分や季節成分，自己回帰成分，時変係数などです．

　DLM側から見ると，観測方程式において，今まで正規分布しか用いることができなかったのが，ポアソン分布や二項分布も使えるように一般化されたことになります．

　例えば以下のようなDLMを考えます．これは，ローカルレベルモデルと同様の1次のトレンドを用いた，基本構造時系列モデルです．

$$
\gamma_t = -\sum_{i=t-(k-1)}^{t-1} \gamma_i + s_t, \qquad s_t \sim \text{Normal}(0, \sigma_s^2) \tag{5.50}
$$
$$
\mu_t = \mu_{t-1} + w_t, \qquad\qquad w_t \sim \text{Normal}(0, \sigma_w^2)
$$

$$
y_t = \mu_t + \gamma_t + v_t, \qquad\qquad v_t \sim \text{Normal}(0, \sigma_v^2) \tag{5.51}
$$

　これは，以下のように書き換えてもまったく同じです．

$$
\gamma_t \sim \text{Normal}\left(-\sum_{i=t-(k-1)}^{t-1} \gamma_i, \sigma_s^2\right) \tag{5.52}
$$
$$
\mu_t \sim \text{Normal}(\mu_{t-1}, \sigma_w^2)
$$

$$
y_t \sim \text{Normal}(\mu_t + \gamma_t, \sigma_v^2) \tag{5.53}
$$

　観測方程式として正規分布を確率分布として用いてきましたが，DGLMに一般化するとその制約がなくなります．例えばリンク関数をlog，確率分布にポアソン分布を用いたDGLMは以下のようになります．

$$\gamma_t \sim \text{Normal}\left(- \sum_{i=t-(k-1)}^{t-1} \gamma_i, \sigma_s^2 \right) \tag{5.54}$$

$$\mu_t \sim \text{Normal}(\mu_{t-1}, \sigma_w^2)$$

$$y_t \sim \text{Poisson}\left(\exp(\mu_t + \gamma_t) \right) \tag{5.55}$$

もちろん，GLM と同じように説明変数を加えたり，交互作用を加味したりすることもできます．第3部と第5部で学んだことの多くが活かせるはずです．狭い意味での DGLM からは外れますが，第4部で学んだランダム効果を加えることもできます．やや応用的なモデルになるため，これは次章で説明します．

8.4　二項分布を仮定した DGLM の構造

本章で推定する DGLM では，確率分布として試行回数が1の二項分布，すなわちベルヌーイ分布を用います．リンク関数としてはロジット関数を用います．線形予測子としては，ローカルレベルモデルと同様の1次のトレンドを想定します．

$$\mu_t \sim \text{Normal}(\mu_{t-1}, \sigma_w^2) \tag{5.56}$$

$$y_t \sim \text{Bernoulli}\left(\text{logistic}(\mu_t) \right) \tag{5.57}$$

ローカルレベルモデルにおいて，観測方程式にベルヌーイ分布が用いられたものだとみなすことができます．また，一般化線形モデルにおいて，切片が動的に変化することを認めたものだとも解釈できます．

8.5　分析の準備

分析の準備として，パッケージの読み込みと計算を高速化させるオプションを指定します．今回は KFAS というパッケージに入っている boat というデータを使うので，これも読み込んでいます．状態空間モデルを図示するための自作関数も読み込んでいます．関数の詳細は第5部第2章 2.12 節を参照してください．

```
# パッケージの読み込み
library(rstan)
library(bayesplot)
library(KFAS)
# 計算の高速化
rstan_options(auto_write = TRUE)
options(mc.cores = parallel::detectCores())
```

第 5 部 【応用編】状態空間モデル

```
# 状態空間モデルの図示をする関数の読み込み
source("plotSSM.R", encoding="utf-8")
```

今回はオックスフォード大学とケンブリッジ大学のボートレースのデータを用います．1829 年から 2011 年まで 1 年に 1 回とられたデータで，0 ならばオックスフォード大学が，1 ならばケンブリッジ大学が試合に勝ったことを表しています．このデータは，二項分布の DGLM の分析例としてしばしば用いられるものです．

```
> # データの読み込み
> data("boat")
> boat
Time Series:
Start = 1829
End = 2011
Frequency = 1
  [1]  0 NA NA NA NA NA NA  1 NA NA  1  1  1  0 NA NA  1  1 NA NA  1
・・・中略・・・
[169]  1  1  1  0  1  0  0  1  0  0  1  0  0  1  0
```

データを見るとわかるように，欠損値がいくつかあります．これを補間しつつ，ケンブリッジ大学の勝率の推移を調べます．

8.6 二項分布を仮定した DGLM のための Stan ファイルの実装

DGLM を推定するための Stan コードは以下のようになります (5-8-1-dglm-binom.stan)．欠損のあるデータを対象とするため，第 5 部第 3 章と同様に，観測値が得られた時点などを渡すようにしています．

```
data {
  int T;               // データ取得期間の長さ
  int len_obs;         // 観測値が得られた個数
  int y[len_obs];      // 観測値
  int obs_no[len_obs]; // 観測値が得られた時点
}
parameters {
  vector[T] mu;        // 状態の推定値
  real<lower=0> s_w;   // 過程誤差の標準偏差
}
model {
  // 弱情報事前分布
  s_w ~ student_t(3, 0, 10);
  // 状態方程式に従い，状態が遷移する
  for(i in 2:T) {
    mu[i] ~ normal(mu[i-1], s_w);
```

```
  }
  // 観測方程式に従い，観測値が得られる
  // ただし，「観測値が得られた時点」でのみ実行する
  for(i in 1:len_obs) {
    y[i] ~ bernoulli_logit(mu[obs_no[i]]);
  }
}
generated quantities{
  vector[T] probs;        // 推定された勝率
  probs = inv_logit(mu);
}
```

　青色の状態方程式は，第5部第2章のローカルレベルモデルと変わりません．緑色の観測方程式において，ロジスティック回帰と同様に bernoulli_logit を用いるようにしました．これは，リンク関数にロジット関数を用いたベルヌーイ分布を表しています．

　最後に，図示するため，generated quantities において，ケンブリッジ大学の勝率の時間推移の推定値を得ています．inv_logit 関数はロジット関数の逆関数なので，ロジスティック関数です．

8.7　MCMC の実行

　DGLM を実際に推定しますが，今回は欠損値があるのでその処理から行う必要があります．is.na(boat) などの関数の意味がわからない場合は第5部第3章を参照してください．

```
# NA を除く
boat_omit_NA <- na.omit(as.numeric(boat))
# データの準備
data_list <- list(
  T       = length(boat),
  len_obs = length(boat_omit_NA),
  y       = boat_omit_NA,
  obs_no  = which(!is.na(boat))
)
# モデルの推定
dglm_binom <- stan(
  file = "5-8-1-dglm-binom.stan",
  data = data_list,
  seed = 1,
  iter = 30000,
  warmup = 10000,
  thin = 20
)
```

第 5 部　【応用編】状態空間モデル

推定されたパラメータは以下の通りです (一部抜粋).

```
> print(dglm_binom,
+        par = c("s_w", "lp__"),
+        probs = c(0.025, 0.5, 0.975))
       mean se_mean    sd    2.5%     50%  97.5% n_eff Rhat
s_w    0.74    0.02  0.40    0.19    0.67   1.66   483 1.01
lp__ -93.53    4.65 92.56 -248.69 -102.87 110.90   396 1.01
```

8.8　推定された状態の図示

ケンブリッジ大学の勝率の推移を図示します．今回は時間ラベルがないので，まずはラベルを作ります．

```
> years <- seq(from = as.POSIXct("1829-01-01"),
+              by = "1 year",
+              len = length(boat))
> head(years, n = 3)
[1] "1829-01-01 LMT" "1830-01-01 LMT" "1831-01-01 LMT"
```

seq(from, by, len) という構文により「from 始まりで，by 区切りで，len 個の連番」を作ることができます．

先ほど作った日付ラベルを用いて，図示します．

```
# MCMC サンプルの取得
mcmc_sample <- rstan::extract(dglm_binom)

# ケンブリッジ大学の勝率の推移のグラフ
plotSSM(mcmc_sample = mcmc_sample,
        time_vec = years,
        obs_vec = as.numeric(boat),
        state_name = "probs",
        graph_title = " ケンブリッジ大学の勝率の推移 ",
        y_label = " 勝率 ",
        date_labels = "%Y 年 ")
```

第 8 章 動的一般化線形モデル：二項分布を仮定した例

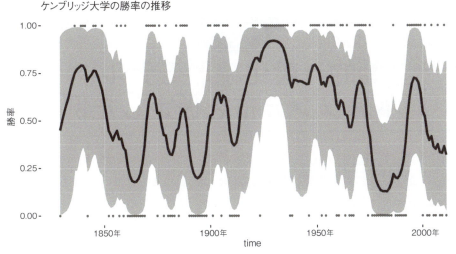

図 5.8.1　ケンブリッジ大学の勝率の推移

ところで，全期間をまとめてしまったときのケンブリッジ大学の平均勝率はおよそ 52% となります．

```
> # ケンブリッジ大学の平均勝率
> mean(boat_omit_NA)
[1] 0.516129
```

全体をまとめて平均をとって，その値だけで議論してしまうと「ケンブリッジ大学とオックスフォード大学はほぼ同じ勝率」と判断されてしまっておしまいです．しかし，ある時期にはケンブリッジ大学が勝っていることもあるし，その逆もあることでしょう．

時系列データを取得した際，しばしば時間の情報を捨ててしまって分析が行われることがあります．それは例えば全期間で平均して勝率を計算してしまうような方法です．これはとてももったいないことだと思います．

かつては時間の情報をモデルに組み込む方法があまり整備されてきませんでした．しかし，状態空間モデル，あるいはそれを少し狭めて扱いやすくした DLM や DGLM といったフレームワークを用いることで，時間の情報を，人間が理解しやすい形でモデルに組み込むことができます．

GLM は R 言語の便利な関数を使うことである程度ユーザー数を増やすことができましたが，DLM や DGLM の普及はまだこれからというように感じています．Stan を使うことでこれらを統一的な方法で推定できるようになったので，分析のためのハードルは大きく下がりました．分析モデルのレパートリーの 1 つとして，ぜひこれらも加えていただければと思います．

第9章 動的一般化線形モデル：ポアソン分布を仮定した例

9.1 本章の目的と概要

テーマ

本章では，ポアソン分布を仮定した DGLM の実装例を紹介します．狭い意味での DGLM からは外れますが，過分散に対応するためにランダム効果を導入します．

目的

最終章となる本章は，今までのまとめとなります．GLM・GLMM・DLM・DGLM といった個別のモデルのパーツを組み合わせて，自由なモデリングをするための考え方をつかんでいただければと思います．

概要

● **DGLM の理解**

ポアソン分布を仮定した DGLM の構造

● **DGLM の推定**

分析の準備 → Stan ファイルの実装 → MCMC の実行 → 推定された状態の図示

9.2 ポアソン分布を仮定した DGLM の構造

本章では釣獲尾数と釣りをしていたときの周囲の気温の関係を調べます．この課題は第 3 部で紹介したポアソン回帰モデルを使うことで達成できます．

ある時点 t での釣獲尾数を y_t，その時点での気温を ex_t とします．ex は説明変数 (explanatory variables) の略です．釣獲尾数がポアソン分布に従うことを想定すると，以下のように表現できます．ただし μ が切片で β が気温の係数です．

$$\lambda_t = \mu + \beta \cdot ex_t \tag{5.58}$$

$$y_t \sim \text{Poisson}\left(\exp(\lambda_t)\right) \tag{5.59}$$

ここまでが通常のポアソン回帰モデルであり，GLMで扱う対象です．これを拡張して，時間の情報をモデルに組み込みましょう．まずは，切片 μ が動的に変化することを想定します．今回は第5部第5章で紹介した2次のトレンドを想定することにします．

$$\mu_t \sim \text{Normal}(2\mu_{t-1} - \mu_{t-2}, \sigma_\zeta^2) \tag{5.60}$$

$$\lambda_t = \mu_t + \beta \cdot ex_t$$

$$y_t \sim \text{Poisson}(\exp(\lambda_t)) \tag{5.61}$$

ポアソン分布は，その期待値も分散も1つのパラメータだけで表現されるため，想定よりも分散が大きくなってしまう過分散が生じることがあります．これを防ぐために，第4部第1章で紹介したランダム効果を組み込むことにします．

$$r_t \sim \text{Normal}(0, \ \sigma_r^2)$$

$$\mu_t \sim \text{Normal}(2\mu_{t-1} - \mu_{t-2}, \sigma_\zeta^2) \tag{5.62}$$

$$\lambda_t = \mu_t + \beta \cdot ex_t + r_t$$

$$y_t \sim \text{Poisson}(\exp(\lambda_t)) \tag{5.63}$$

今回は，式 (5.62) と (5.63) で表現される状態空間モデルを推定することにします．ランダム効果 r_t が入ったので，狭い意味での DGLM からは外れますが，第3部から第5部で学んできたモデルの部品を組み合わせていく感覚をつかんでいただければと思います．

9.3　分析の準備

分析の準備として，パッケージの読み込みと計算を高速化させるオプションを指定します．状態空間モデルを図示するための自作関数も読み込んでいます．関数の詳細は第5部第2章2.12節を参照してください．

```
# パッケージの読み込み
library(rstan)
library(bayesplot)
library(ggfortify)
library(gridExtra)
# 計算の高速化
rstan_options(auto_write = TRUE)
options(mc.cores = parallel::detectCores())
# 状態空間モデルの図示をする関数の読み込み
source("plotSSM.R", encoding="utf-8")
```

架空の釣獲尾数データを読み込んだうえで，日付列を POSIXct に変換します．2010 年 1 月 1 日から 30 日あります．

```
> # データの読み込み
> fish_ts <- read.csv("5-9-1-fish-num-ts.csv")
> fish_ts$date <- as.POSIXct(fish_ts$date)
> head(fish_ts, n = 3)
        date fish_num temperature
1 2010-01-01        2         1.8
2 2010-01-02        1         7.0
3 2010-01-03        2         5.7
```

釣獲尾数と気温の時系列プロットを描きます．釣獲尾数は徐々に増えていくトレンドがあり，気温はほぼ横ばいで変化していることがわかります．

```
# 図示
autoplot(ts(fish_ts[, -1]))
```

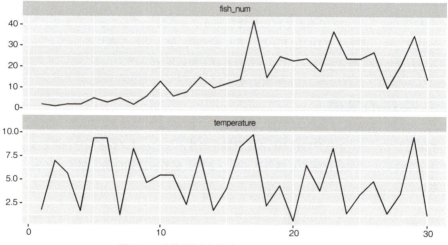

図 5.9.1　釣獲尾数と気温データの時系列プロット

9.4　Stan ファイルの実装

モデルを推定するための Stan コードは以下のようになります (5-9-1-dglm-poisson.stan)．

第 9 章　動的一般化線形モデル：ポアソン分布を仮定した例

```
data {
  int T;           // データ取得期間の長さ
  vector[T] ex;  // 説明変数
  int y[T];        // 観測値
}
parameters {
  vector[T] mu;          // 水準＋ドリフト成分の推定値
  vector[T] r;           // ランダム効果
  real b;                // 係数の推定値
  real<lower=0> s_z;   // ドリフト成分の変動の大きさを表す標準偏差
  real<lower=0> s_r;   // ランダム効果の標準偏差
}
transformed parameters {
  vector[T] lambda;   // 観測値の期待値の log をとった値
  for(i in 1:T) {
    lambda[i] = mu[i] + b * ex[i] + r[i];
  }
}
model {
  // 時点ごとに加わるランダム効果
  r ~ normal(0, s_r);
  // 状態方程式に従い，状態が遷移する
  for(i in 3:T) {
    mu[i] ~ normal(2 * mu[i-1] - mu[i-2], s_z);
  }
  // 観測方程式に従い，観測値が得られる
  for(i in 1:T) {
    y[i] ~ poisson_log(lambda[i]);
  }
}
generated quantities {
  // 状態推定値（EXP）
  vector[T] lambda_exp;
  // ランダム効果除外の状態推定値
  vector[T] lambda_smooth;
  // ランダム効果除外，説明変数固定の状態推定値
  vector[T] lambda_smooth_fix;

  lambda_exp = exp(lambda);
  lambda_smooth = exp(mu + b * ex);
  lambda_smooth_fix = exp(mu + b * mean(ex));
}
```

　青色の状態方程式が式 (5.62) に対応します．緑色の観測方程式においてポアソン回帰と同様に poisson_log を用いるようにしました．これは，リンク関数に log 関数を用いたポアソン分布を表しています．

　図示するために，generated quantities に，状態推定値を変換した 3 つのベクトルを宣言しました．1 つ目がリンク関数の影響をなくすために exp をとった lambda_exp です．次に，lambda_

343

第5部 【応用編】状態空間モデル

exp からランダム効果を除いたものとして lambda_smooth. 最後に，ランダム効果を除いたうえで，さらに，説明変数をその平均値で固定した（気温を一定だとみなした）状態推定値 lambda_smooth_fix です．

9.5 MCMC の実行

実際にモデルを推定する R コードは以下の通りです．

```
# データの準備
data_list <- list(
  y = fish_ts$fish_num,
  ex = fish_ts$temperature,
  T = nrow(fish_ts)
)
# モデルの推定
dglm_poisson <- stan(
  file = "5-9-1-dglm-poisson.stan",
  data = data_list,
  seed = 1,
  iter = 8000,
  warmup = 2000,
  thin = 6,
  control = list(adapt_delta = 0.99, max_treedepth = 15)
)
```

推定されたパラメータは以下の通りです (一部抜粋)．

```
> print(dglm_poisson,
+       par = c("s_z", "s_r", "b", "lp__"),
+       probs = c(0.025, 0.5, 0.975))
        mean se_mean     sd   2.5%     50%   97.5% n_eff Rhat
s_z     0.06    0.00   0.03   0.02    0.05    0.14   862 1.01
s_r     0.17    0.00   0.09   0.01    0.16    0.36   510 1.00
b       0.08    0.00   0.02   0.04    0.08    0.12  2094 1.00
lp__  980.63    1.42  25.69 938.72  977.05 1045.09   326 1.01
```

気温の係数 b の解釈は，ポアソン回帰と同じく「掛け算」で考えることに注意してください．「気温が 1 度上がると，釣獲尾数は exp(0.08) 倍になる」と解釈されます．

344

第9章 動的一般化線形モデル：ポアソン分布を仮定した例

9.6 推定された状態の図示

　状態空間モデルは個別の成分を分離しやすいのが利点です．lambda_exp，lambda_smooth そして lambda_smooth_fix を各々図示します．

```
# MCMC サンプルの取得
mcmc_sample <- rstan::extract(dglm_poisson)

# 個別のグラフの作成
p_all <- plotSSM(mcmc_sample = mcmc_sample,
        time_vec = fish_ts$date,
        obs_vec = fish_ts$fish_num,
        state_name = "lambda_exp",
        graph_title = "状態推定値",
        y_label = "釣獲尾数",
        date_labels = "%Y 年 %m 月 %d 日")

p_smooth <- plotSSM(mcmc_sample = mcmc_sample,
        time_vec = fish_ts$date,
        obs_vec = fish_ts$fish_num,
        state_name = "lambda_smooth",
        graph_title = "ランダム効果を除いた状態推定値",
        y_label = "釣獲尾数",
        date_labels = "%Y 年 %m 月 %d 日")

p_fix <- plotSSM(mcmc_sample = mcmc_sample,
        time_vec = fish_ts$date,
        obs_vec = fish_ts$fish_num,
        state_name = "lambda_smooth_fix",
        graph_title = "気温を固定した状態推定値",
        y_label = "釣獲尾数",
        date_labels = "%Y 年 %m 月 %d 日")

# まとめて図示
grid.arrange(p_all, p_smooth, p_fix)
```

　1行目のグラフから順番に，状態推定値の変化が滑らかになっていることがわかります．ランダム効果や気温の影響を除いて，釣獲尾数のトレンドを抽出できました．

5 応用編

345

第 5 部 【応用編】状態空間モデル

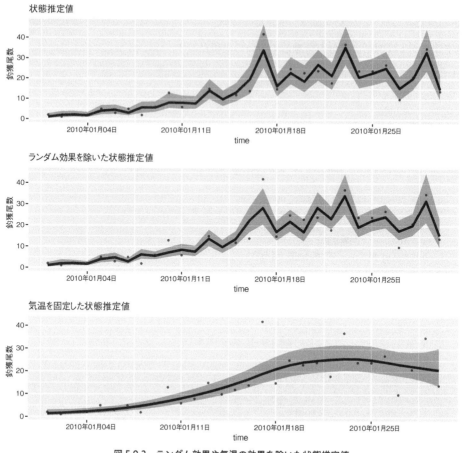

図 5.9.2 ランダム効果や気温の効果を除いた状態推定値

　本書では，意図的に，単純な構造のみを紹介してきました．高度な教科書では，複雑なモデルが当たり前のように出てきて，なかなか理解がしにくく感じられるかもしれません．しかし，複雑に見えるモデルでも，分解して考えていくと，いくつかの単純な構造で成り立っていることもしばしばです．本書で学んだ構造を組み合わせて，より高度なモデリングにもチャレンジしてみてください．

　本書が，読者あるいは社会の効用を高めるためのデータ分析に役立てるならば，とてもうれしく思います．

参考文献

1　Graham Upton, Ian Cook（白旗慎吾 監訳）(2010)．統計学辞典．共立出版

2　岩波データサイエンス刊行委員会 編 (2015)．岩波データサイエンス Vol.1．岩波書店

3　岩波データサイエンス刊行委員会 編 (2017)．岩波データサイエンス Vol.6．岩波書店

4　沖本竜義 (2010)．経済・ファイナンスデータの計量時系列分析．朝倉書店

5　奥村晴彦・瓜生真也・牧山幸史（石田基広 監修）(2018)．R で楽しむベイズ統計入門．技術評論社

6　尾崎幸謙・川端一光・山田剛史 (2018)．R で学ぶマルチレベルモデル 入門編．朝倉書店

7　粕谷英一 (2012)．一般化線形モデル．共立出版

8　北川源四郎 (2005)．時系列解析入門．岩波書店

9　久保川達也 (2017)．現代数理統計学の基礎．共立出版

10　久保拓弥 (2012)．データ解析のための統計モデリング入門．岩波書店

11　John K. Kruschke（前田和寛・小杉考司 監訳）(2017)．ベイズ統計モデリング：R, JAGS, Stan によるチュートリアル 原著第 2 版．共立出版

12　Marc Kéry, Michael Schaub（飯島勇人・伊東宏樹・深谷肇一・正木隆 訳）(2016)．BUGS で学ぶ階層モデリング入門．共立出版

13　Andrew Gelman, John Carlin, Hal Stern, David Dunson, Aki Vehtari, Donald Rubin(2013)．Bayesian Data Analysis 3rd Edition．Chapman & Hall

14　古賀弘樹 (2018)．一段深く理解する確率統計．森北出版

15　J. J. F. Commandeur, S. J. Koopman（和合肇 訳）(2008)．状態空間時系列分析入門．シーエーピー出版

16　須山敦志（杉山将 監修）(2017)．ベイズ推論による機械学習入門．講談社

17　高橋信 (2017)．マンガでわかるベイズ統計学．オーム社

18　田中孝文 (2008)．R による時系列分析入門．シーエーピー出版

19　Annette J. Dobson（田中豊・森川敏彦・山中竹春・冨田誠 訳）(2008)．一般化線形モデル入門 原著第 2 版．共立出版

20　豊田秀樹 (2015)．基礎からのベイズ統計学．朝倉書店

21　中井悦司 (2018)．技術者のための基礎解析学．翔泳社

22　野村俊一 (2016)．カルマンフィルタ．共立出版

23　萩原淳一郎・瓜生真也・牧山幸史（石田基広 監修）(2018)．基礎からわかる時系列分析．技術評論社

24　馬場真哉 (2018a)．時系列分析と状態空間モデルの基礎．プレアデス出版

25　馬場真哉 (2018b)．Python で学ぶあたらしい統計学の教科書．翔泳社

26　C. M. Bishop（元田浩・栗田多喜夫・樋口知之・松本裕治・村田昇 監訳）(2012)．パターン認識と機械学習 上・下．丸善出版

27　Paul-Christian Bürkner(2017)．brms An R Package for Bayesian Multilevel Models Using Stan．Journal of Statistical Software, 80(1)

28　Matthew D. Hoffman, Andrew Gelman(2014)．The No-U-Turn Sampler: Adaptively Setting Path Lengths in Hamiltonian Monte Carlo．Journal of Machine Learning Research, 15, 1593-1623

29　松浦健太郎 (2016)．Stan と R でベイズ統計モデリング．共立出版

30　松原望・縄田和満・中井検裕（東京大学教養学部統計学教室 編）(1991)．統計学入門．東京大学出版会

31　松村優哉・湯谷啓明・紀ノ定保礼・前田和寛 (2018)．R ユーザのための RStudio［実践］入門．技術評論社

32　山田作太郎・北田修一 (2004)．生物統計学入門．成山堂書店

33　Jared P. Lander（高柳慎一・津田真樹・牧山幸史・松村杏子・簑田高志 訳）(2018)．みんなの R 第 2 版．マイナビ出版

34　C. P. Robert, G. Casella（石田基広・石田和枝 訳）(2012)．R によるモンテカルロ法入門．丸善出版

35　涌井貞美 (2013)．図解・ベイズ統計「超」入門．SB クリエイティブ

索引

記号・英字

～（チルダ） 31
AR モデル→自己回帰モデル
chains →チェーン
DGLM →動的一般化線形モデル
DGP →データ生成過程
DLM →動的線形モデル
EAP →事後期待値
GLM →一般化線形モデル
GLMM →一般化線形混合モデル
HMC 法→ハミルトニアン・モンテカルロ法
i.i.d 系列 276
iter →繰り返し数
lp__ 119, 146
MAP →事後確率最大値
MCMC サンプル 113
MCMC 法→マルコフ連鎖モンテカルロ法
MED →事後中央値
MH 法→メトロポリス・ヘイスティングス法
R 79, 80
Rstudio 80
R 言語→ R
R̂ 74, 120
Stan 16, 111
thin →間引き
t 分布→スチューデントの t 分布
warmup →バーンイン期間

あ行

一様分布→離散一様分布または連続一様分布
一般化状態空間モデル 270
一般化線形混合モデル 245, 248
一般化線形モデル 153, 154, 160
上側パーセント点 36
応答変数 49, 154
オッズ 223
オッズ比 223, 225
オブジェクト 82
オフセット項 166
折れ線グラフ 108

か行

階級 93
階層ベイズモデル 245
ガウス分布→正規分布
確定的周期成分 319
確定的トレンド 307
確率 17, 21, 26

確率質量関数 32, 48
確率的周期成分 320
確率的トレンド 308
確率の加法定理 26
確率の公理主義的定義 26
確率の乗法定理 29
確率分布 21, 31, 48
確率変数 21
確率密度 33
確率密度関数 33, 48
確率モデル 16, 46, 50
傾き 155
過程誤差 281
カテゴリデータ→質的データ
カーネル（事後分布の） 59
カーネル関数 96
カーネル密度推定 94, 103, 130
過分散 42, 248, 341
カルマンフィルタ 273
関数 82
観測誤差 281
観測方程式 270
観測モデル 270
感度分析 144
ガンマ回帰 166
ガンマ分布 44
記述統計 19
季節性 318
季節調整 326
期待値 34
基本構造時系列モデル 321
逆関数 159
共分散 99
行列 163
空事象 25
区間推定 75
グラフィカルモデル 123
繰り返し数 73
クロスセクションデータ 20
計画行列→デザイン行列
係数 155
結合分布→同時分布
交互作用 166, 228, 261
恒等関数 155
固定効果 248
コード→プログラム
コレログラム 101, 133
混合モデル 248
コンソール 81

さ行

算術平均	97
散布図	107
サンプリング	21
サンプリング文	143
サンプル→*標本*	
サンプルサイズ	21
散漫カルマンフィルタ	273
時系列	269
時系列データ	20, 269
時系列モデル	270
試行	24
自己回帰モデル	327
事後確率	53
事後確率最大値	76
事後確率分布→*事後分布*	
事後期待値	76, 128
自己共分散	100
自己相関	74
自己相関係数	100
事後中央値	76, 119, 128
事後分布	17, 57, 130
事後予測チェック	134
事後予測分布	134
事象	24
システムモデル→*状態モデル*	
事前確率	53
事前確率分布→*事前分布*	
事前分布	17, 57, 143
下側パーセント点	36
実現値	21
実装	79
質的データ	20
四分位点	35
時変係数モデル	298, 302
弱情報事前分布	144
弱定常過程	328
周期性	319
収束の評価	73, 74
重点サンプリング	273
周辺化	36
周辺分布	37
周辺尤度	54
主観確率	26
縮約	263
主効果	228
受容率	71
順序尺度	20
条件付き確率	27
条件付き確率分布	37
条件付き分布→*条件付き確率分布*	
状態空間モデル	270
状態方程式	270
状態モデル	270
水準成分	281
推測統計	19

数理モデル	46
数量データ→*量的データ*	
スカラー	163
スクリプト	80
スチューデントの t 分布	44
正規化定数	59
正規線形モデル	158, 207
正規表現	177
正規分布	42, 48, 155
正規ホワイトノイズ	276, 328
成功確率	39
積事象	25
切片	155
説明変数	49, 154
遷移核	65
線形ガウス状態空間モデル→*動的線形モデル*	
線形予測子	154
潜在変数	306
全数調査	21
相関係数	99

た行

第 1 四分位点	35
第 3 四分位点	35
対数オッズ比	223
対数事後確率→ *lp__*	
対数正規分布	43
代入文	143
多項ロジスティック回帰	166
ダミー変数	156, 201
単回帰モデル	155, 167
単純ランダムサンプリング	21, 22
チェーン	74
中央値	35
中心極限定理	43
超パラメータ→*ハイパーパラメータ*	
定常分布	66
デザイン行列	162, 181, 204, 210
データ	19
データ生成過程	270
点推定	75
転置	163
統計学	19
統計モデル	16, 46
同時確率分布→*同時分布*	36
同時分布	36
動的一般化線形モデル	272, 334
動的線形モデル	272
独立	29
度数	93
度数分布	93
トレースプロット	70, 120, 129
トレンド	307
トレンド成分モデル	310
トレンドモデル	310

349

索引

な行

二項分布 39, 47, 159, 220, 335

は行

バイオリンプロット 106
ハイパーパラメータ 250
排反事象 25
ハイブリッド・モンテカルロ法
.... →ハミルトニアン・モンテカルロ法
箱ひげ図 106
パーセント点 35
%点→パーセント点
ハミルトニアン・モンテカルロ法 71
バーンイン期間 74, 120
バンド幅 96
ピアソンの積率相関係数→相関係数
引数 82
ヒストグラム 93, 103
非定常過程 328
標準正規分布 42
標準偏差 35
標本 20
標本空間 24
標本抽出→サンプリング
標本調査 21
負の二項分布 42
プログラム 79
プロジェクト 80
分散 35
分散分析モデル 157, 201
分布→確率分布
分類尺度→名義尺度
平滑化トレンドモデル 309, 312
平均値 97
ベイズ更新 55
ベイズ信用区間 75, 119, 129
ベイズ信頼区間→ベイズ信用区間
ベイズ推論 17, 55
ベイズ統計学 16
ベイズの定理 17, 55, 56
ベクトル 163
ベクトル化 121
ベルヌーイ分布 39, 227, 335
変数 81
変量効果→ランダム効果
ポアソン回帰モデル 159
ポアソン分布 41, 158, 212, 340
補間 271, 293
母集団 20
母数 39
ホワイトノイズ 276

ま行

間引き 74
マルコフ連鎖モンテカルロ法 17, 63
見せかけの回帰 302

無作為抽出→単純ランダムサンプリング
無情報事前分布 57
名義尺度 20
メトロポリス・ヘイスティングス法 67
モデリング 16, 45
モデル 16, 45
モンテカルロ積分 64
モンテカルロ法 63, 64

や行

有効サンプルサイズ 120
尤度 51, 54
尤度関数 51
予測 271, 290
予測区間 137, 178, 297
予測分布 134, 174

ら行

ラグプロット 94
ランダムウォーク 277, 281, 308, 328
ランダム係数モデル 260
ランダム効果 248, 256, 263, 341
ランダム切片モデル 256
離散一様分布 39
離散型データ 20
離散型の確率分布 32
離散時間マルコフ連鎖 63, 65
粒子フィルタ 273
理由不十分の原則 53
量的データ 20
リンク関数 154
レベル成分→水準成分
連結関数→リンク関数
連続一様分布 42
連続型データ 20
連続型の確率分布 33
ローカル線形トレンドモデル 310, 314
ローカルレベルモデル 281, 312
ロジスティック回帰モデル 160, 220
ロジスティック関数 160
ロジット関数 159

わ行

和事象 25

Index プログラム関連用語索引

Rコード

基本構文

# (コメント行)	81
sqrt (平方根の計算)	82
cumsum (累積和の計算)	278
c (ベクトルの作成)	82
: (等差数列の作成)	82, 98
matrix (行列の作成)	83
array (配列の作成)	83
data.frame (データフレームの作成)	84
nrow (行数の取得)	85
length (ベクトルの長さの取得)	98
list (リストの作成)	85, 117
[ ] (データの抽出)	85, 127
dim (要素数の取得)	86, 127
dimnames (要素名の取得)	86, 127
$ (データの抽出)	87
head (先頭行の抽出)	87
ts (時系列データの作成)	87
as.POSIXct (POSIXctへの変換)	283
as.vector (ベクトルに変換)	128
as.factor (ファクターへの変換)	246
as.numeric (数値への変換)	283
read.csv (CSVファイルの読み込み)	88, 117

応用構文

rnorm (正規乱数の生成)	89, 198, 278
set.seed (乱数の種の指定)	89, 90
for (繰り返し構文)	90
formula (モデルの構造の指定)	182
model.matrix (デザイン行列の作成)	182
NA (欠損)	293, 336
na.omit (欠損の削除)	293, 337
is.na (欠損の判別)	294, 337
which (TRUEとなる要素番号の取得)	294, 337
install.packages (パッケージのインストール)	92
library (パッケージの読み込み)	92

集計処理

mean (平均値の計算)	97, 128
median (中央値の計算)	98, 128
quantile (パーセント点の計算)	98, 129
cor (相関係数の計算)	99
acf(type="covariance") (自己共分散の計算)	100
acf (自己相関の計算)	100

可視化

hist (ヒストグラム)	94
density (カーネル密度推定)	96
plot (標準のグラフ描画)	96
acf (コレログラム描画)	101
ggplot2 パッケージ	
ggplot (グラフのベースの指定)	103, 109
labs (ラベル・タイトルの追加)	103
geom_histgram (ヒストグラム)	103, 147
geom_density (カーネル密度推定)	104, 130, 147
geom_boxplot (箱ひげ図)	106
geom_violin (バイオリンプロット)	106, 202
geom_point (散布図)	107, 168
geom_line (折れ線グラフ)	108, 286
geom_ribbon (網掛け)	286
gridExtra::grid.arrange (グラフの一覧表示)	105
ggfortify::autoplot (tsオブジェクトの折れ線グラフ)	109, 129, 279

Stan関連

rstan パッケージ

stan (StanによるMCMCの実行)	118
print (結果の表示)	119
traceplot (トレースプロット)	120
extract (MCMCサンプルの取得)	126, 138

bayesplot パッケージ

mcmc_hist (ヒストグラム)	131
mcmc_dens (カーネル密度推定)	131
mcmc_trace (トレースプロット)	131
mcmc_combo (カーネル密度とトレースプロット)	131
mcmc_intervals (区間)	132
mcmc_areas (区間と密度)	133
mcmc_acf_bar (コレログラム)	133
mcmc_rhat (収束の評価)	251
ppc_hist (事後予測チェック)	139

brms パッケージ

brm (モデルの推定)	186, 252, 264
bf (formulaの指定)	188
prior_summary (事前分布の取得)	189
set_prior (事前分布の指定)	190
get_prior (事前分布の標準設定の確認)	190
stancode (Stanコードの抽出)	191
standata (Stanに渡すデータの抽出)	191
make_stancode (Stanコードの作成)	191
make_standata (Stanに渡すデータの作成)	193
stanplot (事後分布などの可視化)	195
fitted (回帰直線の信用区間付きの予測値の計算)	196, 224
predict (予測区間付きの予測値の計算)	196
marginal_effects (回帰直線の作成)	199, 210, 239, 258
fixef (固定効果の係数の取得)	224, 300
ranef (ランダム効果の係数の取得)	257

Stanコード

基本構文

function ブロック	141
data ブロック	114, 141
transformed data ブロック	141
parameters ブロック	114, 141
transformed parameters ブロック	141
model ブロック	114, 142
generated quantities ブロック	136, 142, 147
// (コメント行)	115
~ (サンプリング文で使用)	115, 143
= (代入文で使用)	143
target (対数密度加算文で使用)	145

データの型

int (整数)	115, 142
real (実数)	115, 142
vector[N] (長さNのベクトル)	115, 142
matrix[N,K] (N行K列の行列)	142
<lower> (下限の指定)	115, 142
<upper> (上限の指定)	142

確率分布

normal (正規分布)	115, 136
normal_rng (代入文で使用)	136
normal_lpdf (対数密度加算文で使用)	145
poisson (ポアソン分布)	136
poisson_rng (代入文で使用)	136
poisson_log (リンク関数がlog)	218
binomial (二項分布)	226
binomial_logit (リンク関数がlogit)	226

351

著者紹介

馬場真哉
ば ば しんや

2014 年 北海道大学大学院水産科学院修了
Logics of Blue（https://logics-of-blue.com/）という Web サイトの管理人
2020 年 11 月より東京医科歯科大学非常勤講師，2021 年 2 月から 2023 年 3 月まで岩
手大学客員准教授，2022 年 4 月より帝京大学特任講師
著　書　『平均・分散から始める一般化線形モデル入門』（プレアデス出版，2015 年）
　　　　『時系列分析と状態空間モデルの基礎：R と Stan で学ぶ理論と実装』
　　　　（プレアデス出版，2018 年）
　　　　『R 言語ではじめるプログラミングとデータ分析』（ソシム，2020 年）
　　　　『意思決定分析と予測の活用』（講談社，2021 年）
　　　　『Python で学ぶあたらしい統計学の教科書　第 2 版』（翔泳社，2022 年）

NDC007　　　　351p　　　24cm

実践 Data Science シリーズ
じっせん　データ サイエンス

R と Stan ではじめる　ベイズ統計モデリングによるデータ分析入門
アール　スタン　　　　　　　　　　　とうけい　　　　　　　　　　　　　　　　ぶんせきにゅうもん

　　　2019 年 7 月 8 日　第 1 刷発行
　　　2025 年 3 月 6 日　第 11 刷発行

著　者　馬場真哉
　　　　ば ば しんや
発行者　篠木和久
発行所　株式会社　講談社　　　　　KODANSHA
　　　　〒112-8001　東京都文京区音羽 2-12-21
　　　　　　販　売　(03) 5395-5817
　　　　　　業　務　(03) 5395-3615
編　集　株式会社　講談社サイエンティフィク
　　　　代表　堀越俊一
　　　　〒162-0825　東京都新宿区神楽坂 2-14　ノービィビル
　　　　　　編　集　(03) 3235-3701
本文データ制作　株式会社トップスタジオ
印刷・製本　株式会社ＫＰＳプロダクツ

落丁本・乱丁本は，購入書店名を明記のうえ，講談社業務宛にお送り下さい．
送料小社負担にてお取替えします．
なお，この本の内容についてのお問い合わせは講談社サイエンティフィク
宛にお願いいたします．定価はカバーに表示してあります．
© Shinya Baba, 2019

本書のコピー，スキャン，デジタル化等の無断複製は著作権法上での例外
を除き禁じられています．本書を代行業者等の第三者に依頼してスキャン
やデジタル化することはたとえ個人や家庭内の利用でも著作権法違反です．

Printed in Japan

ISBN 978-4-06-516536-2